中国石油学会压裂技术论文集(2014)

沈 琛 主编

中国石化出版社

图书在版编目(CIP)数据

中国石油学会压裂技术论文集.2014／沈琛主编.
—北京：中国石化出版社，2014.12
ISBN 978-7-5114-3143-1

Ⅰ.①中… Ⅱ.①沈… Ⅲ.①压裂-文集 Ⅳ.①TE357.1-53

中国版本图书馆 CIP 数据核字(2014)第 309338 号

中国石化出版社出版发行

地址:北京市东城区安定门外大街 58 号
邮编:100011　电话:(010)84271850
读者服务部电话:(010)84289974
http://www.sinopec-press.com
E-mail:press@ sinopec.com
北京柏力行彩印有限公司印刷
全国各地新华书店经销

＊

787×1092 毫米 16 开本 18 印张 406 千字
2015 年 1 月第 1 版　2015 年 1 月第 1 次印刷
定价:88.00 元

前　言

伴随世界能源工业的快速发展和能源需求的日益增长，越来越多的油气藏投入开发利用，低渗致密砂岩气和页岩气等非常规油气资源也日益成为关注的热点，这些油气藏普遍存在自然产能低、产量递减快、稳产难度大等特点，大多需要进行储层改造，以提高单井产量和稳产有效期，储层改造技术在这类油气藏开发中发挥越来越重要的作用，已成为该类油气藏增储上产和经济有效开发的关键技术之一。

压裂改造技术作为油气田开发的主要手段之一，在"十一五"期间及"十二五"前期，我国三大油公司紧密围绕油气藏压裂改造技术发展需求，在应用基础研究、技术理论创新、新产品研发和现场实施应用等多方面加强了科技攻关和投入力度，取得了一批创新性成果。然而，目前我国低渗油气藏、特殊岩性油气藏、非常规油气藏(煤层气及页岩气等)以及复杂井筒结构井(斜井和水平井)的开发比例逐渐增多，使压裂改造技术面临的储层对象和条件都发生了根本性变化，迫切需要其在机理、工艺设计方法及材料等方面的进一步发展与创新，才能使压裂改造技术不断适应储层条件的变化，并发挥出更大的增储上产作用。但由于我国各油田的主要油气藏类型不同，压裂改造技术研究及应用各有侧重，迫切需要通过相互交流与学习，实现技术和成果的共享，降低重复交叉研究和不必要的人力、物力重复投入。

中国石油学会根据行业需求于2014年5月在成都组织召开了压裂技术研讨会，为国内从事压裂改造技术工作的专家们提供交流和探索的平台。本次会议极大地促进了各油田之间的相互交流，推动了压裂改造技术的进步。为更好地反映近年来国内压裂技术最新研究成果和学术发展动态，将会议收录的43篇技术论文结集出版。该书是一本以理论为基础，紧密结合生产实际，对生产实际具有指导价值的学术文集，可供从事压裂改造技术管理的同志参考。

在本书的编辑出版过程中，得到了中国石油学会石油工程专业委员会采油工作部各位委员的大力支持和指导，得到了中国石油天然气股份有限公司、中国海洋石油总公司等单位的大力支持，中国石化出版社的相关工作人员也为本书的出版付出了艰辛的劳动，在此一并表示感谢。

本书由于时间很紧，水平有限，疏漏和错误之处在所难免，敬请各位专家和读者给予批评指正。

目　录

非放射性示踪陶粒支撑剂的研制及应用

卢云霄　瞿恒立　卢书彤

（中国石化胜利石油工程有限公司井下作业公司）

摘要：应用测井方法进行缝高检测是水力裂缝诊断技术的重要组成部分。针对目前常用井温测井、同位素测井、硼中子寿命测井等方法在缝高检测过程中存在的解释精度低、影响因素多、放射性污染等问题，通过示踪元素筛选、配方及生产工艺优化，研制开发了非放射性示踪陶粒支撑剂，这种新型陶粒支撑剂除具备常规陶粒支撑剂的所有物理性能外，还具有无放射性伤害、安全环保、支撑裂缝高度定量解释等优点。现场应用实例表明，非放射性示踪陶粒支撑剂明显改变了压前压后中子测井的响应，据此可确定支撑剂铺置位置，定量解释实际支撑裂缝高度，为压后分析及压裂效果评价提供可靠依据，填补了国内在该技术领域的一项空白。

关键词：水力压裂　裂缝监测　示踪陶粒　非放射性　中子测井

压裂裂缝形态及延伸状况的监测对提高压裂设计的准确性、改善压裂增产效果具有重要的意义。目前常用的缝高检测方法有：井温测井、同位素测井、硼中子寿命测井等方法，但这些方法存在的解释精度低、影响因素多、放射性污染等问题。通过示踪元素筛选、配方及生产工艺优化，自主研发了非放射性示踪陶粒支撑剂。室内试验表明，这种新型陶粒支撑剂除具备常规陶粒支撑剂的所有物理性能外，还具有无放射性伤害，安全环保的特点。此种陶粒在胜利油田两口压裂井中得到了应用，取得了较好的效果。

1　非放射性示踪陶粒支撑剂的研制

1.1　示踪元素的优选

1.1.1　示踪元素选择满足的条件

（1）为配合测井技术，所选示踪元素的热中子俘获截面必须大，光子产额必须高。

（2）所选示踪元素不存在于陶粒原料内，避免陶粒内原有元素对测量结果的干扰。

（3）陶粒内的示踪元素不影响陶粒的密度、强度、导流能力等物理性能。

1.1.2　示踪元素优选

通过实验发现一些稀土元素是较好的示踪材料，尤其是镧、铈、钾、锗、钽、锆、钒、锰及其结合。考虑到陶粒原料中包含钾、锰、锆元素，钽价格高，钒有毒。优选镧、铈、锗做为示踪元素。

1.1.3　示踪元素存在形式优选

示踪元素存在形式有金属、氧化物、水溶液盐。水溶液盐有价格便宜、易配制、方便混合、容易使稀土元素在铝矾土中分布均匀的优点。因此，将稀土元素的氧化物（氧化铈、氧化镧、氧化锗等)将其溶于无机酸中,形成无机盐的水溶液。

1.2 示踪剂加入比例优化

(1)根据测井要求,在 $1cm^3$ 示踪陶粒中含 $0.025mg$ 示踪元素,即可用中子测井或伽马能谱检测到。

(2)示踪元素的含量在 0.03% 以上才可用室内化学分析法检测出来。

(3)通过借鉴学习美国岩心公司、卡博公司示踪陶粒产品专利分析发现,示踪剂质量浓度超过 0.15%,特别是超过 0.2% 后,会显著劣化陶粒物理性能。

综合以上三点,优选示踪剂质量浓度为 $0.03\% \sim 0.15\%$。

1.3 示踪陶粒支撑剂性能评价

选用 $69MPa$ 铝矾土原料,加入不同量的示踪剂,用马福炉烧制示踪陶粒砂小样,进行实验评价。

1.3.1 理化性能

分别改变氧化铈、氧化镧、氧化锗的加入量,对示踪陶粒物理性能进行测试,结果见表1。

表1 三种示踪剂不同加入量对陶粒物理性能的影响

	加入量/%	烧结温度/℃	体积密度/(g/cm³)	破碎率(69MPa)/%
氧化铈	0	1330	1.75	5.8
	0.03		1.75	5.6
	0.10		1.74	5.7
	0.15		1.74	6.3
氧化镧	0	1330	1.73	5.6
	0.03		1.73	5.4
	0.10		1.72	5.7
	0.15		1.73	6.1
氧化锗	0	1330	1.74	6.1
	0.03		1.76	5.8
	0.10		1.74	6.3
	0.15		1.75	6.6

通过实验发现,三种示踪剂在 $0 \sim 0.15\%$ 的浓度范围内,没有劣化陶粒物理性能。

1.3.2 安全性能

所采用的示踪剂是经过提纯的氧化铈或氧化锗等(纯度≥99%),只要按一般化学药品的安全标准操作,在生产、运输过程都不存在对人体、环境安全的威胁。

依据 GB6566—2010《建筑材料放射性核素限量》对示踪陶粒进行放射性检测,检测其天然放射性核素镭-226、钍-232、钾-40 的放射性比活度,外照射指数为 1.7(满足指标要求 ≤2.8)。生产运输、储藏、使用过程中以及压裂返排出来的压裂液,对环境和人体健康均无放射性伤害。

1.3.3 示踪性能

1)试验方法

采用地面模拟压裂裂缝的方法,试验采用了模拟地层试验箱一个,模拟垂直缝模板两个，模拟地层石英砂 15m³，0.425～0.85mm 示踪陶粒 1m³。测量设备是测井绞车地面系统一套以及中子寿命测井仪器一套。

2）试验步骤及结果

（1）第一次测量，用中子寿命测量实验箱石英砂的长短计数、伽马俘获界面。

（2）第二次测量，在箱子中间放入砂层厚 1cm 的示踪陶粒，模拟地层缝宽为 1cm 的垂直缝，其他条件保持不变。试验结果见表 2。

表 2　2 次测量的数据对比——示踪陶粒与石英砂的差异

测量项目名称	示踪陶粒	石英砂	二者的差异	相对变化/%
中子寿命近计数	150cps	225cps	−75	−33.3
中子寿命远计数	200cps	310cps	−110	−35.4
中子寿命近俘获截面	9.15u	7.5u	+1.65u	+22
中子寿命远俘获截面	8.55u	7u	+1.55u	+22

3）试验结论

地层含示踪陶粒时计数率减少并且俘获截面增大，证实了通过示踪陶粒进行压裂效果检测的可行性。

2　非放射性示踪陶粒支撑剂测井及解释方法

采集完测井数据后，对测量数据进行处理。通过采用不同的处理程序，可以计算出所需要的不同参数，如：τ、Σ 值等，这些值被输出到不同的物理输出通道。使用这些参数，可以定性或定量地解释测量结果。

2.1　现场数据采集

（1）地面设备。包括：仪器交换处理面板和地面采集控制计算机，如图 1 所示。

（2）井下仪器（43mm，150℃，105MPa）。包括：磁定位短节（CCL & TempOut）、GR（自然伽马）、热中子探测器、中子发生器（测速：2m/min），如图 2 所示。

图 1　地面设备

2.2　采用 HWPxx 软件来解释所采集数据

数据处理解释分以下七步：

（1）现场采集数据后期处理，包括：输入原始数据、数据滤波、参数显示与确定、输出数据计算。

（2）Sigma 成像显示。包括：后期热能影响区域、井眼影响区域、地层反应带、统计影响区域。

（3）Sigma 矩阵数据库创建。

（4）成像显示。

（5）去除井眼影响因素。

（6）计算关键参数。包括：孔隙度（Φ）、泥质含量（Vsh）、地层水矿化度（Σw）、油气的性质（Σh）、泥质性质（Σsh）、岩石骨架（Σma）

（7）最终解释效果图。

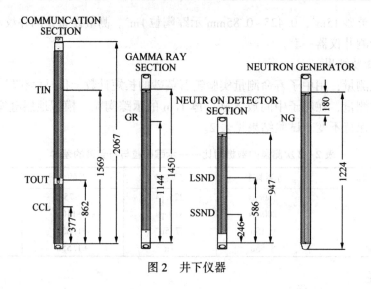

图2　井下仪器

3　现场应用

2012年4~10月，示踪陶粒分别在胜利油田T38-201井和L96井施工试验成功，有效测出了压裂裂缝的支撑高度，并合理分析出了压裂作业情况，优化了压裂设计方案，达到了预期效果。

3.1　T38-201井测井解释及效果(图3)

该井为T38块新投直井，因储层物性差、油稠，拟采取分层压裂防砂工艺，提高近井地带渗透率，提高热采效果。

(1) 压裂设计：对井段762.0~770.0m、775.0~777.2m射孔、压裂。加石英砂40m^3，示踪陶粒15m^3。

(2) 微地震模拟缝高：27m。

(3) 测井情况：测井井段：710.0~800.0m。分别进行压前测井和压后测井。

(4) 示踪陶粒测量解释结果：762.0~780.0m井段四条曲线都发生的显著的变化，解释压裂缝高为18m。

3.2　L96井测井解释及效果

(1) 构造位置：东营凹陷郑南斜坡带利96砂砾岩体东南部。本井沙四段钻遇地层厚度559.50m，储集层主要为浊积的砂砾岩体。

(2) 压裂设计：对井段2937.4~2954.4m及2968~2986.9m同时压裂。设计使用普通组合陶粒83m^3，示踪陶粒21m^3。

(3) 测井情况：测量井段2880~3050m。分别进行压前测井和压后测井。

(4) 模拟裂缝高度：51m。

(5) 测井解释结果：根据压裂前后解释分析，裂缝高度57m(图4、图5)。

(6) L96井现场施工情况。顶替过程泵压持续上升至限压(75MPa)，实际顶替量12m^3，欠顶3.8 m^3。

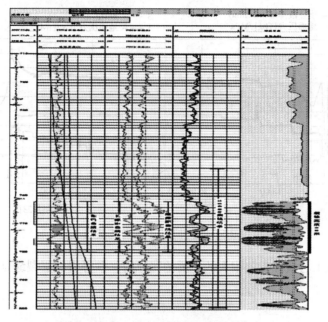

图3　T38-201井示踪陶粒缝高测井解释图

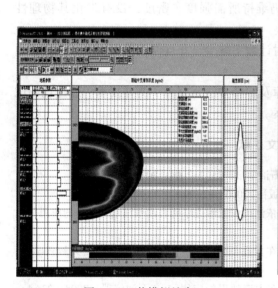

图4　L96井模拟缝高

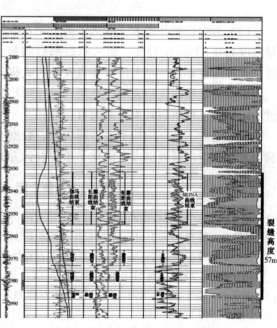

图5　示踪陶粒缝高检测解释图

（7）压后分析。

本次施工在低砂比段，尤其是 0.425～0.85mm 支撑剂进入地层后，泵压即呈持续上升趋势，显示了造缝不充分或缝宽窄的特征。

在排除了压裂液性能差影响造缝性能的因素后，就本井而言，引起造缝不充分的原因有三个方面：①地层滤失大；②裂缝延伸形态复杂；③缝高延伸大。

结合测井及施工资料（图6）综合分析，射开层同时起裂造成缝高延伸大、施工排量相对

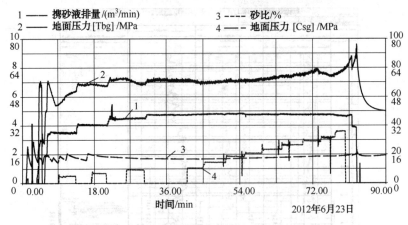

图 6　L96 井现场压裂施工曲线

偏低是造成本次施工与设计相差很大的主要地层原因；砂砾岩储层裂缝延伸形态相对复杂是次要原因。

4　结论

（1）为配合测井技术，优选了稀土元素中的镧、铈系元素做为示踪元素。优选示踪剂质量浓度为 0.03%～0.15%。加入示踪剂后陶粒仍维持所需强度、密度，没有劣化其物理性能。此种陶粒不存在对人体、环境安全的威胁。

（2）通过室内试验表明，地层含示踪陶粒时计数率减少，并且俘获截面增大。证实了通过示踪陶粒进行压裂效果检测的可行性。

（3）建立了示踪陶粒专业解释模块、数据库及解释方法，完善了测井技术。通过现场试验，有效测量出裂缝缝高，优化了压裂设计方案。

参 考 文 献

[1] 姜文达．热中子俘获饱和度测井示踪剂研究[J]，石油学报，25(2)2004：80-83.

[2] 黄隆基．核测井原理[M]．山东东营：石油大学出版社．2000：97-99.

[3] 范小秦，姚振华，徐春华，等．RMT 测井在克拉玛依油田中低渗透率砾岩油藏注水开发中的应用[J]．测井技术，2008，32(2)：180-185.

[4] 戴家才，郭海敏，秦民君，等．钆中子寿命测井在低孔低渗油藏中的应用[J]．石油天然气学报，2007，29(1)：81-83.

[5] 陈业亭，杨旭东．DSC 脉冲中子氧活化　测井仪在大庆油田的应用[J]．石油仪器，2008，22(4)：19-20.

[6] 高印军．利用井温资料解释裂缝高度[J]．油气井测试，2004，13(4)：45-48.

[7] 罗宁．同位素测井在四川油气田的应用[J]．天然气勘探与开发，2007，30(3)：50-53.

[8] 马兵，宋汉华，李转红，等．零污染压裂示踪诊断技术在长庆低渗透油田的应用[J]，石油地质与工程，25(3)：128-130.

分层压裂改造返排速度的优化

陈培胜

（中国石化胜利油田采油工艺研究院）

摘要： 在分层压裂结束后，常会出现由于返排速度不合理，返排吐砂引起封隔器"砂卡"导致大修的事故。本文根据调研的情况，结合支撑剂的沉降速度实验和压裂井实际情况，给出了分层压裂井返排速度的计算方法和现场操作方式，取得了较好的效果。

关键词： 分层压裂 砂卡 返排速度 优化

前言

分层压裂工艺，由于其一趟管柱多层改造的优点，在低渗透油气田压裂中的应用越来越广泛。但在实际施工中，常会出现作业时砂卡管柱导致大修的事故。针对这一情况，本文分析了近 15 口井的砂卡情况，发现砂卡几率与返排速度的大小有正相关。在此基础上，根据支撑剂的沉降速度实验，结合压裂井实际情况，提出了分层压裂井返排速度计算方法，并以此设计了多井次分层压裂，作业时无一被卡，证明了返排速度计算的有效性。

1 "砂卡"井统计分析

滨 649 和盐 22 块沙三沙四段深度在 2800~3200m 之间，常温常压系统，层多层薄，物性差异大。压裂改造一般采用不动管柱分层压裂，所用封隔器均为压缩式，压裂液为常规胍胶压裂液，压后关井 2h 放喷返排。目前共施工了 43 个井次的两层和三层压裂，有 15 口井解封困难，最终大修 4 口井。统计情况见表 1。

表 1 分层压裂管柱统计

分层	井次	砂量	液量	返排率/%	返排速度/（m³/h）	解封情况	处 理 结 果	大修
两层	6	15~40	150~450	0	0	正常解封		
	14			≤10	≤3	正常解封		
	8			10~40	≥5	正常解封		
	10					砂卡	经活动管柱、反洗井等 8 口解封	2 井次
三层	1	20~70	210~800	≤5	≥8	正常解封		
	4			5~10	≥6	砂卡	经活动管柱、反洗井等 2 口解封	2 井次

注：15 口砂卡井中，有 4 口井经检查确认为：套管变形 1 井次，管柱变形 1 井次，封隔器胶皮损坏 2 井次。

从上表统计处有如下特点：

（1）三层砂卡几率远大于三层压裂；

（2）返排速度大于 5m³/h 时，砂卡几率明显增高；

（3）层多时，关井期间易出现层间窜。

2 支撑剂沉降实验

裂缝内支撑剂的运动，在垂直方向做自由沉降运动，在水平方向由于受压裂液的滞带作用而运动，因此可视为沉降作用与压裂液的滞带的合成。不考虑砂浓度和裂缝壁面的影响，单粒支撑剂在水平方向的速度最终应和压裂液的水平流速一样。垂直方向的沉降速度可以根据公式计算。但公式涉及的参数较多，计算复杂。针对胜利油田目前施工使用的支撑剂，主要是 20/40 目支撑剂，据此做了压裂液不同黏度下的支撑剂沉降实验（表2、表3）。

表 2 支撑剂指标

粒径规格/mm	闭合压力/MPa	破碎率/%	体积密度/（g/cm³）	球度	圆度	粒径规格内支撑剂质量所占比例/%	备注
0.425~0.85	69	≤7	1.88	≥0.8	≥0.8	≥90	20/40 目

表 3 支撑剂沉降实验

黏度/mPa·s	10	8	6	3	1
沉降速度/（cm/s）	0.4	1	4	12	17

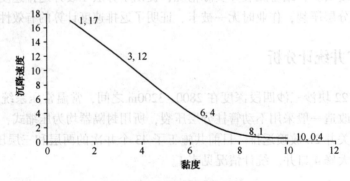

图 1 支撑剂沉降实验

由图 1 看出，压裂液破胶越彻底，支撑剂沉降就越快，返排时受的拖曳力就越小，地层吐砂的可能性就越小。目前压后关井 2h，返排液黏度一般分布在 3~8mPa·s。

3 沉降与返排速度优化

3.1 模型简化

支撑剂回流涉及到裂缝形态和支撑剂在裂缝中的沉降规律。裂缝形态一般简化为：裂缝为垂直缝（图2），GDK 或 PKN 模型，支撑剂在裂缝内均匀分布等；支撑剂由于粒径小，受裂缝壁面和支撑剂之间相互影响，在裂缝中的沉降视为小雷诺数运动(图3)，可以通过公式计算出来。

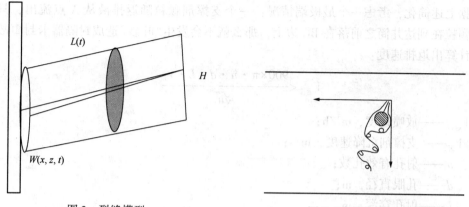

图2　裂缝模型　　　　　　　　　图3　支撑剂运动模型

上述模型在计算支撑剂返排沉降过程中，公式较复杂。为简化计算，对裂缝模型和支撑剂沉降模型进一步简化如图4所示。

简化的裂缝模型认为，压裂液在喷出射孔孔眼时，会冲蚀扩大孔眼，裂缝在射孔孔眼端部启裂。因此，压裂液返排期间的支撑剂的运动，可以简化为在孔眼内的运动。

3.2　孔眼简化

返排液可能从每一个孔眼流出，假设孔眼的作用都一样，这样可以把所有的孔眼进一步简化成一个大的孔眼，如图5所示。

假设所有的返排液、支撑剂都从此孔眼中流出，忽略孔壁和支撑剂相互之间的影响，那么支撑剂在此简化孔眼中的流动可简化为返排液的拖曳运动和自身的沉降运动，如图6所示。

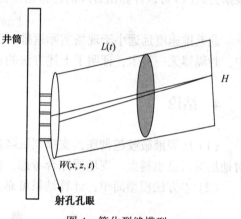

图4　简化裂缝模型

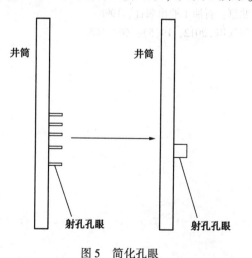

图5　简化孔眼

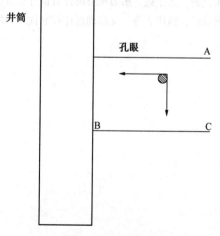

图6　支撑剂运动

3.3 返排速度优化

根据上述简化，考虑一个最极端情况：一个支撑剂颗粒随返排液从 A 点流出，只要此支撑剂颗粒在到达井筒之前落在 BC 边上，那么就不会发生"吐砂"造成封隔器卡封事故。据此可以计算出返排速度：

$$V_{返排} < \frac{900 \times \pi \cdot n \cdot d \cdot L \cdot V_{沉}}{\sqrt{n}} \tag{1}$$

式中　$V_{返排}$——放喷速度，m^3/h；

　　　$V_{沉}$——支撑剂沉降速度，m/s；

　　　n——射孔有效孔数；

　　　d——孔眼直径，m；

　　　L——射孔穿深，m。

例：某井有效孔数 64 孔，孔径 13mm，射孔穿深 0.3m，胍胶压裂液、陶粒支撑剂压裂，压后关井 2h 放喷，返排液黏度 6.5mPa·s，从图 1 可查出此时支撑剂沉降速度为 0.024m/s，根据公式(1)可以计算出合理的返排速度为：

$$V_{返排} < 1.76 m^3/h$$

此返排速度远远小于现场实际返排速度，通过严格现场要求，目前在 5 井次的放喷过程中，封隔器无一被卡，证明了上述方法的正确性。

4　结论

（1）压裂液破胶越彻底，支撑剂沉降速度越快，则返排速度就越大，但破胶时间越长，对地层的污染也越大。现场要综合考虑，做出决断。

（2）本方法模型简单，计算结果可靠，具有很强的现场操作性。

参 考 文 献

[1] 王雷，张士诚. 支撑剂回流及其在裂缝内分布影响因素研究. 新疆石油天然气. 2012，8(6)：60-62.

[2] 王鸿勋，张士诚. 水力压裂设计数值计算方法. 北京：石油工业出版社，1998.

[3] 吴亚红，温庆志等. 支撑剂返排控制优化. 断块油气田. 2012，19(5)：662-665.

裂缝监测技术在水平井多级分段压裂中的应用

王 磊　郑彬涛　徐　涛　于法珍　李　勇　刘江涛

（中国石化胜利油田分公司）

摘要： 由于水平井多级分段压裂裂缝延伸受到施工参数、水平非均质性和前级压裂影响，裂缝的起裂、延伸及形态十分复杂，并且裂缝在储层空间的延伸状况直接影响着压裂改造的效果。本文首先介绍了国内外主流压裂监测技术，并对各种技术的适应性进行了分析，同时结合储层特征给出了不同油藏的裂缝监测方案。其次结合近年来胜利水平井多级分段压裂裂缝监测实践，重点介绍了微破裂影像技术和井下微地震处理方法的进展。最后系统分析了多个区块的水平井多级分段压裂裂缝监测结果，分析了不同完井方式、储层横向非均质性和微裂缝等因素对裂缝展布的影响，并利用分析结果指导了水平井多级分段压裂完井的井网井距、压裂段数、射孔及滑套位置的优化，有效的提高了改造效果。

关键词： 水力裂缝　监测　分段压裂　微破裂影像　微地震

胜利油田"十一五"年均新增探明储量 $5261×10^4t$，以特低渗透为主（占 77%），具有有埋藏深（3000m 以上占 64.6%）、特低渗（小于 10md 占 78.7%）、丰度低（丰度小于 $100×10^4t/km^2$ 占 61%）等特点，且以浊积岩、滩坝砂和砂砾岩等复杂岩性油藏为主，开发难度越来越大。

对于特低渗透油藏而言，水平井多级分段压裂完井技术是目前国内外有效动用低渗透和非常规储量的主要技术手段。由于水平井多级分段压裂裂缝延伸受到施工参数、水平非均质性和前级压裂影响，裂缝的起裂、延伸和形态十分复杂，并且裂缝在储层空间的延伸状况直接影响着压裂改造的效果。因此，为提高水平井分段压裂增产效果，有必要开展对现有裂缝监测技术适应性的评价，并根据储层特征优选配套监测技术，形成适用于不同油藏特征的技术系列，指导水平井多级分段压裂的现场实施，有效提高压裂改造的效果。

1　裂缝复杂性及监测意义

由于受储层地应力、天然裂缝、非均质等多种因素影响，往往产生的复杂的水力裂缝，主要有水平延伸、垂直延伸以及水平井多级分段压裂产生的复杂裂缝形态。

1.1　水平延伸复杂形态及成因分析

图 1 为几种典型的水平延伸复杂裂缝形态。其形成的成因主要有：天然裂缝走向及密度、水平非均质性、水平应力差值大小、施工工艺和参数等，受其影响导致水力裂缝的形态十分复杂。

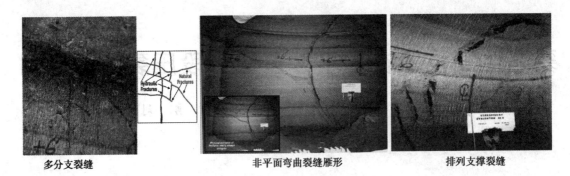

| 多分支裂缝 | 非平面弯曲裂缝雁形 | 排列支撑裂缝 |

图1　水平延伸复杂形态示意图

1.2　垂直延伸复杂形态及成因分析

图2为两种典型的垂直延伸复杂裂缝形态。其形成的成因主要有：垂向非均质性、隔夹层应力大小、界面胶结情况、施工工艺和参数等，受其影响导致垂直裂缝的形态十分复杂。

| "Z"形裂缝 | "T"形裂缝 |

图2　垂直延伸复杂形态示意图

1.3　多级压裂水平井复杂形态

对于裸眼多级分段压裂完井水平井，裂缝形态往往比套管完井压裂裂缝复杂，图3就是考虑应力阴影的裸眼水平井多级分段压裂模拟结果，由图3可知：随着裂缝间距的变小，裂缝间干扰现象更加严重，导致裂缝形态更加复杂。

套管完井水平井，其裂缝形态主要受应力和射孔因素的控制，裂缝形态比套管完井水平井更加规则。

因此为了了解水平井压裂裂缝的时空分布特性(走向、长度、位置等)和裂缝间相互干扰情况，更好地提高水平井分段压裂增产效果，对胜利油田多个区块的水平井多级分段压裂井实施裂缝监测，对指导井网部署、工艺参数优化、实现增产效果的最大化具有重要意义。

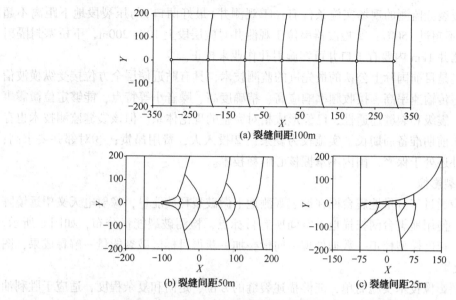

(a) 裂缝间距100m

(b) 裂缝间距50m

(c) 裂缝间距25m

图3 考虑应力阴影的裸眼水平井多级分段压裂模拟结果

2 压裂裂缝监测技术

目前国外采用最普遍的裂缝监测手段是地面阵列式微地震、井下微地震、测斜仪等技术，由于费用高、技术实施复杂，胜利油田应用较少。胜利油田主要应用地面微地震、示踪陶粒技术、微破裂影像监测、井温测井、压力分析技术、偶极子声波测井等开展压裂裂缝的监测。

2.1 井下微地震

井下微地震监测技术是通过放置在压裂井邻井井下的一系列检波器串接收压裂微地震震源信号，然后将接收到的信号进行资料处理，反推出震源的空间位置，这个震源位置就代表了裂缝的位置。同时也可以获得裂缝方位、裂缝深度、裂缝的延伸范围、裂缝的高度、裂缝发生时序等，井下微地震监测技术的示意图如图4所示。井下微地震裂缝监测技术在胜利油田应用2井次，分别是樊154-平1和樊154-平4井，图5为樊154-平4井井下微地震监测解释结果。

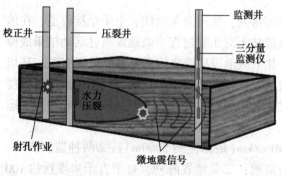

图4 井下微地震监测示意图

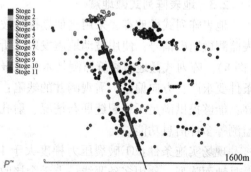

图5 樊154-平4#井井下微地震裂缝监测结果

井下微地震裂缝监测的现场实施条件有：①观测井(最好两口)与压裂段地下距离不超过 500m，温度不超过 150℃；②检波器串位于观测井对应层段上 100~200m，下桥塞封隔射孔段；③距观测井 1km 内要有 1 口井可实施射孔作业来校正。

井下微地震是目前国际上公认的最先进的监测技术，具有贴近储层全方位接受纵横波信号、采样率高、传输速率高、接收频率响应高、精确度高、噪音小等特点，能够定位微震事件位置、时间、震级和裂缝连通性，已经形成相对完整的理论体系。但该裂缝监测技术也存在以下缺陷：①前期准备周期长，实施较为复杂；②投入大，费用昂贵；③对邻井要求高；④解释技术国外还处于保密，国内不掌握核心解释技术。

2.2 微破裂影像

微破裂影像通过三分量地震台网在地表观测地下微破裂释放能量，像射电天文望远镜阵扫描空间一样，使用地震台网扫描地下空间所有目标点，检测破裂能量分布，如图 6 所示。其解释步骤为：速度模型校正—数据处理—向量叠加—获得目标区破裂能量—解释成果，图 7 为监测解释成果。

地面微破裂影像技术实施简单，能够描述裂缝的方位、走向和复杂程度，适应于胜利油田非常规油气藏水平井多级分段压裂完井的需要，目前已在胜利油田应用 39 井次，其中水平井裂缝监测实施 30 井次、306 段次。

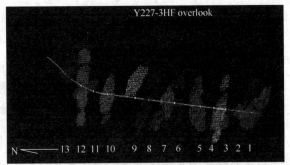

图 6 微破裂影像裂缝监测示意图　　　　图 7 盐 227-3HF 井裂缝解释成果

目前已配套背景探测仪和快速解释技术，具有快捷高效、全天候监测的优点，但解释过程相对复杂，受解释人员主观影响较大，解释精度低于井下微地震，解释理论需要进一步完善。总的来说，该技术可以满足目前胜利油田非常规气藏裂缝监测的需要，可行性较好。

2.3 地表阵列式微地震

地表阵列式微地震，采用类似勘探检波器阵排列，使用多条测线、上千个接收道，在地表监测微地震信号；使用被动地震发射层析成像技术对压裂过程中微地震事件活动结果成像(图8)。阵列式微地震裂缝监测技术，克服了井下微地震裂缝监测系统监测范围有限、环境条件要求严、方向偏差、需观测井的缺陷；监测范围广、数据采集量大，数据处理解释精度高；能够提供满足压裂裂缝展布情况、射孔优化、压裂设计优化、开发井网部署和油藏动态监测等多种信息功能。

现场实施条件：①破裂压力梯度大于 15MPa/km(最深监测 5000m)；②两种监测方式：一是地面阵列，使用多条测线、上千个接收道监测；二是埋置阵列，每平方千米埋置约 100 支检波器；③监测前通过射孔定位并校正速度模型。

该技术为一项新技术，目前认为精度较高，在国内还没有应用，但由于解释技术属于美国，单井实施费用很高，胜利油田物探院正开展针对性研究。

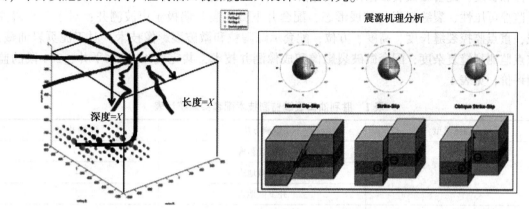

图8　地表阵列式微地震示意图

2.4　测斜仪

测斜仪测试方法，是通过在压裂井周围的地面或井下布置一组测斜仪来测量地面或井下由于压裂引起的岩石变形而导致的地层倾斜，经过地球物理反演方法确定造成大地变形场压裂参数的一种裂缝测试方法。从理论来说，水力压裂时将地下岩石分开，伴随着岩石裂缝两个面的变形，最终形成一定宽度的裂缝。压裂裂缝引起的岩石变形场向各个方向辐射，引起地面及井下地层的变形，如图9所示。

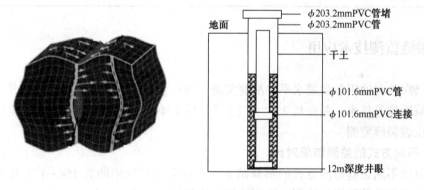

图9　测斜仪示意图

根据倾斜仪放置位置的不同，可以分别监测到裂缝的方位、倾角、高度甚至宽度。其主要原理是，在裂缝增长时位移到地表，地面倾斜仪可以测量出由于这种位移引起的地表变形类型，变形类型的反演可以测出裂缝的大小和形状。新一代的井下倾斜仪可以放到井中，无需观察井，可以直接测量测试压裂、水力压裂和酸压时的裂缝的高度和宽度。

国内近年来引入测斜仪设备2套，并开展了监测解释技术的自主攻关。现场实施条件：①在地面以目的层深度75%为半径的范围内钻12m深、20~40个测斜仪接收器井眼，施工准备周期2~3周；②被监测井垂深小于3000m。测斜仪裂缝监测技术可以准确描述缝长、缝高和裂缝体积；但现场实施较为复杂，且施工费用高。

对于非常规水平井多级压裂而言，应针对不同类型油藏特性，结合不同裂缝监测方法的特点及监测裂缝形态参数等方面对比，配套裂缝监测技术：对于浊积岩油藏，重点监测裂缝方位和长度，配套微破裂影像技术，并借助井下微地震技术进行校正；对于滩坝砂油藏，重点监控可压性、裂缝起裂与扩展形态，配套井下微地震与偶极子声波测井；对于砂砾岩油藏，重点监控裂缝长度、高度、方位，配套示踪陶粒和微破裂影像技术；对于泥页岩油藏，重点监测裂缝复杂度，配套微破裂影像和成像测井技术，共完成 47 口水平井、264 段的监测评价，见表 1。

表 1　胜利油田裂缝监测技术配套实施统计表

油藏类型	监测方法	监测井次
浊积岩	微破裂影像	17
	地面微地震	4
	井下微地震	2
泥页岩	微破裂影像	3
	地面微地震	1
	FMI 成像测井	2
砂砾岩	微破裂影像	10
	示踪陶粒	1
	地面微地震	5
	偶极子声波测井	1
滩坝砂	微破裂影像	1

3　裂缝监测技术应用

目前已在胜利油田非常规水平井配套实施了 400 余段次的裂缝监测，包括井下微地震监测、微破裂影像等技术，并在盐 227"井工厂"、樊 154 块、樊 116 块等实施了整体的水平井多级分段压裂裂缝监测。

3.1　不同方式的监测结果对比

为了对比不同裂缝监测方式的解释结果，在裸眼完井区块的樊 154-平 1 和平 4 井实施了井下微地震和微破裂影像监测，监测结果对比如图 10、图 11 所示。

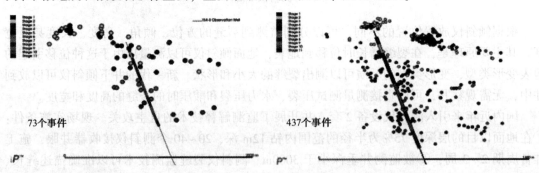

73个事件　　　　　437个事件

图 10　樊 154-平 1 井下微地震监测成果

该井井下微地震监测处理时，选取背景噪音振幅的 2 倍作为触发的门槛值，共监测到25360 个，其中噪音 24778 个(后期处理时根据其频率和振幅特征筛选)；监测到地震事件437 个，碰球事件 11 个，如图 10 所示。

图 11 为樊 154-平 4 井微破裂影像技术的监测成果，由图可知：各段裂缝两翼呈不对称延伸，甚至有单翼缝；裂缝方位与井眼轨迹有一定夹角，改变水平段方位角的情况下，可增大单井储量控制程度。由图 12 两种监测技术的成果对比可知：①两种方法监测的裂缝形态(长度和方位)总体上相当；②部分层段重复改造、部分段改造不均匀；③裸眼完井的水力裂缝形态比较复杂。

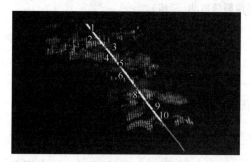

图 11　樊 154-平 4 井下微地震监测成果

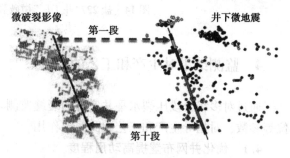

图 12　不同裂缝监测方式结果对比

3.2　樊 154 块整体裂缝监测

樊 154 块累计实施 10 井次 120 层段压裂，整体裂缝监测结果如图 13 所示。由图中监测成果可知：①裸眼完井压裂易形成缝网，复杂度高，但存在重复改造区域；②部分井裂缝方位与设计存在一定偏差，井网有优化调整的空间。

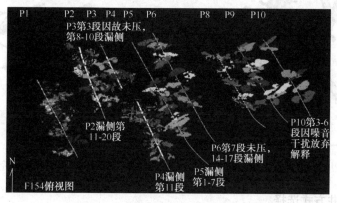

图 13　樊 154 块微破裂影像裂缝监测成果图

3.3　盐 227"井工厂"整体裂缝监测

盐 227"井工厂"区块累计完成 9 口井水平井 96 段次微破裂影像裂缝监测，结合区块井工厂开发按照立体三层楼模式设计的情况，对裂缝监测结果进行了分层解释分类，如图 14所示。

从盐 227"井工厂"三组监测解释结果图 14 可知：①套管完井储层的水力裂缝形态较为规则，各段间无干扰的情况；②平面上邻井的压裂裂缝部分存在窜通的情况，多级分段压裂基本实现了交错缝网压裂、最大化控制储量的目的。

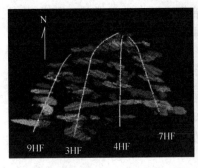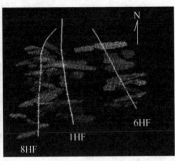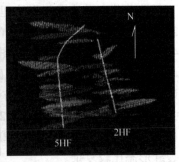

图 14 盐 227"井工厂"微破裂影像裂缝监测(三组)

4 监测结果对生产和工艺的指导

通过对多级分段压裂水平井实施的裂缝监测,获得了对各段水力裂缝的形态、长度、方位等参数,对指导生产和工艺起到重要作用。

4.1 优化井网布置提高动用程度

图 15 为樊 154-平 4 井裂缝监测结果,由图可知:在施工参数不变的情况下,将水平段方位角由 NE160°调整为 NE197°,单井控制储量将增加 12.5%。

图 16 为樊 154 块几口井的裂缝监测结果,由图可知水平井段间距可以由 300m 调整到 350m。

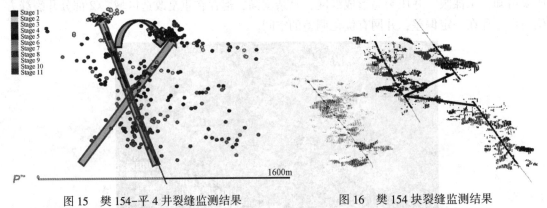

图 15 樊 154-平 4 井裂缝监测结果 图 16 樊 154 块裂缝监测结果

4.2 指导完井方式选择

图 17 为樊 154 块裸眼完井水平井多级分段压裂裂缝监测结果,图 18 为樊 116 块套管完井水平井多级分段压裂裂缝监测结果。由两图对比可知:裸眼压裂易形成缝网,复杂度高,存在重复改造区域,有利于提高初产;套管压裂裂缝更规则,对储量控制程度高,有利于稳产;对于注水开发的区块,即使采用套管压裂,也需要根据监测结果优选注水位置,防止裂缝沟通,导致水淹。

4.3 指导页岩油压裂工艺改进

表 2、表 3 渤页平 1 井第 1 段、第 2 段裂缝监测与施工数据的对比,图 19 为渤页平 1 井第 1 段、第 2 段裂缝监测成果对比。

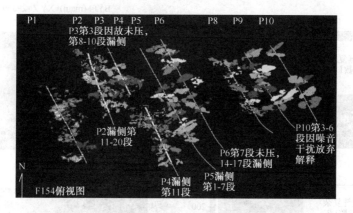

图 17 樊 154 块微破裂影像裂缝监测成果图

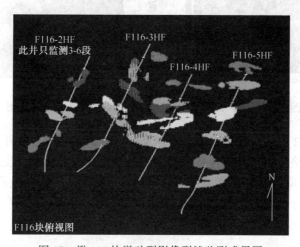

图 18 樊 116 块微破裂影像裂缝监测成果图

表 2 渤页平 1 井第 1 段、第 2 段微破裂影像监测结果

压裂段	1	2
方位（NE）	NE45°	NE75°
缝长/m	350	250
缝高/m	2923~2942；19	2895~2950；55
复杂指数	1.3	1.7

表 3 渤页平 1 井第 1 段、第 2 段施工数据对比

对比参数	第一段（采用页岩气体积压裂技术）	第二段（采用大排量、高砂比压裂）
液体类型	滑溜水+线性胶+交联液	线性胶+交联液
施工排量/（m³/min）	6.5~6.9	11.2~12
支撑剂用量/m³	33	100
支撑剂组合	100 目+40/70 目+30/60 目	30/60 目+20/40 目
总液量/m³	1127.5	1218.0
最高砂比/%	22.6	50.0
综合砂比/%	3.17	8.5

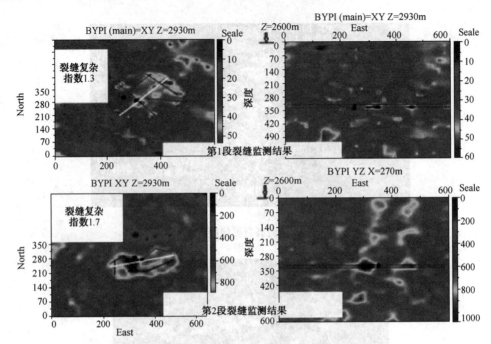

图 19　渤页平 1 井第 1 段、第 2 段微破裂影像监测示意图

由以上对比可知，第 2 段的水力裂缝形态更加复杂。对比胜利油田页岩油，首先形成具有一定导流能力的裂缝网络，再形成贯穿整个网络的高导流能力主裂缝。改造工艺上，初期采用滑溜水+石英砂+大排量；后期采用交联液+陶粒+适中排量，需要全程加入高效防膨、助排剂。

5　结论

本文在胜利油田常用的裂缝监测手段适应性分析基础上，针对不同沉积类型油藏的特征，配套了不同的裂缝监测技术，在不同区块成功实施了不同的裂缝监测技术。主要获得以下认识：

（1）井下微地震监测精度高，但实施复杂、费用高，且国外对解释技术实施封锁；微破裂影像实施简单、监测处理高效，但精度略低于井下微地震。

（2）针对不同的油藏类型配套不同的监测方式：对浊积岩，配套微破裂影像与井温测井；对滩坝砂，配套井下微地震与偶极子声波测井；对砂砾岩，配套示踪陶粒和微破裂影像技术；对泥页岩，配套微破裂影像和成像测井技术。

（3）套管完井的压裂裂缝更长，且裂缝形态规则，有利于后期注水；裸眼完井的裂缝复杂程度高，存在重复改造的区域，但控制储量程度偏高。

参　考　文　献

[1] 徐剑平. 裂缝监测方法研究及应用实例[J]. 科学技术与工程，2011，11(11)：2575-2577.

[2] 刘向君. 测井原理及工程应用[M]. 北京：石油工业出版社，2006：230-234.

[3] 黎昌华，白璐. 井温测井在油气田开发中的应用[J]. 钻采工艺，2001，24(5)：35-37.

［4］高印军，权咏梅，李全．利用井温资料解释裂缝高度［J］．油气井测试，2004，13（4）：34-37.

［5］张山，刘清林，赵群，等．微地震监测技术在油田开发中的应用［J］．石油物探，2002，41（2）：226-231.

［6］梁兵，朱广生．油气田勘探开发中的微震监测方法［M］．北京：石油工业出版社，2004：5-80.

［7］王磊，杨世刚，刘宏，等．微破裂向量扫描技术在压裂监测中的应用［J］．石油物探，2012，51，（6）：613-619.

［8］沈琛，梁北援，李宗田．微破裂向量扫描原理［J］．石油学报，2009，30（5）：744-748.

［9］郑彬涛，王磊，马收．示踪陶粒技术在裂缝监测中的应用［J］．断块油气田，2013，20（6）：797-798.

裸眼水平井多级分段压裂技术
在义 123-1 块的研究及应用

李 明

（中国石化胜利油田分公司采油工艺研究院）

摘要： 义 123-1 块目的含油层系为沙三下 9 砂组，埋深 3384~3757m，属中低孔特低渗浊积岩油藏，采用常规直井压裂开发，产量递减快，效果差。通过开展井眼垂向位置、段间距、压裂规模、裸眼分段工具等方面的优化，配套裂缝监测技术及实时混配型压裂液将水平井裸眼封隔器+投球滑套多级分段压裂技术成功应用于该区块，目前已成功实施 4 井次，目前均自喷生产，累产油 9227t，日产油 76.2t，占胜利油田非常规水平井日产量的 33%。本文对区块前期施工参数、裂缝监测结果与产量情况进行了分析，并提出了下一步优化建议。

关键词： 压裂 裸眼 水平井 实时混配 裂缝监测

1 义 123-1 块概况

义 123-1 块位于渤南油田八区，南邻渤南油田三区，含油层系为沙三下 9 砂组，埋深 3384~3757m，地层厚度约 35~45m。工区含油面积 4.6km²，估算石油地质储量 237.4×10⁴t。

砂体沉积类型为深湖相油页岩中发育的浊积扇体，物源来自东南部的孤岛凸起。本块位于浊积扇体的北部，以中扇亚相的辫状水道微相和水道间微相为主。砂体厚度约 10~30m，共划分 4 个小层，砂体呈东南-西北向条带状展部，向北砂体厚度逐渐变薄。义 123-1 井附近砂体厚度最大，厚度达到 20m 以上。其中 2、3 小层间泥岩比较发育，厚度 4~10m，将 4 个小层砂体划分开为两套。1+2 小层砂体向北变薄，发育相对不稳定；3+4 小层砂体较发育，厚度大。岩性为不等粒岩屑长石砂岩，分选差-中等，分选系数 1.48~3.33，粒度中值 0.1~0.3mm，C 值 0.23~1.14mm，磨圆度为次棱角状，矿物成分中石英 40.2%，长石 34.5%，岩屑 25.3%，胶结类型主要为孔隙式。泥质杂基含量 14.9%，胶结物含量 9.7%，以白云石为主 7.2%。黏土矿物以丝片状伊利石为主，含量 74.2%，伊蒙间层次之，含量 25.5%，基本不含高岭石和绿泥石。区块主要参数见表 1。

以往采用天然能量开发，存在井距大、储量控制程度低、油井基本无自然产能、压裂后产量递减快、采出程度低的矛盾。为提高该区块的开发效果，采用长水平段裸眼多级压裂水平井开发。通过低渗透油藏极限供油半径计算公式，为保证油井间储量能得到有效动用，设计井距为 300m。

表1 义123-1块主要参数表

项　目	数　值	项　目	数值
油藏类型	浊积扇	孔隙度/%	15.1
目的层段	沙三下9砂组	渗透率/$10^{-3}\mu m^2$	1.1
油藏埋深/m	3500	温度梯度/(°/100m)	3.4
油层厚度/m	9.46	压力系数	1.26
含油面积/km^2	1.87 km^2(6m线以内)	地下原油密度/(g/cm^3)	0.7194
地质储量/10^4t	95.7	地下原油黏度/mPa·s	0.82
地应力方向/(°)	NE56.5°	气油比/(m^3/m^3)	120.4

有效厚度6m线内布署，井身轨迹以垂直于地应力方向为主，兼顾物源方向，进行适当调整；共部署长井段裸眼多级压裂水平井11口（图1），均单井控制石油地质储量22.3×10^4t。

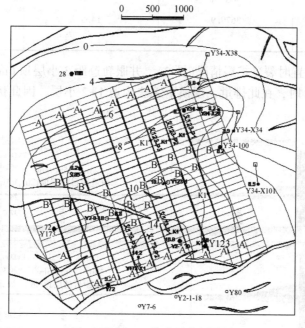

图1 义123-1块水平井部署图

2 水平井多级分段压裂完井技术

裸眼水平井多级分段压裂完井技术是依靠裸眼封隔器分隔，投球打开滑套方式实现水平井多级分段压裂改造的一项技术。本区块为高温高压储层，纵向上有多个小层，采用裸眼水平井多级分段压裂技术开发，需要对纵向上井眼位置、裂缝间距、压裂参数、完井工具参数等方面进行优化。

2.1 压裂完井设计优化技术

2.1.1 井眼垂向位置优化

对于目的层只有一个层的水平井，原则上应当选择在储层物性最好的位置，尽量选择在油层中部，但对于目的层上下有水层、或有多个目的层的区块，则应当对井眼位置进行优化。

一般是通过压裂模拟软件来优化，利用邻近直井测井资料以及岩石力学实验结果建立垂向地应力剖面，通过改变井眼位置，分别进行压裂模拟，根据模拟结果优化出不压穿水层或能够沟通多层的最佳井眼位置。

计算了义34-38井垂向地应力剖面，结果见表2，整个9砂组上下遮挡情况较好，应力差5~6MPa，2砂体和3砂体间距离9.8m，应力差在3MPa以内，有利于裂缝穿透。

表2　储层及隔层应力情况

	底深/m	厚度/m	应力/MPa
上隔层	3652.3		65
1+2砂体	3655.6	3.3	57~60
隔层	3665.4	9.8	59~62
3+4砂体	3679.9	14.5	58~61
下隔层	3702		67

模拟不同井眼位置时裂缝扩展情况(图2)，井眼轨迹距3小层顶6m时可沟通到1+2小层，距3小层顶12m时，在此排量、规模下无法沟通1+2小层，因此优选该区块井眼位置为距3小层顶6m。

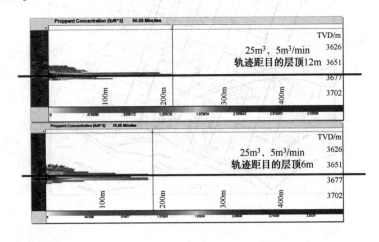

图2　不同井眼位置下裂缝扩展情况

2.1.2　裂缝间距优化

水平段平行于主应力方向，实施射孔或裸眼多级压裂，可以形成有效的多级裂缝，最大化地沟通油藏。对于特低渗透油藏，由于存在启动压力梯度，渗流特征为非达西渗流，存在极限泄流半径，因此，主要采用极限泄流半径来优化裂缝间距，一般取两倍极限泄油半径作为段间距，义123-1块极限泄油半径为50m，因此裂缝间距取100m。

2.1.3　压裂位置优化

在以上段间距确定原则的基础上，根据水平段测井数据确定储层物性和可压性，对段间距进行适当调整，尽量选择在物性好、可压性好的位置放置滑套，裸眼井封隔器位置选择在井径扩大率<5%、连续稳定井段10m以上的位置。

2.1.4 压裂规模优化(图3)

该块四个小层上下应力遮挡较好,分为两部分,3+4小层厚度大,应力55MPa左右,1+2小层应力53~57MPa,两部分之间隔层厚度大,应力高(61MPa),不易压穿,需要适当提高排量和规模。

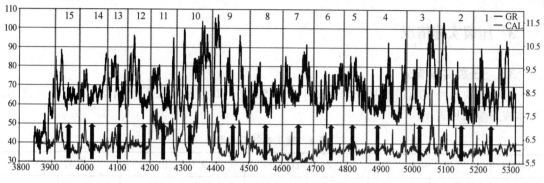

图3 义123-9HF井优化结果

根据模拟结果,当采用25m³规模时,加砂规模排量4.0m³/min,无法改造到1+2小层,当排量增大到4.5 m³/min时,可以改造到1+2小层。因此该井施工排量建议4.5 m³/min以上,压裂规模可根据缝长要求进行选择(表3)。

表3 模拟裂缝参数表

规模/m³	造缝井段/m	支撑缝长/m	支撑缝高/m	铺砂浓度/(kg/m²)
20	3621~3643	102	22	7.8
25	3609~3643	116	34	6.5
30	3609~3643	127	34	6.8
35	3609~3643	138	34	7.2
40	3609~3643	145	34	7.6
45	3609~3643	155	34	8

2.2 压裂完井管柱优化

完井工具优化主要是指滑套和封隔器的选择,封隔器和滑套的启动压力应当与油藏压力相匹配,避免因油藏压力高造成滑套打开困难的现象出现,投球滑套应当根据回接管柱和分段数的情况,尽量选择较大直径的球座。

该块地层压力系数1.45~1.55,为保证后期压差滑套顺利打开,优化压差滑套打开压力为工具允许的最低压力36MPa。球座大小根据分段数多少、施工排量的要求和地面管线条件选择29.72~79.76mm球座。

2.3 实时混配压裂液体系

耐高温速溶瓜胶压裂液是针对实时混配压裂施工研制的压裂液体系,主要

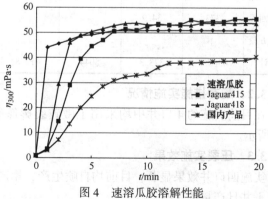

图4 速溶瓜胶溶解性能

利用速溶瓜胶溶解迅速的特点，实现压裂液体系的在线配制功能。其具有在线配制、连续施工的特点，特别适用于水平井分段压裂这样的大型压裂施工，可以节省压裂液费用、提高压裂施工效率。

1min 的溶解率86%，溶解能力与国外产品相近，120℃下剪切 100min 黏度是普通胍胶的 2 倍。如图 4 所示。

3 压裂实施情况

3.1 压裂实施情况

目前该块已经实施水平井分段压裂 4 口井 52 段，都是采用裸眼封隔器+投球滑套技术。具体施工参数见表 4。

表 4　施工参数汇总表

井号	义 123-平 1		义 123-11HF		义 123-3HF		义 123-9HF	
	液量/m³	砂量/m³	液量/m³	砂量/m³	液量/m³	砂量/m³	液量/m³	砂量/m³
小压	109.9	1			110	0		
第一段	225	12.8	293	2.8	231.3	15	318.6	25
第二段	254	15.8	323	25	123	0.6	350	30
第三段	276.5	18.5	365	30	273.9	25	349	35
第四段	330	26.3	413	35	282.7	25	395	40
第五段	330	26.6	464	40	355.8	34	356	35
第六段	335	26.6	494	45	396.7	40	445.2	45
第七段	191	1.8	500	45	430.2	42	426	45
第八段	375	31.5	503	45	388.1	38	370.6	45
第九段	371	32.4	466	40	380	38	348.1	45
第十段	254	18.5	407	35	392.6	38	403	40
第十一段	254	19.3	409	35	374.4	35	348	40
第十二段	337	27.2	407	35			365	45
第十三段	350	30.1					331	36.3
第十四段	373	34.9					443.5	47.1
第十五段							472	53
合计	4365.4	323.3	5044	412.8	3738.7	330.6	5721	606.4

3.2 配套措施实施情况

在目前实施的 4 口井中均采用了微破裂影像裂缝监测技术实施裂缝监测，监测结果如图 5 所示。

3.3 压裂实施效果

实施四口井效果显著，目前均自喷生产，累产油 9227t，日产油 76.2t，占胜利油田非常规水平井日产量的 33%。

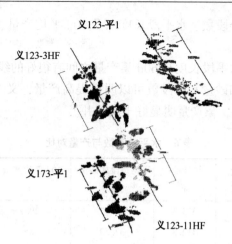

义123-平1

义123-3HF

义173-平1

义123-11HF

图5　义123-173块裂缝监测叠合图

4　实施效果分析(表5)

表5　实施效果分析

井号	投产日期	生产情况						
		生产制度	油压/MPa	日液/t	日油/t	含水/%	累液/t	累油/t	自喷天数/d
义123-平1	2012-4-1	3mm 油嘴自喷	4.5	11.2	5.6	50.0	8422.3	3216.5	256
义123-11HF	2012-8-28	3mm 油嘴自喷	10.0	31.5	17.6	44.1	6251.4	2347.4	105
义123-3HF	2012-9-15	3mm 油嘴自喷	6.5	24.0	13.9	42.1	4477.5	1919.4	90
义123-9HF	2012-10-15	5mm 油嘴自喷	11.5	98.1	23.5	76.0	7696.9	1744.6	62
合计				164.8	60.6		26848.1	9227.9	
平均				41.2	15.2	53.1			

4.1　产油量分析

从四口井时间拉平的产油量曲线(图6)看以看出，四口井生产曲线趋势一致，稳定后日油一般在10~20t之间，义123-9HF和11HF两井产量相比另外两口井要高一些，主要是因为这两口井所处位置油层厚度要大，这也说明产量与厚度有着直接关系。

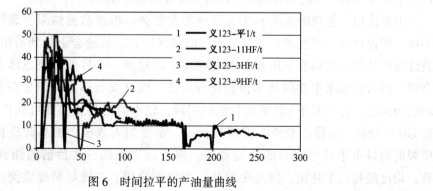

1	—— 义123-平1/t
2	—— 义123-11HF/t
3	—— 义123-3HF/t
4	—— 义123-9HF/t

图6　时间拉平的产油量曲线

对四口井的加砂量、分段数、水平段长度以及 30d 平均产量、60d 平均产量、60d 累产等参数进行了统计,见表6。

从表6中可以看出,水平段长度与 60d 累产量之间有很好的线性关系,水平段长度越长产量约高,增加平均每段加砂量和分段数可以明显提高产量,义 123-9HF 井平均每段加砂达到了 40m³,分 15 段压裂,累产量明显好于其他井。

表6 水平井参数与产量对比

	段数	水平段长度/ m	加砂量/ m³	平均每段加砂量/ m³	30d 平均产量/ t	60d 平均产量/ t	60d 累产/ t
义 123-平 1	13	1347	323.3	24.87	29.7	25.05	1428
义 123-11HF	11	1111	412.8	37.53	35	25.28	1441
义 123-3HF	10	1052	330.6	33.06	29.8	24.17	1378
义 123-9HF	15	1450	606.4	40.43	32.7	30.6	1744.6

4.2 裂缝监测结果分析

目前实施裂缝监测的 5 口井中有四口井已经解释完成,整体上看裂缝扩展极为复杂,有单翼、双翼、多翼等多种形态,并且裂缝扩展方向并不完全一致,以北东方向为主,但也有裂缝成东西向或北西向,裂缝长度也差别很大。从这四口井的监测结果看,整体上水平段改造情况较好,但也有个别段改造程度较差,从裂缝扩展的长度来看,监测缝长达到了 200m 以上,超过了井距的一半,但根据义 173-平 1 和义 123-11HF 井的生产情况来看,裂缝并没有贯通,压裂时仅仅是压力的传导。

从义 123-11HF 裂缝监测情况与测井曲线(图 7)的对比来看,趾端到中部这一段 GR 值较低,储层岩性一致,改造较为充分,特别是 2、3、4 段裂缝与井筒垂直,两翼扩展较为均衡,在较小的加砂规模下,达到了较大的改造体积,基本上达到了设计目的。第 9、10 段电测显示有较大段 GR 值较高,改造的裂缝体积就相对较小。而 5、6、7 段成明显的单翼裂缝形态,结合义 173-平 1 井监测结果分析,这几段的位置沿最大主应力方向延伸正好与义 173-平 1 井的前几段对应,第 8 段裂缝主要向义 173-平 1 方向延伸,而义 173-平 1 井此段裂缝也向着义 123-11HF 井的反向延伸,在第 12 段也出现类似情况,因此分析认为是义 173-平 1 井压裂产生的相对高压区影响了裂缝的延伸方向。

主要认识:①裸眼水平井压裂裂缝非常复杂,根据监测结果,裂缝方向、形态多种多样,在设计时应当注意。②较早压裂的邻井压裂的裂缝会影像到后压裂井的裂缝延伸,裂缝延伸的趋势是向着早压裂井裂缝的反方向延伸。③目前该块总体上的加砂规模比较合理,两口相邻水平井间基本得到充分改造,而又没有压穿,但是在个别段存在改造不均衡的问题,比如对于 GR 值均较低的层段,较小的压裂规模即可获得较大的改造体积,而 GR 值较高的层段,裂缝体积相对较小,需要加大规模,提高改造程度。④对于已经压裂的两口水平井中间井的压裂规模,应当适当降低,从目前监测到的裂缝动态缝长看,均已经超过半井距,因此中间井应当控制规模,并做好裂缝监测,指导后期区块的调整。

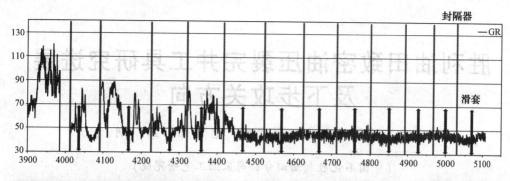

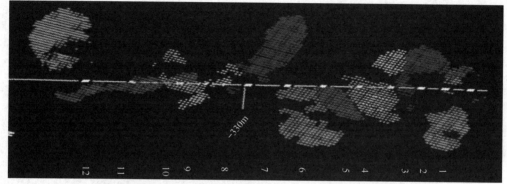

图7　义123-11HF井测井曲线及裂缝监测情况

5　结论及下步工作

（1）通过开展井眼垂向位置、段间距、压裂规模、裸眼分段工具等方面的优化，配套裂缝监测技术及实时混配型压裂液将水平井裸眼封隔器+投球滑套多级分段压裂技术成功应用于该区块，改造效果显著。

（2）通过初步分析表明，加砂参数与压后产量之间具有一定的关系，下步继续跟踪生产情况，建立加砂参数与产量之间的关系。

（3）裂缝监测结果表明应力阴影对裂缝扩展方向有较大的影响，建议下步开展同步压裂，减少应力阴影的影响。

参 考 文 献

[1] 米卡尔J.埃克诺米德斯著.油藏增产措施(第三版)[M].北京：石油工业出版社，2002.

[2] 王端平，时佃海，李相远等.低渗透砂岩油藏开发主要矛盾机理及合理井距分析[J].石油勘探与开发，2003，30(1)：87-89.

[3] 陈作，王振铎，曾华国.水平井分段压裂工艺技术现状及展望[J].天然气工业，2007，27(9)：78-80.

[4] 李宗田.水平井压裂技术现状与展望[J].石油钻采工艺，2009，31(6)：13-18.

[5] 朱正喜，李永革.苏里格气田水平井裸眼完井分段压裂技术研究[J].石油机械，2012，40(5)：78-81.

[6] Abass H H. Non-plannar fracture propagation from a horizontal wellbore: experimental study [J]. SPE24823，1992.

胜利油田致密油压裂完井工具研究进展及下步攻关方向

张　峰　李玉宝　董建国　吕　玮　李　明

（中国石化胜利油田分公司采油工艺研究院）

摘要： 胜利油田在压裂完井工具研究与应用方面取得了新进展。自主研发形成的 7in×4½in 水平井裸眼封隔器分段压裂完井管柱，通过对关键工具的改进与完善，具备了实施 15 段的能力。自主配套了泵送桥塞射孔分段压裂联作技术，为固井完井分段压裂提供了手段。引进、试验了连续油管拖动封隔器环空分段压裂技术。以浊积岩为例，从压裂有效率、施工周期等方面开展了深入分析，初步得出了不同压裂完井技术的适应性。论文以满足不同类型油藏开发需要为目标，根据压裂完井技术在浊积岩、砂砾岩、滩坝砂等油藏的发展水平，指出下步致密油压裂完井技术的攻关方向。

关键词： 致密油　压裂　完井　工具

1　胜利油田致密油压裂完井总体情况

胜利油田致密油包括浊积岩、滩坝砂和砂砾岩，探明地质储量 $2.5×10^8t$，其中滩坝砂占 60%。“十二五”期间新增探明储量中近 70% 为深层致密油储量，具有“深”、“细”、“薄”、“贫”、“散”特点。埋深大于 3500m 的储量占 51%，喉道中值半径一般小于 $0.4μm$，油层平均单层厚度在 1.5m 以下，丰度小于 $50×10^4t/km^2$ 的储量占 55%，含油井段跨度大于 50m 的储量占 86%。

胜利油田致密油藏的资源特点决定了无法直接照搬国外经验和技术，自 2010 年以来，按照“边引进学习，边应用提升，边自主研发”的技术思路，不断攻关，实现了压裂完井工具的突破，为致密油藏的勘探开发提供了强有力的技术支撑。

2　压裂完井工具研究进展

近两年，胜利油田在压裂完井工具研究与应用方面取得了新进展。自主研发形成的 7in×4½in 水平井裸眼封隔器分段压裂完井管柱，通过对关键工具的改进与完善，具备了实施 15 段的能力。自主配套了泵送桥塞射孔分段压裂联作技术，为固井完井分段压裂提供了手段。引进、试验了连续油管拖动封隔器环空分段压裂技术。

2.1　水平井裸眼封隔器分段压裂完井技术

在前期研究的基础上，为了进一步提高分段级数，扩大适用范围，完成工具定型，批量生产，降低成本，扩大应用规模。近两年采取"边引进、边学习、边研究"的思路，自主研发了 $7\text{in}×4\frac{1}{2}\text{in}$ 规格水平井裸眼分 15 级压裂管柱及配套工具，实现了工具定型。

2.1.1 水平井裸眼级数提升至 15 级

球座防冲蚀结构优化，球座本体选择耐磨可钻材料，耐冲蚀性是工具关键之一。利用流体力学计算不同排量、砂比时携砂液对球座的冲蚀速率，认识到锥面材料、锥面角度是降低冲蚀的关键。优化锥面角度为 15°，锥面涂覆耐磨涂层提高强度。对不同直径的球座进行了现场耐磨测试。结果表明：施工排量 $5.9\text{m}^3/\text{min}$，90m^3 砂量后，仍可承受 70MPa 密封压力（图 1）。

通过球座材料的优选、球座结构及加工工艺的优化，具备 15 级分段能力。球座级差：$3.0\sim3.9\text{mm}$；球与球座级差：$2.6\sim3.6\text{mm}$。

2.1.2 裸眼压裂封隔器优化及定型

裸眼压裂封隔器为整套管柱中外径最大且数量最多的工具，进一步优化其结构，将有效提高管柱的下入安全性。

图 1　$\Phi52.4\text{mm}$ 球座在大 8-11-斜 6 井 90m^3 砂试验后的情况

在与套管等强度设计的前提下，封隔器最大外径尺寸由 $\Phi148\text{mm}$ 缩小为 $\Phi146\text{mm}$。封隔器外径减小，提高了工具下入的可靠性；封隔器与井眼间环空面积增大 15.9%，提高了替浆效率，减小了泥浆对地层的污染。若采用 148mm 外径封隔器，樊 154-10HF 下入磨阻（423kN）大于樊 154-平 3（352kN），下入困难（图 2）；而通过采用 146mm 封隔器，樊 154-10HF 井完井工具的实际下入较平 3 井更顺利。

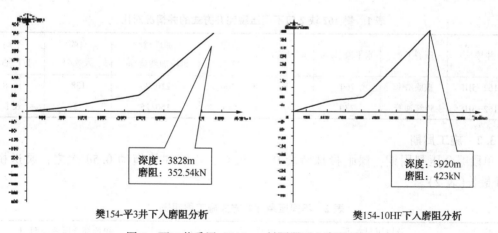

深度：3828m
磨阻：352.54kN

深度：3920m
磨阻：423kN

樊154-平3井下入磨阻分析　　　　　　樊154-10HF下入磨阻分析

图 2　两口井采用 $\Phi148\text{mm}$ 封隔器下入磨阻对比

室内评价试验结果：启动压力 $14.5\sim15.5\text{MPa}$；承内压 70MPa；密封压差 60MPa（模拟 6in 裸眼的试验管）。

2.1.3 压裂井口设备配套

配套了远程液控大通径压裂井口，满足了大排量施工和大尺寸工具安全起下的要求，内通径 103mm，耐压 105MPa。井口投球器能够实现远程安全可靠投球，采用液压控制，实现 12 级（单次装）远程投球，耐压 105MPa。

2.2 固井完井水平井分段压裂完井技术进展

2.2.1 泵送桥塞射孔分段压裂联作技术

为实现固井水平井的大规模压裂,自主攻关配套了泵送桥塞射孔分段压裂工艺。井口防喷密封及电缆输送系统全部配套、多级点火安全射孔控制技术、易钻复合材料桥塞及坐封工具、泵送(爬行器)桥塞射孔联作施工工艺等关键技术已研究配套。通过在盐227"井工厂"规模应用,取得了良好的应用效果。

2.2.2 连续油管拖动封隔器喷砂射孔套管环空压裂技术

为进一步提高井完井水平井压裂的施工效率,在固井完井后,采用连续油管拖动底部封隔器密封环空,水力喷射射孔,环空加砂压裂的方式实现分段压裂,已经成功实施3井次。

3 不同完井方式适应性评价

胜利油田致密砂岩包括浊积岩、砂砾岩和滩坝砂三类,其中浊积岩应用的压裂完井方式最多,浊积岩的储层特点是主力层突出,单层厚度大(10~50m),部分砂体发育水层。该类储层对压裂完井需求有:井眼质量较好,可满足裸眼压裂管柱下入要求,底部有水层,适当控制压裂规模。

3.1 同区块不同完井方式

选取樊162区块2口井进行压裂效果对比两井水平段长和段数基本相当,樊162-3HF每段加砂强度略高,自喷天数樊162-5HF较长,阶段累采油(127d):樊162-5HF1517t,樊162-3HF778t(表1)。

表1 樊162块2口不同压裂完井方式的井情况对比

井号	压裂工艺	水平段长/m	分段数	段数有效率/%	加砂量/每段加砂量/m³	自喷天数/d	平均日产油/t
樊162-5HF	裸眼滑套	764	9	100	210/23	138	10.8
樊162-3HF	连续油管	730	7	86	150/25	72	6.1

3.2 施工周期

单段综合压裂周期:裸眼投球滑套0.1d最短,连续油管拖动0.5d次之,泵送桥塞1.0d最长(表2)。

表2 不同压裂完井方式施工周期表

序号	分段压裂方式	单井综合压裂周期/d	单段综合压裂周期/d
1	裸眼投球滑套	1.1	0.1
2	泵送桥塞	5.7	1.0
3	连续油管拖动	3.7	0.5
合计		2.6	0.2

3.3 不同完井方式适应性评价

通过以上分析,可初步得出以下认识:

(1)完井方式:裸眼分段压裂可满足浊积岩弹性开发的,注水开发需要采用固井完井;

（2）压裂效果：相比目前单簇射孔后压裂，裸眼完井的产能具有一定优势；

（3）施工效率：裸眼分段压裂费用最低；

（4）井筒条件：固井完井压后可保持较大通径，便于后期作业。

4　下步攻关方向

4.1　深化压裂层段施工界限及压裂完井方式优选研究

在初步得出不同压裂完井工艺技术适应性的基础上（见表3），与油藏深入结合，深化天然裂缝、储层类型等对压裂完井影响研究。

表3　不同油藏类型压裂完井工艺初选表

油藏类型	开发方式	完井方式	推荐压裂完井技术
浊积岩	弹性开发	井眼规则时尽可能裸眼	裸眼封隔器分段压裂完井技术
	注水开发	套管完井	泵送桥塞分段压裂技术 连续油管喷射拖动封隔器分段压裂技术
砂砾岩	单层开发	裸眼完井	裸眼封隔器分段压裂完井技术
	多层楼开发	固井完井	泵送桥塞分段压裂技术 连续油管喷射拖动封隔器分段压裂技术
滩坝砂	—	固井完井	泵送桥塞分段压裂技术

4.2　自主攻关连续油管喷砂射孔拖动封隔器分段压裂技术（图3）

满足固井完井连续快速施工的需要，进一步降低施工成本，提高开发效益。具有机械坐封封隔器分段，段数不受限，可实现5~10段连续施工，施工周期短等特点。

目前进展：已经完成关键工具的设计及室内试验，下步计划配套5000m连续油管设备。

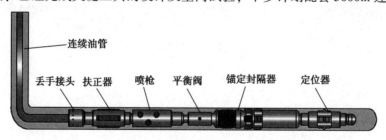

图3　连续油管喷砂射孔拖动封隔器分段压裂管柱

4.3　攻关套管固井投球滑套分段压裂工艺技术（图4）

将固井完井和裸眼投球滑套的工艺结合，实现连续快速压裂施工。具有水泥封隔可靠、无需改变常规固井工艺、可满足较大排量施工、后期可分段控制生产等特点。

4.4　加快压裂完井工具综合试验系统建设

压裂完井工具综合试验系统由水平井多级分段压裂模拟试验装置、直井大型分层压裂模

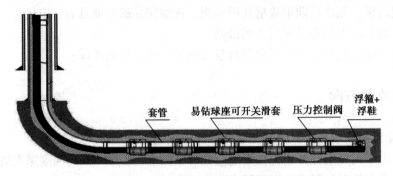

图 4 套管固井投球滑套分段压裂工艺管柱

拟试验装置和压裂工具动态模拟试验装置三部分组成，并配套循环供液系统和测控系统。

该试验系统预计 2014 年建成，将由静态试验系统改建为动态模拟试验系统，可满足水平井多级分段压裂完井管柱和新工具研发、性能测试等需要。

水力喷射+封隔器分段压裂在砂砾岩中的应用

赵丹星[1] 于 永[1] 杨 峰[1] 赵会议[2] 郑英杰[2]

(1. 胜利油田分公司采油工艺研究院；2. 胜利油田分公司河口采油厂)

摘要： 针对胜利油田义 104 块深层砂砾岩储层含油井段长、储层物性差的特点，应用水力喷射+封隔器分段压裂技术，实现了连续多段、大规模压裂改造储层。开展水力喷射优化设计、压裂参数优化设计、压裂材料优选，配套了采用前置段塞、组合支撑、压后效果评价，形成了水力喷射+封隔器分段压裂优化设计技术及配套。在现场进行了 4 口井应用，实现了单段压裂加砂 80m^3，单井加砂超过 600m^3 的压裂改造规模，2 口水平井压裂效果为直井压裂的 3 倍左右，直井为常规压裂的 1.5 倍左右，增产效果显著。

关键词： 水力喷射 封隔器分段 压裂 优化设计

前言

渤南油田义 104 井区沙四段，含油面积 1.46km^2，地质储量 1800×10^{4}t，岩性为砾岩、含砾砂岩，岩性是成藏主控因素，呈"非油即干"特点，为构造—岩性油藏。油藏埋藏深度 3445~4200m，储层厚度大，含油井段长，厚度可达 700m，受沉积环境影响，纵向和横向非均质性严重。储层物性差、温度高，孔隙度 11.5%，渗透率 0.21×10^{-3} μm^2，泥质含量 13.4%，压力系数 1.15~1.37，地层温度 150℃。砂砾岩储层压裂改造实践表明，采用大规模压裂效果更好，但义 104 区块钻遇储层厚度大，平均单井钻遇厚度 400m，常规压裂，需逐段上返，多次作业，费用高、周期长，压裂增产效果差异性大。通过引进水力喷射+封隔器分段压裂技术，实现多段压裂连续作业，而且该工艺通过环空进液的方式，满足了大排量、大规模加砂的施工要求，同时由于采用连续油管拖动和封隔器封隔已压裂目的层的压裂方式，具有分段可靠、层段选择灵活，砂堵可处理性强的特点。

1 义 104 块砂砾岩油藏地质特征

1.1 滑塌浊积沉积为主，储层连通关系复杂

砂砾岩沉积类型以滑塌沉积扇为主，区块内沙四段全井段扇体发育，且不同期次扇体间无稳定泥岩；主要发育近岸水下扇扇根主水道、扇中前缘和辫状水道微相，砂砾岩体连续性差、交错沉积。具有近物源、多物源、相变快、叠加厚度大、延伸距离短、沉积速度快等特点，储层非均质性强，横向变化快，连通关系复杂。

1.2 含油井段长，纯总比高

油藏埋藏深度度 3445~4200m，跨度大。通过义 104 块投产 8 口油井钻遇统计，油层跨度最小 225.5m，最大 541.0m，平均 396.4m。油层厚度最小 168.6m，最大 453.7m，平均 306.4m，解释油层数最少 11 层，最多 37 层，平均 17.9 层，纯总比最小 0.49，最大 0.95，平均 0.76。

1.3 储层物性差，以特低渗透为主

储层埋藏深物性差。岩性以砾岩、含砾砂岩为主。砂岩主要为(岩屑)长石、(长石)岩屑砂岩为主，成分复杂，分选差—中，磨圆不好，结构成熟度低，储层物性差，孔隙度最大 27.8%，最小 3.6%，平均 11.5%，其中孔隙度小于 15% 占 79.4%；渗透率最大 22.3×10^{-3} μm^2，最小 0.015×10^{-3} μm^2，平均 0.21×10^{-3} μm^2，其中渗透小于 1×10^{-3} μm^2 占 97%，非均质严重，属于低孔特低渗透油藏。

1.4 裂缝发育普遍

通过岩心观察，常见高角度构造裂缝，裂缝含油是流体渗透通道。通过薄片分析，岩心微裂缝发育，被泥质及石英充填。

2 压裂难点

2.1 砾石含量较高，裂缝形态复杂

砾石含量高，砾石主要为泥质砂岩岩块，呈椭圆—棱角状，砾石填充物为细砂，泥质胶结，杂基支撑，致密，砾径一般 5~10mm，最大 50mm。受砾石影响压裂过程中液体将产生绕流现象，容易产生扭曲裂缝及多裂缝，增加裂缝的复杂性和施工难度。

2.2 储层厚度大、物性差，要求改造井段长，加砂规模大

改造井段平均跨度 400m，常规压裂无法满足要求，需采用逐段上返或分多段压裂改造；目的层无有效隔层，应力差值较小，裂缝纵向控制难度大；储层物性差，平均孔隙度 11.5%，平均渗透率仅 0.21×10^{-3} μm^2，基质向裂缝的渗流能力差，要求尽可能的造长缝，进行大规模压裂改造，增大油气供油面积，改善压裂效果，但受储层隔层应力影响，缝高控制困难。同时储层裂缝发育，其对于储集空间来说十分有利，但在压裂过程造成压裂液滤失成倍增加，增加压裂风险。

2.3 高温深井，要求压裂液具有耐温、低摩阻的性能

目的层温度 150℃，储层温度高，同时埋藏深度在 3500m 左右，对压裂液耐温、耐剪切性能要求高，同时储层低孔、特低渗透储层，泥质含量 13.4%，要求压裂液能有效防膨、防止水锁伤害。

3 工艺优选及参数优化

3.1 工艺优选

义 104 块油藏目的层埋藏深，油层多，厚度大，一般要求进行 5 段以上，单段加砂超过 70m³ 的大规模压裂改造。目前分段压裂技术主要有封隔器机械分段压裂技术、水力喷射拖动(不动)管柱压裂技术、水力喷射+分隔器分段压裂技术、泵送桥塞分段压裂技术、预制滑

套分段压裂技术。从各技术特点和在胜利油田应用情况看，目前机械分段压裂局限于分 3 段以内加砂压裂；预制滑套还处于试验阶段；综合泵送桥塞压裂和水力喷射+封隔器分段压裂技术的优缺点，优选水力喷射+封隔器分段压裂技术。

3.1.1 水力喷射原理

水力喷砂+封隔器分段压裂技术的原理：通过连续油管将喷砂射孔工具串下入指定深度，工具串下部封隔器坐封，分隔目的层段；通过连续油管进液喷砂射孔，不动管柱和工具，环空进液进行主压裂，压裂完毕解封封隔器，将工具串提至下一层段开始下一级喷砂射孔压裂施工。其管柱结构如图 1 所示。

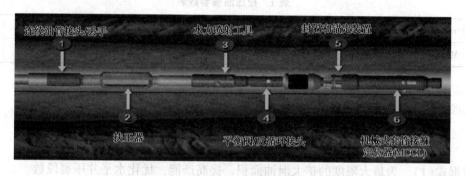

图 1　工具串组成图

管柱由上至下依次是连续油管+连续油管接头+丢手部分(发生特殊情况进行丢手)+扶正器(扶正工具)+水力喷射工具(进行喷砂射孔)+平衡阀/反循环接头(进行反循环)+封隔器总成(起封隔作用)+机械定位器。

3.1.2 工艺优点

(1) 射孔穿透深度大，可减少施工时多裂缝和复杂裂缝的形成；

(2) 集中射孔，射孔后无压实带，对由于压实产生的井筒周围应力集中将起到很好的松弛作用，裂缝在延伸过程中裂缝高度将得到一定的控制；

(3) 没有压裂层/段数量的限制，一趟管柱可多次反复压裂，可实现大厚度砂砾岩储层的精细分段均匀改造；

(4) 套管压裂排量大并通过连续油管实时监测井底压力，降低砂堵风险，实现大规模压裂施工，减少储层朔性影响，提高裂缝导流能力；

(5) 施工结束，工具起出后可以直接投产，作业效率高，施工周期短，节约成本。

3.2　参数优化设计

3.2.1　喷砂射孔参数优化

水力喷砂射孔是将携砂流体通过喷射工具，高压能量转换成动能，产生高速射流冲击套管或岩石形成一定直径和深度的孔眼，喷射流速、喷射时间、磨料类型和浓度均对喷射效果产生影响。国内李根生教授、牛继磊等通过实验表明，在压力 24MPa 下高压水力在 1min 左右能射穿 7.72mm 厚套管，喷射时间在 10min 能达到最佳喷射深度，优选 0.4~0.8mm 石英砂、砂比为 6%~8%，同时围压对喷射效果影响较大。因此设计采用石英砂，喷砂时砂浓度 120kg/m³；选用 4 个 4.68mm 的喷嘴，排量为 0.6m³/min 时，喷射速度 150m/s，控制油套压差 30MPa 左右，喷射时间 7~10min 可射开套管，孔径约为 25mm。

在水力喷砂射孔时，地面采用油嘴控制喷射液返出地面，一方面避免了带砂的喷射液通过油套管环空返出地面时对井口的破坏，该现象在水力喷射压裂井中发生，出现在施工中，由于带砂液经过井口返出地面时刺穿井口，造成井口被刺漏；另一方面由于水力喷射+封隔器环空压裂工艺，为保证封隔器的可靠性，封隔器下部承压与上部承压之差不能超过5MPa，因此通过油嘴产生的节流压差，能有效保证在喷射射孔时封隔器密封。义104区块砂砾岩储层停泵压力30~40MPa，通过现场油嘴压力损失试验，优选不同油嘴，实现控制环空压力参数，见表1。

表1 控压油嘴参数表

孔径/mm	8.3	8.4	8.5	8.6	8.7	8.8	8.9	9.0	9.1	9.2
回压/MPa	42	39	35	32	30	27	25	22	20	18

3.2.2 压裂段数优化

低渗透油田极限泄油半径公式：

$$R = 3.226(P_e - P_w)\left\{\frac{K}{\mu}\right\}^{0.5992} \tag{1}$$

根据式(1)，为最大限度的扩大泄油面积，提高产能，优化水平井压裂段数

$$N = \frac{L}{R} \tag{2}$$

式中　　R——限泄油半径，m；

P_e——油藏压力，MPa；

P_w——井底流压，MPa；

K——渗透率，md；

μ——流体黏度，mPa·s；

N——压裂段数；

L——水平段长度，m。

3.2.3 施工规模排量优化

利用全三维软件模拟了储隔层应力情况以及不同规模不同排量下的裂缝参数，优选了最优的施工方案，以义104-1HF井为例，目的层较厚，上下无水层，通过邻井应力剖面计算，目的层地应力为46~50MPa，隔层应力最高51MPa，储隔层应力差异较小。适当加大压裂规模和施工排量可有效的沟通上下层，从模拟的裂缝参数图来看(图2)，规模越大，排量越大，储层在纵向上沟通改造的越好。同时综合考虑该区块井距，极限泄油半径等因素对缝长的要求以及连续油管的耐冲蚀能力，优化该井施工排量为5.0~5.5m³/min，单段施工规模为60~70m³。

3.2.4 压裂液优化

义104区块储层温度150℃，水平井深接近5000m，因此要求压裂液具有较好的耐温耐剪切性能和较好的降阻性。优选耐高温延迟交联胍胶压裂液体系，其耐温达到150℃，根据施工排量大小(1.5~5.5m³/min)，优化了压裂液pH值以及交联比，控制交联时间在4~5min，测试其摩阻在同等条件下，比常规胍胶压裂液体系每千米降低3~5MPa。

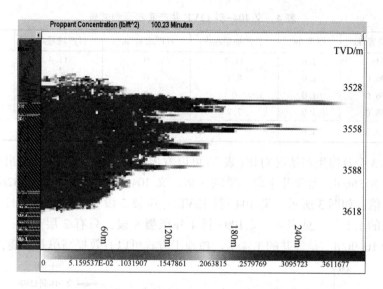

图2　义104-1HF井5.5m³/min，规模70m³裂缝参数模拟图

4　现场应用及效果分析

目前该技术在胜利油田砂砾岩油藏已应用4口井，直斜井2口，义104斜12VF和义109斜4VF井，水平井2口，义104-1HF和义104-2HF，单井最高分8段，单段最大加砂80m³，单井最大加砂618m³。见表2。

表2　水力喷射分段压裂参数表

序号	井　号	油层井段/ m	水平段/跨度/ （m/m）	压裂段数	施工排量/ （m³/min）	施工压力/ MPa	砂比/ %	用液量/ m³	砂量/ m³
1	义104-1HF		682.46	8	1.2~7.21	41.1~68.7	3.5~50	5487	617.2
2	义104-2HF		720.82	7	1.0~6.5	32~70	4~50	3946.9	418.2
3	义104-斜12井	3518.3~3865	346.7	5	1.4~5.32	41~65	5~50	3106	354
4	义109-斜4井	3514.5~4098.7	584.2	8	1.5~5.94	31.6~65.6	5~50	4657.6	478.8

表3　水力喷射分段压裂效果表

序号	井号	投产时间	初期			目前			累液/t	累油/t	备注
			日液/t	日油/t	含水/%	日液/t	日油/t	含水/%			
1	义104-1HF	2012.9.30	53.2	42.5	20.2	11.2	9.5	15	12210.5	9650.9	
2	义104-2HF	2013.8.13	33.1	26.7	19.4	10.3	8.5	17.7	3835.6	2733.9	
3	义104-斜12井	2012.8.31	24.6	20.5	16.5	7	6.3	10	7004.36	5925.6	
4	义109-斜4井	2012.12.9	31.8	12.5	60.7	14	5.2	62.5	9127.5	2667.1	

表4 义104-斜12VF井产液剖面测试表

序号	射孔位置/m	厚度/m	日产油量/m³	日产水量/m³	日产液量/m³	相对产量/%
1	3535	1.0	11.4	0	11.4	42.7
2	3606.0	1.0	8.1	0	8.1	30.3
3	3676.0	1.0	0	0	0	0
4	3758.0	1.0	7.2	0	7.2	27.0
5	3855.0	1.0	砂埋			

通过压后3个月内生产情况对比(表3)可以看出,义104-1HF井没有出现砂埋油层的情况,日产量为36t/d,是邻井平均产量的3倍,义104-2HF井日产量为32t/d,是邻井平均产量的2.7倍;如图3所示。义104-斜12VF井压裂5段仅3段产液,日产量为18t/d,是邻井平均值的1.5倍,见表4。义109-斜4井压裂8段,只有2层产液,见表5、图4,初期日产量为10.9t/d,是邻井的1.4倍。该施工方式可以有效提高单井产能,稳产时间长。

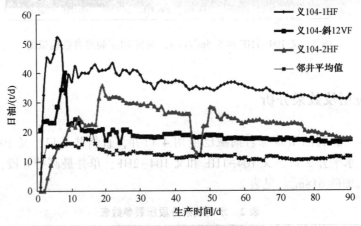

图3 义104块生产情况对比

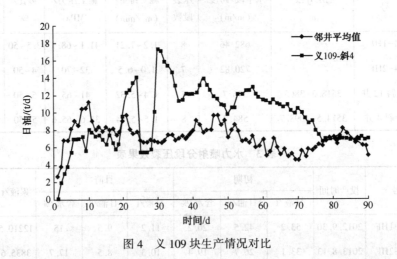

图4 义109块生产情况对比

5 存在问题及解决方案

水力喷射+封隔器分段压裂技术在现场的应用过程中也存在着一定问题,通过技术人员对该工艺的不断优化改进，取得了较好的效果。

表5 存在问题及解决方案

存在问题	对施工影响	解决方案	效果
射孔数较少，砂砾岩储层砾石含量高，裂缝形态复杂，孔眼摩阻和弯曲摩阻较高	施工压力高，提排量困难	前置小陶和大陶多段塞打磨，降低孔眼摩阻和弯曲摩阻	义104-1HF井的第二、三段经过多段塞打磨，排量由1.5m³提升至3.8m³，施工压力下降10MPa
为降低摩阻，采用延迟交联剂，会导致井筒内沉砂	施工结束后管柱遇卡	①上提连续油管，露出平衡阀口，油套同时进液，将沉砂挤入下一层段解卡；②反复提拉油管，震动封隔器周围沉砂解卡；③反循环洗井，将沉砂通过平衡阀/喷枪孔洗出解卡	义109斜4VF井第二、三、四段施工结束后管柱遇卡，分别采用第一种和第二种方法顺利解卡
射孔后粉砂堵塞孔眼。	射开套管后油套压力有3~4MPa的明显上升，出现该类喷射曲线的层段主压裂时地层基本不进液	正挤喷射液冲洗孔眼解堵	义104-2HF井第二段射孔后油套压上升4MPa，试挤不吸液，正挤冲刷孔眼后解堵
多次喷射后，磨料对喷嘴磨蚀以及石英砂反溅喷枪本体，水力喷射工具的性能将受到很大的影响，节流压差变小	无法射开套管或射孔不完善，从义104-斜12VF井和义104-1HF井来看在喷射时间为10min的条件下，这种情况一般出现在压裂5~6段以后	优化喷射时间为7min，喷射出砂量由600kg降至500kg，优化喷枪喷射角度，减少反溅带来的伤害	随后施工的义109-斜4VF井施工8段，喷射全部成功

6　主要结论

（1）针对胜利油田砂砾岩油藏的储层特征，水力喷射+封隔器分段压裂工艺技术可以满足该类储层的需求，取得了较好的压裂改造效果。

（2）通过连续管喷砂射孔，套管进行主压裂，可实现较大规模改造，通过连续管的精确定位，可对储层进行灵活分层，实现精细压裂，提高储层在纵向上的动用程度，提高单井产能。

（3）优化设计的施工工艺参数可以较好的满足水力喷砂射孔和压裂施工的需求，为胜利油田开展水力喷射+封隔器分段压裂施工相关参数的设置提供了参考和依据。

（4）采用水平井结合水力喷射+封隔器分段压裂工艺技术的方式开发此类油藏优于直斜井多级压裂和直斜井单层大规模压裂。

水平井管内分段压裂技术研究与应用

吕　玮　张　峰　董建国　刘永顺　卢雅兰

（中国石化胜利油田分公司采油工艺研究院）

摘要：水平井分段压裂技术是提高低渗透油藏产能的主要技术手段。针对低渗透油藏具有埋藏深、物性差、非均质性严重、有底水等特点，开展了低渗透油藏水平井不动管柱分段压裂工艺技术研究，形成了管内封隔器分段压裂、水力喷射分段压裂两项工艺技术，实现了水平井不动管柱一次完成2~5段压裂改造。

文中主要介绍了管内封隔器分段压裂、水力喷射分段压裂两项工艺技术的工艺原理、各项工艺参数优化、工艺管柱设计、配套工具研制及实施应用情况。管内分段压裂技术能够有效的、准确的进行储层改造，具有压裂针对性强、能有效控制压穿含水层、工艺简单、安全可靠等特点，现场已成功应用30余口井，大幅度提高了低渗透油藏开发效果。

关键词：水平井　低渗透油藏　分段压裂工艺　压裂管柱　现场应用

引言

胜利油田低渗透油藏储量丰富，成为稳产增产的主要接替阵地。胜利油田低渗透油藏开发面临着"采油速度低、采收率低、储量动用率低，能量补充困难"等难题，为了最大限度提高单井产量，近年来胜利油田通过技术引进和自主研发，开展了低渗透油藏水平井分段压裂技术研究和应用，形成了低渗透油藏水平井管内封隔器分段压裂工艺技术及水平井水力喷射分段压裂工艺技术，同时研制了水平井管内封隔器分段压裂及水力喷射分段压裂工艺管柱及配套关键工具，开展了分段压裂施工工艺及施工参数优化研究，形成了两种水平井不动管柱分2~5段的水平井管内分段压裂工艺技术。

目前在胜利油田已成功应用30余口井，现场应用表明该技术能够实现不动管柱完5段的分段压裂施工，施工风险小，工艺简单，对地层污染小，提高了压裂改造的针对性。对于提高低渗透油藏水平井单井产量和油藏最终采收率具有重要意义。

1　水平井管内封隔器分段压裂技术

根据胜利油田低渗透油藏的特征、水平井井眼条件和目前的井下作业工艺现状，在调研国内外水平井分段压裂工艺技术的基础上，针对管内封隔器分段压裂分段可靠、操作简单的优点，自主研发设计了水平井不动管柱封隔器分段压裂工艺技术，该工艺技术通过投球可实现不动管柱分2~5层段分段压裂工艺。

1.1　工艺管柱及工艺原理

1.1.1　管柱组成

水平井管内封隔器分段压裂的工艺管柱主要由安全接头、压裂水力锚、SPK344 压裂封隔器、HTK344 滑套封隔器、恒压喷砂器等工具组成，如图 1 所示。

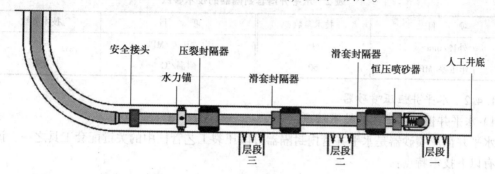

图 1　封隔器不动管柱封隔器分段压裂工艺管柱图

1.1.2　工艺原理

下入压裂管柱到位后，打开套管，从油管替前置液，待前置液到达油层位置，加大排量。HTK344 滑套封隔器及 SPK344 压裂封隔器在恒压喷砂器的节流压差作用下启动，并坐封，开始压裂层段一；当层段一压裂完成后，投球泵送至滑套封隔器的滑套上，继续增大油管压力将滑套打开，开始压裂层段二；相同步骤实现层段三的压裂。待压裂施工结束后，可在不动管柱的情况下实现全井段的试油、试气。当需要起出井内压裂管柱时，直接上提管柱起出即可。

1.2　技术特点

（1）封隔器分隔，密封可靠；

（2）具有反洗井功能，有助于解除施工中的砂卡；

（3）设计有安全装置，管柱起出遇阻时可丢手进行分段打捞；

（4）适用于套管固井分段射孔完井的水平井。

1.3　管柱技术参数

该工艺技术参数见表 1。

表 1　技　术　参　数

项　目	技术参数	项　目	技术参数
一次管柱分层（段）数	2~5	工作压差/MPa	60
管柱耐温/℃	150	适用范围	$5\frac{1}{2}$in、7in 套管

1.4　配套关键工具研制

1.4.1　水平井滑套封隔器

1）水平井滑套封隔器的技术特点

水平井滑套封隔器是水平井管内封隔器分段压裂工艺管柱中的关键配套工具之一，该工具具有以下技术特点：

① 采用了喷砂、投球、封隔一体化设计，具有封隔地层和喷砂压裂的双重功能；

— 43 —

② 在确保压差性能的条件下，采用短胶筒，减小管柱了下入风险；

③ 防止压裂砂进入封隔器胶筒，保证压后胶筒回收。

2）水平井滑套封隔器的性能参数（表2）

表2 水平井滑套封隔器的技术参数

项 目	技术参数	项 目	技术参数
外径/mm	115	启动压差/MPa	≤1.5
工作压差/MPa	60	耐温/℃	150

1.4.2 水平井恒压喷砂器

1）水平井恒压喷砂器的技术特点

水平井恒压喷砂器是水平井管内封隔器分段压裂工艺管柱中的关键配套工具之一，该工具具有以下技术特点：

① 根据流态分布优化工具内部结构，减少紊流和节流，增加耐磨性；

② 优化设计了恒压差的固定喷口，减少节流喷口的磨蚀，保证封隔器可反复坐封。

2）水平井恒压喷砂器的性能参数（表3）

表3 水平井恒压喷砂器的技术参数

项 目	技术参数	项 目	技术参数
外径/mm	112	节流压差/MPa	排量大于 0.6m³/min 时，1.3

1.5 工艺技术应用情况

该工艺技术在研制成功并配套完善后，在胜利油田应用 10 余口井，取得了较好的效果。

在位于济阳坳陷东营凹陷博兴洼陷北部某区的一口新井上实施了该工艺，该井为低孔特低渗透储层，完钻井深3818m，水平段长755m，最大井斜91.8℃，套管固井完井。主力含油砂体为沙三中二砂组 22 砂体，属于致密砂岩油藏，非均质性强、物性差、跨度大。

设计该井分 5 段进行压裂改造，分别为 3030～3032m、3209～3211m、3380～3382m、3553～3555m、3715～3717m。管柱组合如图2所示。

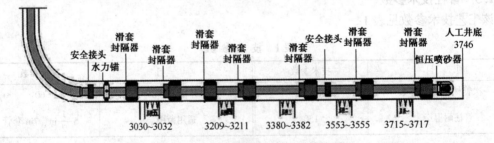

图2 施工井封隔器分段压裂管柱图

实际施工中，分段压裂共累计加砂 160m³，最高排量 5.1m³/min，最高砂比分别达到 46%，最高施工压力 69.5MPa。该井为胜利油田的第一口水平井封隔器分 5 段压裂，施工过程顺利，目前该井正在放喷，日产液 21.1t，日产油 4.6t，含水 78%。目前已累计产油 24.4t。

2　水平井水力喷射分段压裂技术

在调研国内外水平井水力喷砂射孔分段压裂工艺的基础上，胜利采油院依靠自身技术，研制的水平井喷砂射孔分段压裂技术已完成现场试验，现场试验取得成功。研制出的水平井水力喷砂射孔分段压裂技术，通过投球实现一次管柱分 2~5 层段分段压裂工艺。

2.1　工艺管柱及工艺原理

2.1.1　管柱组成

该工艺管柱主要由安全接头、水力锚、滑套喷射器、喷射器及水平井单流阀等工具组成，管柱图如图 3 所示。

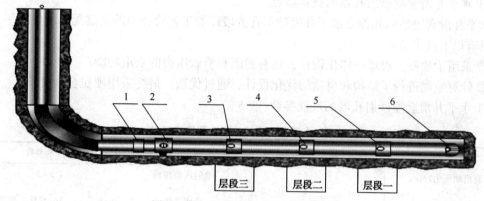

图 3　水力喷射分段压裂工艺管柱图

1—安全接头；2—水力锚；3、4—HTPSQ 滑套喷砂器；5—喷砂器；6—水平井单流阀

2.1.2　工艺原理

水平井喷砂射孔分段压裂工艺技术是集水力射孔、隔离分段、压裂一体化的改造技术。该工艺从尾段开始实施喷砂射孔和压裂，之后通过投入不同直径的球来逐级打开滑套实现各段喷砂射孔和压裂。先通过油管加砂，使尾部喷砂器喷砂射孔，砂比控制在 5%~7%，射孔结束后采用油管加砂、环空补液的方式进行压裂；层段一施工结束后，投入低密度球，打开中间滑套喷砂器，重复射孔、加砂压裂步骤完成层段二施工；相同过程完成层段三的压裂施工。

2.2　技术特点

（1）该技术一次管柱可以完成 2~5 层段的分段压裂工艺，缩短施工周期，有利于降低压裂液对储层的伤害；

（2）该技术采用水动力密封，分层可靠；管柱中没有封隔器等封隔工具，具有自动封隔、定点压裂、准确造缝的优势，减少封隔器失效和砂卡机率；管柱中设置安全接头，降低了管柱砂卡后打捞难度；

（3）研制了可自动定向的喷砂射孔器，实现了水平井定向射孔，降低了破裂压力，提高了造缝效率；

（4）采用低密度球打开滑套，确保了球的及时到位且密封；

（5）可用于裸眼、套管等多种完井方式。

2.3 管柱技术参数

该工艺技术参数见表4。

表4 技术参数

项 目	技术参数	项 目	技术参数
一次管柱分层（段）数	2~5	工作压差/MPa	60
管柱耐温/℃	150	适用范围	$5\frac{1}{2}$in、7in 套管、裸眼井

2.4 配套关键工具研制

2.4.1 水平井滑套喷砂射孔器

1）水平井滑套喷砂射孔器的技术特点

水平井滑套喷砂射孔器是水平井喷砂射孔分段压裂工艺管柱中的关键配套工具之一，该工具具有以下技术特点：

① 采用了喷砂、投球一体化设计，具有封隔和喷砂压裂的双重功能；

② 针对喷嘴进行了结构和材质的优化设计，通过优选，最终采用硬质合金材质。

2）水平井滑套喷砂射孔器的性能参数（表5）

表5 水平井滑套喷砂射孔器技术参数

项 目	技术参数	项 目	技术参数
滑套启动压力/MPa	10~15	喷射压裂段数	2~5
工作压差/MPa	60	适用范围	$5\frac{1}{2}$in、7in 套管、裸眼井

2.4.2 水平井定向喷砂射孔器

1）水平井定向喷砂射孔器的技术特点

水平井定向喷砂射孔器是水平井喷砂射孔分段压裂工艺管柱中的关键配套工具之一，该工具具有以下技术特点：

① 设计了重力偏心定向机构，进行定向射孔；

② 设计了锚定定位器，防止管柱蠕动。

2）水平井定向喷砂射孔器的性能参数（表6）

表6 水平井定向喷砂射孔器技术参数

项 目	技术参数	项 目	技术参数
滑套启动压力/MPa	10~15	喷射压裂段数	2~5
工作压差/MPa	60	适用范围	$5\frac{1}{2}$in、7in 套管、裸眼井

2.5 工艺技术应用情况

该工艺技术在研制成功并配套完善后，先后完成10余口井的现场施工，取得了较好的效果。

2.5.1 典型井例概况

该工艺在纯化油田纯2区块一口套管固井完井的新井上进行实施，该井完钻井深2448 m，该块原始地层压力32.43MPa，地层温度104.5℃，预测本井油层压力20MPa。且该井目的层泥质含量较高，因此，对该井进行水力喷砂分段压裂改造，均衡改造目的层，提高油井产能。

该井结合储层特点，通过优选采用水力喷射分段压裂工艺。根据该井的 GR、RD 测井资料以及临井压裂资料，经优选决定对该井分三段进行改造，分别为 2344.3~2346.1m、2360.5~2361.9m 和 2380.9~2382.3m。

2.5.2　施工管柱

该井管柱组合为：（由下至上）水平井单流阀+第一组喷枪+油管+第二组喷枪+油管+第三组喷枪+油管至井口。第一组喷枪深度：2381.37m；第二组喷枪深度：2361.05m；第三组喷枪深度：2345.13m。施工管柱图如图 4 所示。

2.5.3　水力喷射压裂施工情况

该井采用不动管柱水力喷砂射孔分段压裂技术，通过投球实现对目的层分三段进行喷砂射孔压裂如图 5~图 7 所示。三段射孔总数目为 18 孔，每段 6 孔均布。实际施工中，分段压裂共用石英砂 10.0m³，共加低密高强陶粒支撑剂 14m³，最高施工压力 72MPa，最高施工砂比 34.2%，施工取得了良好的实施效果。

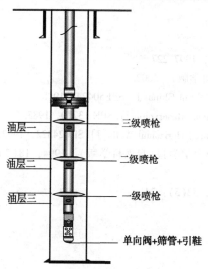

图 4　施工井水力喷砂射孔分段压裂管柱

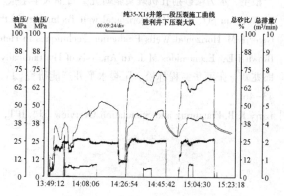

图 5　第一段压裂曲线

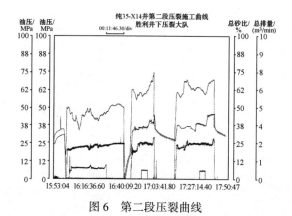

图 6　第二段压裂曲线

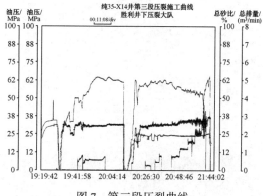

图 7　第三段压裂曲线

2.5.4 压裂后生产情况

该井压裂结束后采用 44×4.2×3 的工作制度，日产液 13t，日产油 2.7t，含水 79.6%，效果明显。

3 结论及认识

（1）针对胜利油田低渗透油藏水平井压裂不完善的问题，研制了封隔器分段的水平井封隔器分段压裂和水动力自密封分段的水力喷射分段压裂两套管内分段压裂工艺管柱，实现不动管柱分 2~5 段的逐段压裂工艺，分段可靠，针对性强，节省施工时间，减少作业风险和成本，满足了低渗透油藏水平井改造的要求；

（2）水平井封隔器分段压裂定位准确，使压裂改造具有更强的针对性；

（3）水力喷射分段压裂无压实带污染，有利于提高近井筒地带渗透率；

（4）下步将针对存在喷砂器及喷射器喷嘴耐磨性能等问题进行更进一步的研究和改进，为胜利油田低渗透油藏的开发提供更有力的技术保障。

参 考 文 献

[1] 李道品，低渗透砂岩油田开发[M]。北京：石油工业出版社，1997. 227.

[2] 李根生．水力喷砂射孔机理实验研究。石油大学学报（自然科学版），2002.

[3] LiuXe，Liu SQ，JiangZX. Horizontal well Technology in the Oilfield of China[J]. SPE50424, 1998.

[4] Giger F M. Horizontal Wells Production Techniques in Heterogeneous Reservoirs[J]. SPE 13710, 1985.

[5] Brown J E，Economides M J. An Analysis of Hydraulically Fractured Horizontal Wells[J]. SPE24322, 1992.

[6] 郎兆新，张丽华，程林松．压裂水平井产能研究[J]．石油大学学报（自然科学版），1994，18(2)：43-46.

[7] Larry K B. Fracturing and Stimulation Overview [J]. JPT, 2000, 52(5)：24.

胜利油田新型压裂液体系的研究与应用

陈　凯　仲岩磊　陈　磊　姜阿娜　杨　彪　吕永利

（中国石化胜利油田分公司采油工艺研究院）

摘要：针对目前胜利油田低渗透储层岩石埋藏深、温度高及非常规/致密油压裂液用量大等特点，开发了两种新型压裂液体系——耐高温速溶瓜胶压裂液体系和乳液缔合型压裂液体系，并进行了现场应用。耐高温速溶瓜胶压裂液体系是针对目前压裂施工需提前配制压裂液易造成压裂液浪费而开发的压裂液体系，主要以速溶瓜胶作为增稠剂，并添加高温交联剂、黏土稳定剂、助排剂等添加剂形成压裂液，可以在增稠剂溶解3min内交联形成耐高温冻胶体系，适用于150℃以下储层连续混配压裂施工需要；乳液缔合型压裂液体系是作为瓜胶压裂液替代产品开发并具有独特分子结构的压裂液体系，具有可现场混配、施工摩阻低、配方体系简单、可用污水配制、耐温能力强等诸多优点，主要增稠剂为乳液态缔合聚合物，适用于230℃以下地层压裂施工需要。到目前为止，两种新型压裂液在胜利油田共施工26井次，其中致密砂岩水平井压裂施工13井次，共使用压裂液超过58000m³，现场应用效果表明，两种压裂液体系施工简单、适应性强、压后增产效果好，具有极大的推广应用价值。

关键词：压裂液　非常规油气　连续混配　现场应用

随着压裂规模的不断加大和非常规油气的开发，压裂液使用量越来越多，对压裂液性能要求越来越高。针对这些问题，胜利油田采油院自主开发了两种的压裂液体系，可以实现连续混配的目的，目前这两种压裂液体系已经在胜利油田得到了推广应用。

1　耐高温速溶瓜胶压裂液体系

耐高温速溶瓜胶压裂液体系包括：速溶瓜胶增稠剂、pH调节剂、交联剂、助排剂、防膨剂、消泡剂等组分，其中速溶瓜胶增稠剂是溶解最慢的组分，为此研究了速溶瓜胶溶解速率，并与国内外羟丙基瓜胶产品进行了对比，在此基础上，研究了耐高温速溶瓜胶压裂液的各项性能，最终形成完善配套的速溶瓜胶压裂液体系。

1.1　速溶瓜胶溶解速率

对比了速溶瓜胶产品和国内外几种改性瓜胶产品的溶解速率，溶解速率实验方法如下：取20℃清水350mL加入混调器量杯，在其中加入4~5滴Span80，调整混调器电压至30V，加入2.1g瓜胶类聚合物，开始计时。45s后停止搅拌，迅速将液体倒入六速黏度计量杯，300rpm（511s⁻¹）时测定1~20min内体系表观黏度。实验结果如图1所示。

图1为不同改性瓜胶产品溶解速率曲线。从图中可以看到，①各种改性瓜胶粉溶解速率

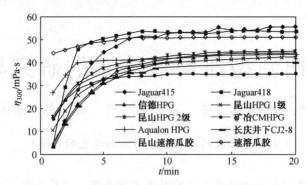

图 1　几种改性瓜胶产品溶解速率曲线

差异加大, 基本趋势是在最初 0~10min 内溶解较快, 表观黏度变化大, 但在 10~20min 时体系黏度基本不变, 因此研究改性瓜胶的溶解速率应更加关注最初 10min 时黏度变化, 20min 黏度可以代表体系最终黏度; ②Jaguar415 是一种羟丙基瓜胶, Jaguar418 是羧甲基羟丙级瓜胶, 两者黏度最高, 初始分散性好, 分散于水中不形成"鱼眼", 但初始溶解速率低, 在 1~4min 时溶解速率最高, 此后溶解变慢; ③国内两种产品昆山瓜胶和矿冶总院 CMHPG 最终黏度较低, 其中 CMHPG 最终黏度最低; ④昆山速溶瓜胶和长庆井下 CJ2-8 速溶瓜胶具有初始分散效果好的特点, 其溶解在水中时不需要高速搅拌即可快速分散, 但其溶解速率不高, 最终黏度不高; ⑤我们自主合成的速溶瓜胶初始溶解速率最高, 1min 黏度可以达到最终黏度的 86%, 并且最终黏度也较高, 接近 Jaguar415 和 Jaguar418 的黏度水平; ⑥速溶瓜胶溶解速率高的原因是分子内氢键被大大削弱的缘故。众所周知, 聚合物颗粒在溶于水溶液的过程中需要经历溶胀阶段, 水分子不断扩散到聚合物颗粒内部, 在搅拌作用下外层聚合物分子不断溶解, 内层聚合物分子不断胀大, 因此聚合物溶解需要不断搅拌, 否则会生成"鱼眼"。而对于瓜胶分子来说, 一般认为瓜胶颗粒间具有大量的分子内和分子间氢键, 瓜胶溶解在水中时首先要克服瓜胶分子间氢键, 因此氢键是导致瓜胶溶解慢的一个主要原因。从分子设计和分子结构角度考虑, 瓜胶改性过程应降低分子间氢键, 通过引入改性剂(如环氧丙烷)的方法可以大大降低瓜胶分子间氢键。本文则在瓜胶羟丙基化改性过程中加入一种盐类增速剂, 进一步降低分子间氢键作用, 所制备的速溶瓜胶溶解速率比普通羟丙基瓜胶和羧甲基羟丙基瓜胶溶解速率更高。

1.2　速溶瓜胶压裂液体系流变性能

一般对速溶瓜胶压裂液来说, 由于瓜胶溶解时间短可能会导致其耐温耐剪切能力变差的问题, 为此需要综合考察溶解时间(溶解条件)对其耐温耐剪切能力的影响。实验条件为: 在混调器中加入 500mL 水, 加入 4 滴 Span80 消泡剂, 启动搅拌(混调器电压调整为 30V), 加入 3g 速溶瓜胶, 开始计时, 溶解一定时间后加入 0.75g pH 调节剂, 测定体系 pH 值; 最后加入交联剂, 测定交联时间(旋涡闭合时间)。用 Haake MARS Ⅲ 高温高压流变仪测定压裂液的耐温耐剪切能力。实验结果见图 2 所示。耐高温速溶瓜胶压裂液体系配方为: 0.6% SRG-1+0.45%HTC-E+0.3%HTC-S+0.2%Na_2CO_3, 测试温度 140℃。

从图 2 中可以看出, ①速溶瓜胶溶解 1min 和溶解 3min 时交联得到的压裂液冻胶初始黏度分别为 687mPa·s 和 781mPa·s, 说明溶解时间缩短会导致压裂液冻胶交联变弱; ②两个流变曲线都经历黏度先下降, 后逐渐达到稳定, 最后逐渐上升的过程, 但溶解 1min 时的冻

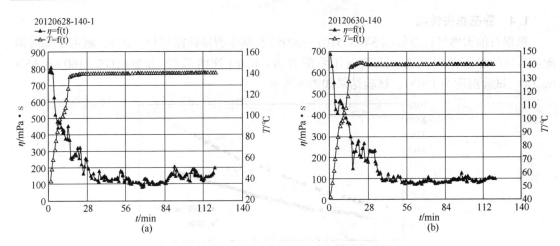

图 2 速溶瓜胶压裂液体系耐温耐剪切曲线

（a）速溶瓜胶溶解 3min 后交联；（b）速瓜胶溶解 1min 后交联

胶黏度上升不明显；③170s⁻¹、2h 后两者表观黏度分别为 96mPa·s 和 196mPa·s，均高于标准要求，所以速溶瓜胶溶解 1min 时形成的实时混配压裂液可以满足 140℃地层压裂需要。

1.3 破胶性能

根据石油天然气行业标准 SY/T 5107—2005《水基压裂液性能评价方法》，用五种破胶剂对 0.6%速溶瓜胶压裂液进行了静态破胶实验（90℃），实验结果见表 1，其中 EB-1 为一种常用的胶囊破胶剂，其余均为分析纯试剂。

表 1 速溶瓜胶压裂液破胶液黏度

破胶剂	破胶温度/℃	破胶时间/min	破胶液黏度/mPa·s	残渣/mg·L⁻¹
$(NH_4)_2S_2O_8$	90	15	3	423
EB-1	90	60	3	432
CaO_2	90	60	3	480
MgO_2	140	90	3	451
甘露糖酶	60	60	3	320

从表 1 中可以看出，5 种破胶剂均可使速溶瓜胶压裂液完全破胶水化，但各种破胶剂的使用温度不同。

同时考察了不同溶解时间速溶瓜胶压裂液的破胶性能，速溶瓜胶溶解时间分别为 4h 和 3min，压裂液配方为：0.6%SRG-1+0.3%HTC-160+0.1%Na_2CO_3+0.03%EB-1，破胶温度为 90℃，破胶时间为 1h，试验结果见表 2。

表 2 速溶瓜胶溶解时间对压裂液破胶性能的影响

速溶瓜胶溶解时间/min	破胶时间/min	破胶液黏度/mPa·s	残渣/mg·L⁻¹
3	60	3	444
240	60	3	423

从表 2 中可以看出，速溶瓜胶溶解时间对压裂液破胶性能影响不大，采用现场连续混配方式施工时不会影响压裂液的破胶性能。

1.4 静态滤失性能

根据石油天然气行业标准 SY/T 5107—2005《水基压裂液性能评价方法》，测定了实时混配压裂液的静态滤失性能。压裂液体系配方为：0.6%速溶瓜胶+0.3% HTC-160+0.15% Na_2CO_3，试验温度为130℃，试验结果如图3所示。

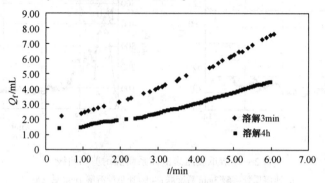

图3 速溶瓜胶压裂液体系静态滤失曲线(130℃)

从图3中可以看出，速溶瓜胶溶解3min和溶解4h交联得到的压裂液体系的滤失曲线有差别，经计算，两者滤失系数分别为 $1.02×10^{-5}$ m/$min^{0.5}$ 和 $5.60×10^{-6}$ m/$min^{0.5}$，这说明速溶瓜胶溶解4h时溶解更充分，形成交联体系滤失系数更低。但对于标准要求来说，两交联体系滤失系数均较低，完全满足压裂施工的需要。

1.5 岩心伤害性能

采用元坝地区天然岩心测定了速溶瓜胶压裂液破胶液的伤害率，实验结果见表3。

表3 破胶液对天然岩心渗透率的伤害率

岩心		渗透率/$×10^{-3}\mu m^2$(煤油)	速溶胍胶压裂液	渗透率/$×10^{-3}\mu m^2$(煤油)	伤害率/%
元陆2井	5#	0.1765	√	0.1279	27.535
元坝104井	3#	0.0580	√	0.0454	21.626
	1#	0.1002	√	0.0764	23.752
元陆6井	1#	0.1365	√	0.1067	21.860
元坝29井	5#	0.0691	√	0.0473	31.548

从表3中可以看出，速溶瓜胶压裂液破胶液对元坝地区天然岩心伤害率在20%~30%之间，伤害较低。

1.6 现场应用

截至2014年4月，采用速溶瓜胶压裂液共进行现场施工10井次，其中非常规水平井4井次，直井分层压裂2井次，4口非常规水平井均采用现场配液，总共施工37井段，施工成功率达到94%。从目前排液和生产效果来看，各井均取得了较好的开发效果，累计产油超过 $1.2×10^4$ t。从现场应用来看，速溶瓜胶压裂液可以满足150℃以下的低渗透特低渗透油藏在线混配压裂需要。

采用速溶瓜胶压裂液体系进行现场配液，配液设备为四机赛瓦的连续混配车，检测配液过程见表4、表5(普通羟丙基瓜胶数据为其他压裂井的基本数据)。

表4 现场配液表观黏度对比

粉比/%	表观黏度/mPa·s	
	速溶瓜胶	普通羟丙基瓜胶
0.57	87~90	—
0.59	93~96	81~84
0.61	99~105	87~90
0.64	110~130	93~96

表5 现场配液溶解速率对比(粉比0.61%)

名称	测定位置	混配车排量/(m³/min)	溶解时间/min	表观黏度/mPa·s
速溶瓜胶	混配车出口	3	≤2	96
	配液罐	—	20	99
	混配车出口	2.3	≤3	102
	配液罐	—	20	102
普通瓜胶	混配车出口	3	≤2	51
	配液罐	—	20	87

从表4和表5中可以看出,与目前使用的羟丙基瓜胶相比,速溶瓜胶在现场配制中具有溶解速率高、最终黏度高的特点,且在混配车出口处表观黏度基本达到最大。

2 乳液态缔合型压裂液体系

乳液缔合型压裂液是胜利油田采油工艺研究院自主研发的一种新型耐高温清洁压裂液体系,其以丙烯酰胺(AM)及其衍生物做为分子主链,共聚带有长链侧基和刚性基团的功能性单体,利用反相微乳液聚合方式制备,原液固含量30%,流动性好,具有对水质要求低、溶解迅速、无需交联、耐高温、无残渣的特点,体系成本与瓜胶压裂液体系相当,较黏弹性表面活性剂(VES)压裂液体系低。乳液态缔合压裂液体系主要由乳液态缔合型高分子和破胶剂组成,没有交联剂、助排剂、防膨剂等添加剂,在施工过程中按比例与水混合后即可使用,实现了连续混配的目的。

2.1 乳液态缔合型压裂液耐温性能

从图4可以看出,6%聚合物浓度下可以耐230℃,而1%聚合物浓度分别在150℃下保持100~200mPa·s,由此可见,缔合型聚合物作为压裂液有非常优异的耐高温性能。

2.2 地层伤害性能

采用延3井天然岩心,测试了乳液态缔合压裂液和瓜胶压裂液的伤害情况,实验结果见图5。

通过对比发现,对于在$(0.1~0.2)×10^{-3}\mu m^2$的渗透率下,缔合型压裂破胶液的伤害率为43%和78%,而瓜胶压裂液在相同渗透率下为44%,在$1×10^{-3}\mu m^2$下达到了86%,说明了缔合型压裂液有着比瓜胶压裂液伤害率低的优势。

2.3 破胶液形态及性能

乳液态缔合型压裂液破胶液为乳状液,粒径3~10μm,破胶彻底,无不溶物;破胶液黏度3mPa·s、表面张力27.5mN/m,均低于《SY/T 5107—2005水基压裂液性能评价方法》规定标准,说明不必另行加入助排剂。

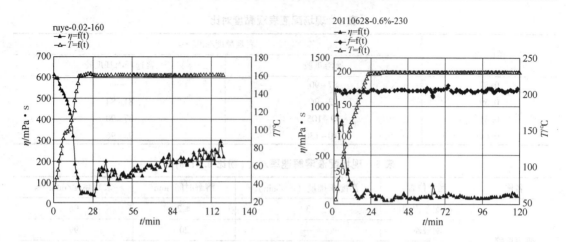

图 4 不同浓度压裂液的耐温耐剪切曲线

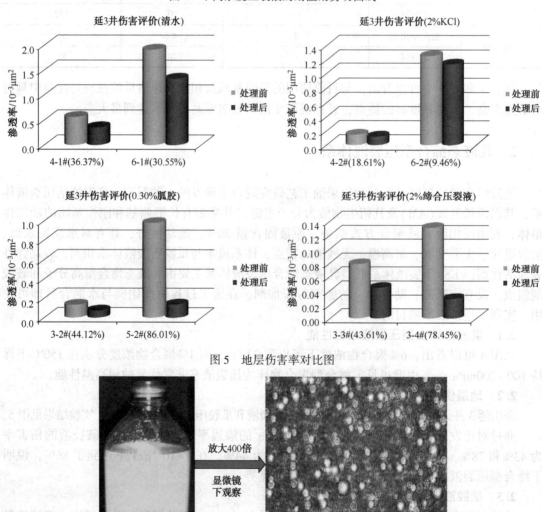

图 5 地层伤害率对比图

图 6 破胶液形态及性能

从图 6 中可以看出，乳液态缔合型压裂液的破胶液粒子直径最大 10μm，观察不到不溶物质。说明其是清洁的且在破胶后有乳液压裂液的特点。

2.4　滤失性能

测定了 130℃ 条件下 1% 聚合物浓度的乳液态缔合型压裂液的滤失性能，实验结果见图 7。

乳液态缔合型压裂液的滤失参数与速溶瓜胶压裂液的对比见表 6。通过实验对比，乳液态缔合型压裂液的静态滤失性能与速溶瓜胶压裂液相当，说明其滤失较低。

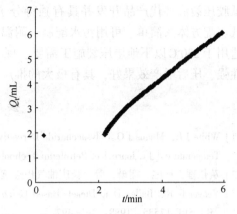

图 7　乳液态缔合型压裂液滤失曲线（130℃）

表 6　乳液缔合型压裂液与瓜胶压裂液滤失性能对比

压裂液	初滤失量/（×10⁻³ m³/m²）	滤失速度/（×10⁷ m/min）	滤失系数/（×10⁻⁶ m/min⁰·⁵）
乳液态缔合压裂液	0.53	16	9.61
速溶瓜胶压裂液	1.7	9.33	5.60

2.5　现场应用

截止到 2014 年 4 月，采用乳液态缔合型压裂液进行现场施工 16 井次，其中非常规水平井 9 井次，直井分层 5 井次，共使用压裂液约 $4.7×10^4 m^3$。2013 年盐 227"井工场"采用该压裂液体系进行压裂施工，总共施工 87 井段，使用压裂液 $4×10^4 m^3$，总共施工 34d，目前累计产油超过 $1.2×10^3 t$。

盐 22-斜 13 井采用油田污水进行压裂施工，污水来源于东辛采油厂盐 22 水处理站，仅经过三相分离，未做其他处理。该井油层属砂砾岩体，埋深 3600m，温度 145℃，分两层压裂，总液量 $440 m^3$，完成加砂 $50 m^3$，施工排量 $3.0～4.0 m^3/min$，最大砂比 38%，压后产油 5t/d。

盐 227-1HF 井为盐 227 区块的第一口水平井，完钻井深 4591m，埋深 3619m，水平井段长度 1254m，井底温度 138℃，采用套管可钻桥塞方式分 11 级压裂。该井压裂中采用乳液态缔合型压裂液，地表池塘水配制，总用液量 $5200 m^3$，总加砂 $300 m^3$，施工排量 $3.0～4.0 m^3/min$，最大砂比 40%。该井压后产油约 13t/d。

现场应用效果表明，相同排量下乳液缔合型压裂液施工压力较常用压裂液低 10～20MPa，摩阻较低，且悬砂性较好，压力波动较小。可采用清水、地表水、污水进行现场混配，降低了压裂液的浪费。压裂液总体费用约 500～700 元/m³。

3　结论

开发了两种新型压裂液体系——耐高温速溶瓜胶压裂液体系和乳液缔合型压裂液体系，并进行了现场应用。耐高温速溶瓜胶压裂液体系主要以速溶瓜胶作为增稠剂，并添加高温交联剂、黏土稳定剂、助排剂等添加剂形成压裂液，可以在增稠剂溶解 3min 内交联形成耐高温冻胶体系，适用于 150℃ 以下储层连续混配压裂施工需要；乳液缔合型压裂液体系是作为瓜胶压裂液替代产品开发并具有独特分子结构的压裂液体系，具有可现场混配、施工摩阻低、配方体系简单、可用污水配制、耐温能力强等优点，主要增稠剂为乳液态缔合聚合物，适用于230℃以下地层压裂施工需要。现场应用效果表明，两种压裂液体系施工简单、适应性强、压后增产效果好，具有极大的推广应用价值。

参 考 文 献

［1］White J L，Means J O. Polysaccharide Derivatives Provide High Viscosity and Low Friction at Low Surface Fluid Temperatures［J］. Journal of Petroleum Technology，1975，27(9)：1067-1073.

［2］黄依理，杜彪，谢璇，等. 长庆油气田连续混配压裂液［J］. 油田化学，2009，26(4)：376-378.

［3］Yeager R R，Bailey D E. Diesel-Based Gelconcentrate Improves Rocky Mountain Region Fracture Treatments ［R］. SPE 17535，1988：493-497.

［4］陈凯，姜阿娜，仲岩磊，等. 一种速溶型羟丙基瓜胶的制备方法［P］. 中国专利201210435549.4，2012，11.

［5］何曼君，陈维孝，董西侠，等. 高分子物理［M］. 上海：复旦大学出版社，1981，114-132.

［6］Cheng Y，Prud'homme R K. Measurement of Forces between Galactomannan Polymer Chains：Effect of Hydrogen Bonding. Macromolecules，2002，35：10155-10161.

［7］Chandrasekaran R，Radha H，Okuyama K. Morphology of galactomannans：an X-ray structure analysis of guaran. Carbohydrate Research，1998，306：243-255.

［8］Kappor V P，Chanzy H，Taravel F R. X-ray diffraction studies on some seed galactomannans from india. Carbohydrate Polymers，1995，27：229-233.

［9］吕永利，马利成，李爱山. 一种耐高温清洁乳液或微乳液压裂液及其制备方法［P］. 中国专利CN102838980A，2012，12.

高导流低伤害压裂技术在深层低渗稠油油藏的应用

王丽萍　马　收　张军峰

（中国石化胜利油田分公司采油工艺研究院）

摘要： 胜利油田王 152 块属于低渗稠油油藏，油层物性差，埋深 1480～1570m，典型的特点为注汽压力高，产能低，冷采、热采效果均不明显。据此开展低渗稠油油藏压裂改造技术的探索性试验开发。形成了射孔工艺优化、低伤害压裂液、高导流短宽缝等相关技术。目前现场实施 5 口井，措施后平均日液 10t/d，增加 60%，平均日油 3.9t/d，增加 66.6%，措施后平均注汽压力由 20.1MPa 降低到 16.4MPa，生产未发现出砂，增产效果显著。高导流低伤害压裂技术的成功实施为胜利油田 2000 多万吨的难动用稠油探明储量提供了有效的技术支持。

关键词： 低渗稠油压裂　低伤害压裂液　高导流短宽缝技术

引言

随着油田开采技术的不断提高，依靠常规技术难以动用的低渗透稠油油藏逐渐成为油田开发的一个重要方向。与常规低渗油藏相比，低渗稠油油藏具有更为明显的启动压力梯度，原油流动性更差，动用难度更大。本文以胜利油田王 152 块为例，进行了低渗稠油油藏压裂改造技术的应用研究，优化压裂液体系，完善配套工艺技术，取得明显效果。

1　油藏概况及现状

1.1　油藏概况

胜利油田王 152 区块含油面积 1.8km²，地质储量 492×10⁴t，油藏埋深 1480~1570m，储层表现为薄互层，多套含油层系，有效厚度为 1.0~1.5m。根据试油资料，该区块沙四段原始地层压力为 15.18MPa，压力系数 1.02，地层温度 76℃，地温梯度 3.7℃/100m。取芯资料显示以灰褐色油浸粉砂岩为主，另外发育灰色泥质粉砂岩和灰色灰质粉砂岩（如图 1 所示），平均泥质含量 26.7%。

润湿实验报告显示水润湿指数 0.12～0.29，润湿类别为弱亲水。地层水总矿化度 16778.77mg/L，为 CaCl₂型。地面原油密度 0.96g/cm³，50℃地面原油黏度 12282mPa·s，储层孔隙度 27.4%，平均空气渗透率 137×10⁻³μm²，为高孔、低渗、稠油油藏。敏感性评价结果显示，储层强水敏，对油层保护要求高，需要优选压裂液体系。

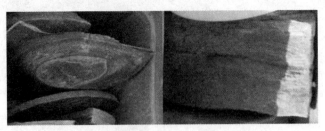

1677m灰色泥岩 1678.3m灰褐色粉砂泥岩

1679.3m灰褐色泥质粉砂岩 1685.2m灰色灰质细砂岩

图 1　沙四段 Cx3 砂组岩性

1.2　区块开发现状

王 152 区块前期主要开展了常规热采、二氧化碳降黏增能、常规酸化等技术试验，效果均不理想。

常规热采注汽压力高达 20.5MPa，作用时间短(平均有效期仅为 90d)，中后期产量快速下降，热采开发效果差，如图 2 所示。

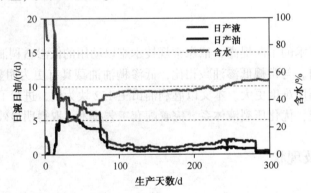

图 2　常规热采的生产曲线

二氧化碳降黏增能的作用时间同样较短，日产油由高峰期 5t/d 快速降低到 0.7t/d，仍无法满足开发要求。除此之外，区块还采取了常规酸化解堵、注薄膜扩展剂降压热采等技术，但由于油层薄、泥质含量高，开采速率过高，造成储层内各种不稳定微粒运移，在近井地带形成堵塞，化学剂难以进行解堵，均未能从根本上解决增油稳产的问题。

综合分析认为前期实施工艺措施不理想是产量较低的主要原因。压裂改造作为一种物理增渗的方法，能有效的增大泄油面积，提高基质渗流能力，同时适应性强，可以弥补化学方法的不足。

2 压裂改造技术难点及技术对策

2.1 压裂改造技术难点

王 152 块稠油油藏进行压裂改造存在以下技术难点：

（1）多薄层，跨度大，隔层不明显，需优化射孔以保证均匀造缝。

（2）稠油黏温敏感性强。常规瓜胶压裂液造成冷伤害，导致压裂效果大打折扣。但采用加热压裂液成本高，实施困难，因此需要优选压裂体系。

（3）地层渗透率低，吸汽能力不足，流体流动能力差。为提高压后流体的流动性，降低注汽压力，对裂缝的导流能力要求高。

针对以上开采难点，研究了以下压裂改造技术对策。

2.2 压裂改造技术对策

2.2.1 射孔优化技术

优选射孔方式、射孔孔径、孔密，保证均匀改造的同时，为后期造高导流缝提供技术支持。

1）射孔方式

根据区块油藏特征、油井污染情况、生产套管尺寸和已有油井射孔情况，结合压裂工艺需要，为减少油层污染，优先选择油管输送负压射孔工艺。射孔负压差要既能保持孔眼的清洁，又可以避免地层出砂、套管损坏。

设计时使用 CONOCO 法，充分考虑渗透率的情况，根据 W. T. BELL 经验公式，计算得到该区块的负压差值。在实际操作时考虑到投产和作业安全，可根据情况进行适当调整。

2）射孔孔密

采用中深穿深、大孔径射孔弹射孔，可提高稠油孔眼过流面积，降低流动阻力。孔径增大以后，随着孔密的增加，套管的强度明显降低（图 3），因此，为保证套管强度，使用大孔径弹射孔时，应适当控制孔密。

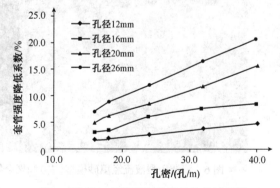

图 3 孔密与套管强度降低系数的关系图

3）射孔层位

针对地质特性结合测井数据及地应力剖面分析，预设多种射孔方案。选择地应力低、泥质含量低、地层物性好的层段射孔，为防止压裂时压窜目的层上、下水层或应力较小的夹层，对不同射孔方案进行模拟对比优选。如图 4 所示。

2.2.2 压裂体系技术优选

王 152 块地温梯度 $3.7℃/100m$，地温 $70\sim80℃$，该区块采用的压裂液不仅要有好的黏温性能，也要对地层原油有降黏作用，并且尽量减小对地层伤害。因此研究了低伤害清洁压裂液体系，以适应稠油储层压裂改造的需要。

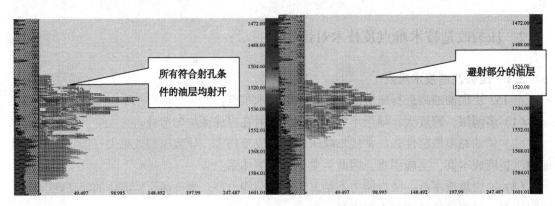

图4　不同射孔方案的对比示意图

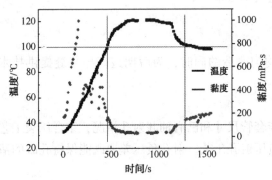

图5　VES清洁压裂液的黏-温特性曲线图

1）黏温性能研究

此类压裂液与常用 HPG 类不同，此压裂液具有更好的抗热降解和剪切降解的能力，如图5所示。

2）返排能力、对储层伤害的研究

通过清洁压裂液流经填砂模型和聚合物压裂液流经填砂模型的对比（试验结果如图6），相对于普通聚合物压裂液，VES 清洁压裂液具有快的返排时间，压裂液伤害率更低（表1），从而降低了它在地层中的作用时间和储层伤害。

图6　清洁压裂液流经填砂模型(左)和聚合物压裂液流经填砂模型(右)的对比图

表1　岩心伤害对比试验

岩　　心	ZR515-1	ZR515-3	ZR180	ZR180-4
VES 压裂液伤害率/%	20.12	15.5	11.1	10.21
HPG 压裂液伤害率/%	38.86	35.1	25.88	22.87

低伤害清洁压裂液（VES 清洁压裂液）弥补油基压裂液的不足，降低地层伤害的同时作用效率高、配置简单，最大化裂缝导流能力。除此之外，其黏度低，携带转向剂的升降速度快，易制造人工隔层，便于控制逢高。

2.2.3 高导流短宽缝技术

提高裂缝的导流能力，可以降低油流阻力，减少出砂。对于稠油油藏，为获得较高的导流能力，可以通过端部脱砂控制裂缝规模，增大裂缝宽度，同时提高加砂比，提高裂缝支撑效率。与常规压裂相比，高砂比加砂使得陶粒在垂向、水平上得以充分填充，缓解了压裂液滤饼在裂缝闭合后进入裂缝空隙造成的堵塞。

采用该种技术可以通过计算获得每一级砂比的加砂时间、用液效率、总加砂量等数据，再借助压裂软件优化模拟(图7)，获得理想的泵入程序。

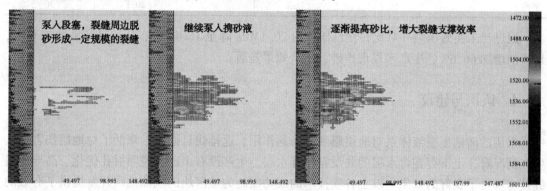

图7 模拟分析图

实施高砂比加砂技术，除了要以压裂模拟作为基础外，还需要配套的小型压裂测试，分析流体滤失及地层参数。

3 现场应用及效果

自2013年1月至2013年10月，稠油油藏高导流低伤害压裂技术在王152块投入现场应用5井次。低措施后平均日液10t/d，平均日油3.9t/d，累计生产天数643d，累产液7465.4t，累产油2624.7t，平均含水61%。生产情况见表2。目前实施5口井，已有三口井进行注汽热采，注汽情况见表3。

表2 王152块压裂措施井与常规井生产情况对比表

序号	压裂井					未压裂井					
	井号	生产天数/d	累液/t	累油/t	平均日液/(t/d)	平均日油/(t/d)	井号	生产天数/d	累液/t	累油/t	平均日液/(t/d)	平均日油/(t/d)
1	王152-1	303	4448.1	1356.8	14.7	4.5	王152	345	2196.7	977.1	6.4	2.8
2	王152-5	146	1263.1	531.0	8.7	3.6	王156	345	1976.2	265.9	5.7	0.8
3	王152-斜6	58	426.0	230.0	7.3	4.0	王152-斜2	326	1234.8	241.7	3.8	0.7
4	王152-斜7	76	864.0	364.0	11.4	4.8	王152-斜3	312	935.7	412.7	3.0	1.3
5	王152-斜8	60	464.2	142.9	7.7	2.4	王152-斜4	345	422.4	228.4	1.2	0.7
平均					10.0	3.9					4.0	1.3
总计		643	7465.4	2624.7				1673	6765.8	2125.8		

表3　王152块压裂措施井与常规井注汽情况对比表

序号	压裂措施井			常规井		
	井号	注汽压力/MPa	注汽干度/%	井号	注汽压力/t	注汽干度/%
1	王152-1	16.7	70	王152	19.9	40
2	王152-5	15.9	72.7	王152-斜3	20	35
4	王152-斜7	16.5	71	王152-斜4	20.5	15
平均		16.4	71.2		20.1	30

通过与未实施压裂井对比，注汽压力由20.1MPa降至16.4MPa，压后日产液增加60%，日产油增加66.6%，生产未发现出砂，增产效果显著。

4　认识与建议

采用的清洁压裂液体系对地层原油有降黏作用，返排快且彻底，降低了对地层伤害。从生产情况看，上下存在含水层的井没有压开水层，生产没有出砂，说明射孔优化、高导流造缝技术取得了良好的效果。以上各项技术的成功实施为该区块的稠油油藏开发提供了有效的技术支持。下一步压裂技术研究的主要问题是补充地层能量，提高压后有效期。

参　考　文　献

[1] 张坚平，牛瑞云．深层稠油难动用储量压裂增产技术研究与试验[J]．石油勘探与开发，2004，31(6)：112-114.

[2] 许国民．薄互层稠油油藏蒸汽吞吐后期二次开发方式研究[J]．特种油气藏，2009，16(6)：42-44.

[3] 孙勇，任山，王世泽等．川西低渗致密气藏难动用储量压裂关键技术研究[J]．钻采工艺，2008，32(4)：68-70.

[4] 雷群，胥云，蒋廷学．用于提高低-特低渗透油气藏改造效果的缝网压裂技术[J]．石油学报，2009，30(2)：237-241.

裸眼水平井水力裂缝起裂-扩展规律研究

马收

（中国石化胜利油田分公司采油工艺研究院）

摘要：利用真三轴压裂试验装置开展了裸眼水平井水力压裂裂缝扩展试验。试验结果显示水平井眼与最小主应力夹角、最大、最小水平主应力差值对压裂压力、裂缝起裂位置、裂缝形态及复杂性有着明显的影响。水平井眼与最小主应力夹角由0°变化至90°时，破裂压力呈下降趋势，裂缝形态由横切缝变为纵向缝。当最大、最小水平主应力差在10MPa时，水平井眼与最小主应力夹角<30°，可形成横切缝，实现改造体积最大化。最大、最小水平主应力差在4MPa时水平井眼与最小主应力夹角<30°，可形成近似横切缝，由于应力差低，易产生多裂缝，形成的裂缝形态较复杂。该试验结果可用于指导水平井轨道位置及压裂方案优化。

关键词：裸眼水平井　裂缝扩展　应力差　轨道优化　压裂方案优化

1　概述

水平井多级分段压裂完井技术是非常规油气藏有效动用的核心技术。胜利油田非常规资源较为丰富，以致密砂岩油和页岩油为主。利用裸眼水平井多级分段压裂已成功突破了致密砂岩油产能关，并实现了规模开发，最长水平段2015m，最大分段数20段，单井产量达到周围同层直井的5倍以上。我们通过对区块开展井间及地面微地震测试，裸眼水平井多级分段压裂可以形成网状裂缝，但各段之间改造差别大、裂缝延伸方向差异大，同时多段之间易产生干扰，对效果产生一定影响。如何优化压裂设计及工艺参数进一步提高各段的改造程度是十分必要的。因此通过开展室内试验，认识裸眼水平井裂缝扩展规律，对于现场的压裂实施具有重要的指导意义。本文主要描述了裸眼水平井水力裂缝扩展试验过程，对试验方案和试验结果进行了分析，初步认识了复杂裂缝的扩展动态，对压裂方案的优化可提供借鉴和指导。我们制备了大尺寸人工岩心，并使岩心的力学特性、物性参数与真实岩心相当，根据储层地应力情况，建立了垂向、水平方向的有效围压，开展了井身轨迹与最小水平主应力不同夹角下裂缝起裂位置、形态及压裂压力的变化研究，并对结果进行分析和总结，形成了有指导意义的结论。

2　物模试验装置及试验过程

本试验所用的设备是一套真三轴模拟试验系统。该压裂模拟试验系统主要由真三轴主承压腔体、围压油泵、伺服控制注入泵、液压囊、数据采集系统及其他辅助装置组成，其整体结构如图 1 所示。在垂直、水平等三个正交方向独立加载,最大有效应力为 40MPa。模拟井眼位于试样边部,通过 2PB00C 型平流泵泵入压裂液。试验系统如图 2 所示。

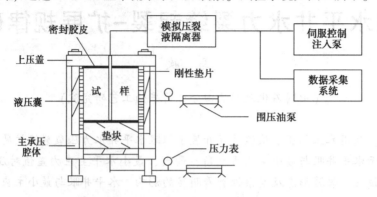

图 1   三轴试验装置结构图

图 2   试验系统照片

试验时将人工制造的岩块放入主承压腔体中,在人工岩样的上表面及下表面分别放置密封胶皮,将上压盖安装完毕后,施加三向应力状态以模拟地层的三个主地应力大小。采用油泵向液压囊中泵油时一定要注意施加压力的同步性,即最大程度的实现最大水平地应力、最小水平地应力、垂向地应力的同步加载。给岩心加好应力后,通过伺服电机控制的平流泵泵入混有蓝色染料的压裂液模拟压裂过程,实时记录泵入过程中压力随时间的变化数据及曲线。试验完毕后,将液压囊中的压力缓慢释放,然后打开上压盖,通过岩样表面即可直接观察压后裂缝的扩展形态。

3   试验方案

裸眼水平井压裂模拟试验方案见表 1。三轴应力中上覆岩层压力为 25MPa,最大、最小主应力差分别为 10MPa 和 4MPa。水平段与最小主应力夹角为 0°、30°、45°、60°、90°,观察不同水平主应力差、不同夹角的裂缝扩展形态。试验时采用胍胶压裂液体系,黏度在 60mPa·s,排量稳定在 9.0mL/min。

表 1　裸眼水平井试验参数

岩心号	水平段与最小主应力夹角/(°)	三向应力/MPa	水平主应力差/MPa	压裂液	流量/(mL/min)
1	0	上覆压力：25 最大水平主应力：20 最小水平主应力：10	10	胍胶黏度为60mPa·s	9.0
2	30				
3	45				
4	60				
5	90				
6	0	上覆压力：25 最大水平主应力：20 最小水平主应力：16	4		
7	30				
8	45				
9	60				

4　试验结果分析

4.1　裸眼井应力差 10MPa 时，不同夹角的裂缝扩展形态

水平井筒沿最小主应力方向时（图3、图4），压裂裂缝在水平井趾部起裂，起裂面为沿井筒方向的凹形曲面，这表明起裂时裂缝先沿井筒方向扩展一段距离后再转向形成与最大水平主应力相平行的横切裂缝。由于起裂时沿垂向应力方向且与最大水平主应力方向垂直，破裂压力较高。

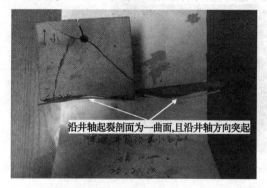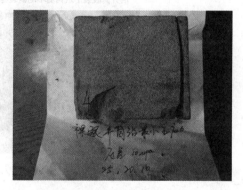

图3　井筒沿最小主应力方向压裂试验后的俯视图　　　图4　试验后的前侧视图

水平井筒与最小主应力夹角30°时（图5、图6），压裂裂缝在 B 靶点起裂，根据蓝色压裂液流动方向，判断起裂点方向在井轴180°（与垂向应力夹角，顺时针方向），与弹性力学周向应力计算结果一致。

水平井筒与最小主应力夹角45°（图7）和60°（图8）时，压裂裂缝均在井筒中间起裂扩展。裂缝在井筒周围起裂形成不规则的裂缝面，裂缝面曲度差异较大，裂缝沿井筒周围延伸时形成不对称的裂缝长度，但均与水平最大主应力方向平行。

水平井筒与最小主应力夹角90°时（图9），裂缝形成纵向裂缝，上下延伸较为均衡，裸眼水平井段改造较为完善。

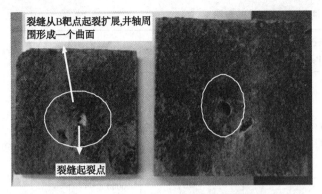

图 5　井筒与最小主应力夹角 30°压裂试验后的俯视图 　　图 6　试验后的前侧视图

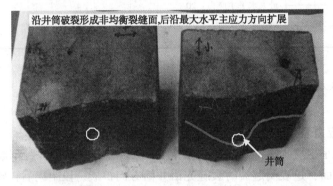

图 7　井筒与最小主应力夹角 45°压裂试验后的俯视图

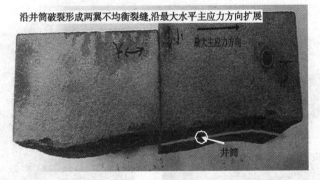

图 8　井筒与最小主应力夹角 60°压裂试验后的俯视图

图 9　井筒与最小主应力夹角 90°压裂试验后的俯视图

表2为不同角度下的破裂压力和延伸压力，其中破裂压力随着角度的增加呈现下降趋势，即形成剪切缝时的破裂压力明显高于纵向缝，而一旦形成裂缝，则延伸压力差别不大，缝内净压在3~4MPa左右。当水平井筒与最小主应力夹角为0°时，破裂压力最高，此时形成与井筒垂直的横切裂缝，当水平井筒与最小主应力夹角90°时，破裂压力最低，形成与水平井筒平行的纵向裂缝，试验结果与理论研究基本一致。裂缝起裂时延伸压力则反映了裂缝扩展过程中的阻力大小，当水平井筒与最小主应力存在一定夹角时(45°、60°)，裂缝由于存在扭曲，使得其延伸压力较高，因此压裂时需要采用多段塞等工艺打磨裂缝，以减少该类摩阻有效扩展主裂缝。

表2 1~5号岩样破裂压力及延伸压力

井身轨迹与水平最小主应力夹角	破裂压力/MPa	延伸压力/MPa
0	26.3	13
30	19.5	14
45	23	14
60	20	14
90	18.8	13.2

4.2 裸眼应力差4MPa时，不同夹角的裂缝扩展形态

水平井筒沿最小主应力方向时(图10)，裂缝形态较为复杂，沿水平井裸眼段裂缝与井轴平行纵向延伸，但上下延伸缝高有明显差异，显示裂缝破裂时沿与垂向应力平行的方向扩展，在B靶点形成一条横切裂缝，与井筒斜交，破裂压力较高，表明破裂时多裂缝产生。

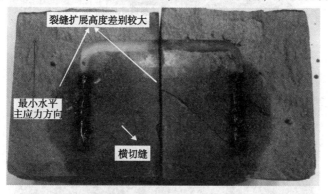

图10 井筒与最小主应力夹角0°压裂试验后的剖面图

水平井筒与最小主应力夹角30°时(图11)，压裂时形成横切裂缝和纵向缝，其中纵向缝主要在裸眼水平段周围起裂扩展，且上下缝高延伸高度有明显差异。横切裂缝分为两条，一条为曲折扩展，一条沿B靶点向斜前方扩展。

水平井筒与最小主应力夹角45°时(图12)，裂缝在井筒破裂后形成横切裂缝，但两翼扩展不均衡，较长的裂缝长度为短裂缝的4倍以上，长裂缝扩展时为一曲面，后与最大水平主应力平行。

水平井筒与最小主应力夹角90°时(图13)，裂缝形成纵向缝，但裂缝面改造差异大，裸眼水平段局部改造较好。

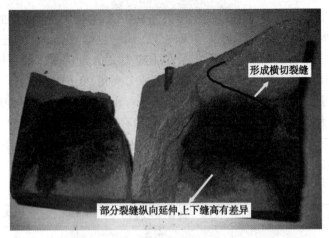

图 11　井筒与最小主应力夹角 30°压裂试验后的剖面图

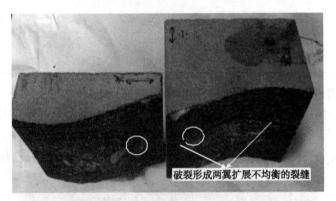

图 12　井筒与最小主应力夹角 45°压裂试验后的剖面图

图 13　井筒与最小主应力夹角 60°压裂试验后的剖面图

　　表 3 为不同角度下的破裂压力和延伸压力,其中破裂压力随着角度的增加呈现下降趋势,但延伸压力存在着一定差别,0°夹角的延伸压力较高,缝内净压达到 12MPa,而其余三个角度延伸压力在 18~19MPa,缝内净压在 2~3MPa 左右。由于在夹角 45°、60°时产生了较为复杂的裂缝,使得破裂压力明显增加,这表明由于水平井主应力差的减少增加了裂缝的复杂性,使得破裂及扩展裂缝的压力提高。

表3　6~9号岩样破裂及延伸压力

井身轨迹与水平最小主应力夹角	破裂压力/MPa	延伸压力/MPa
0	34	27
30	25	19
45	28	18
60	32.2	18.5

5　结论

利用真三轴压裂模拟试验系统对裸眼水平井压裂裂缝起裂及扩展规律进行了系统分析,得到如下主要结论:

（1）水平井段与最小主应力方向夹角变化对裂缝形态有着明显的影响。当夹角小于30°时,可易于形成横向缝,实现横向最大的泄流面积。该结果可用于水平井方式开发的油藏优化设计。

（2）当水平井段与最小主应力方向夹角由0°增加至90°时,破裂压力呈下降趋势,最大可降低7MPa。

（3）当水平主应力差在4MPa时,可观察到形成的裂缝形态较为复杂。在此条件下,通过优化压裂参数,如采用低黏压裂液体系、增加排量、采用多段塞增加缝内净压力等工艺,可进一步增加裂缝复杂程度,实现网状压裂效果。

（4）初步形成了一套水平井压裂物模试验方法,下步将开展套管完井水平井压裂试验,进一步指导压裂方案优化。

（5）在压裂方案优化设计时,要充分考虑水平井主应力差、水平井井眼轨迹与水平主应力的夹角,这样才能选择合适的工艺参数,保证实施效果。

参 考 文 献

［1］H. Wu, A. Chudnovsky, J. W. Dudley, G. K. Wong. A map of fracture behavior in the vicinity of an interface Gulf Rocks 2004, the 6th North America Rock Mechanics Symposium(NARMS): Rock Mechanics Across Borders and Disciplines, held in Houston, Texas, June 5 - 9, 2004. ARMA/NARMS 04-620.

［2］Abass H H, Heda Ya Ti Saeed, Meadows D L. Nonplanar Fracture Propagagtion from a Horizontal Wellbore: Experimental Study[J]. SPE 24823, 1992.

［3］EI. Rabaa W. Experimental Study of Hydraulic FractureGeometry Initiation[J]. SPE 19720, 1989.

［4］Abass H H, M. Y. Soliman, A. M. Tahini and Jim Surjaatmadia and Leopoldo Sierra. Oriented Fracturing: A New Technique to Hydraulically Fracture Openhole Horizontal Well SPE 124483.

［5］M. M. Hossain, M. K. Rahman, S. S. Rahman. A ComprehensiveMonograph for Hydraulic Fracture Initiation from Deviated Wellbores under Arbitrary Stress Regimes[J]. SPE 54360.

［6］张广清, 陈勉. 水平井水力裂缝非平面扩展研究[J]. 石油学报, 2005, 26(3): 95-97.

［7］张子明, 水平井压裂技术发展现状.《中外能源》, 2009, 09(15): 40-43.

［8］史明义, 金衍, 陈勉, 楼一珊. 水平井水力裂缝延伸物理模拟试验研究. 石油天然气学报. 2008, 26 (3): 56-59.

［9］陈勉, 金衍, 张广清. 石油工程岩石力学. 科学出版社, 2008, 7: 267-274.

［10］Haimson, Fairhurst. "Hydraulic Fracturing in Porous Permeable Materials". J. P. T. , July 1969.

［11］Bradley. "Failure of Inclined Boreholes". J. Energy Res. Tech. 1979.

［12］黄荣樽. 水力压裂裂缝的起裂和扩展. 石油勘探与开发, 1981(5).

埕岛海上油田东营组油藏压裂
工艺技术研究与应用

施明华　杨　松　胡培霞　寸锡宏

（中国石化胜利油田分公司海洋采油厂）

摘要： 埕岛油田是我国最大的浅海边际油田，2013 年生产原油 291.3×10^4 t。东营组油藏是埕岛油田最早投产的含油层系，动用石油地质储量 2599.5×10^4 t。由于一直未注水补充能量，目前东营组平均地层压降在 15MPa 左右，钻完井作业期间易发生入井液漏失，伤害储层。同时生产井液量下降快，区块自然递减率不断增大，需要压裂改造。近年来实施了 CB32A-3 等 6 口井的压裂施工，效果差异较大。本文从油藏开发特征、压裂液、支撑剂及工具设备等方面总结了海上中低渗油藏压裂配套工艺技术及施工经验，对下一步进一步完善压裂工艺技术，提高埕岛油田采收率具有一定指导意义。

关键词： 中低渗油藏　油层保护　压裂　增产　海上

引言

近年来，胜利油田大型压裂技术迅速从摸索阶段发展到配套成熟。大型压裂综合应用多种技术，其主要目的是采用大排量、大砂量在地层中造出一条长、宽、高都超出常规压裂的裂缝，通过加大裂缝几何尺寸扩大油井泄油半径，提高裂缝导流能力，从而达到油井增产并延长稳产期的效果。

2007 年 11 月 5 日，胜利油田井下作业公司对埕北古 6 井中生界实施大规模压裂，这是埕岛油田第一口大型压裂井，施工中最大排量 $3.5 \mathrm{m}^3 \cdot \mathrm{min}^{-1}$，最大压力 43MPa，挤入井内总液量 $248.5 \mathrm{m}^3$，成功加入陶粒砂 $29.2 \mathrm{m}^3$，达到目前海上压裂加砂量的极限。2008~2009 年又相继对埕岛油田埕北 32A-4、32A-3 及 32A-1 等三口井东营组储层实施大型压裂，压裂后平均单井日增油 38.3t，效果十分显著。

1　油藏基本特征

埕岛油田东营组储层以中、细砂岩为主，含一定量的砾石、粗砂，为中细粒长石岩屑砂岩，胶结类型为孔隙-接触及孔隙式胶结，胶结物以泥质为主，分选性较好。油层具有层数多，含油井段长，单层厚度小，横向变化大，主力油层不明显等特点。埕北 32 区块东营组 2~10 砂组均含油，油层埋藏深度 2596~3957m，含油井段长达 1361m，其中以 3、6、8、9

砂组为主要含油层位。2~10 砂组平均孔隙度 17.3%，渗透率 234.7×10⁻³ μm²。地层压力梯度约为 0.70MPa·hm⁻¹，储层温度为 112~123℃。

区块属中等孔隙度、中低渗透率常规稀油油藏，主要发育东营组下部 6~10 砂组油层，为湖相沉积，边底水不发育，天然能量不足。油井投产后产能递减较快，其含油层段内仅钻遇 Ed4 砂组 1 套油水系统，界面深度在 2934m，6 砂组以下未钻遇油水界面；边底水不发育且采取不注水枯竭式开发，导致地层压力下降较快。东营组低产、停产油井需经压裂改造储层才能重获理想产能。

该区块黏土矿物组分以高岭石为主，占黏土组分的 76.8%，其次为伊蒙混层占 10.8%，伊利石占 4.2%，绿泥石占 8.5%，黏土矿物占全岩矿物组分的 5.5%。岩心敏感性试验评价表明储层为非速敏，中等水敏，对盐酸为非酸敏，弱盐敏。地层孔喉半径 0.79~8.36μm，平均 4.66μm，随着生产时间增加，黏土矿物运移易堵塞孔喉。成像测井与偶极子测井表明：目的层成像测井中存在裂缝显示，岩心观察天然裂缝发育。另外，作业中海水过滤精度不超过 5μm，且属低压地层入井液漏失严重，直接造成水锁伤害和固相堵塞。通过岩心的水伤害试验，水伤害率测定为 52.31%，如图 1 所示。

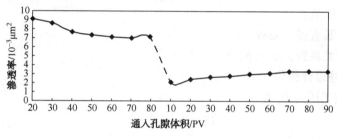

图 1　水伤害程度评价图

2　压裂工艺优化

2.1　低伤害压裂液优化研究

埕北 32A 井组三口压裂井层段均为东营组 9 砂组，平均孔隙度 13.3%，渗透率 44×10⁻³ μm²，属中低孔低渗油藏。东营组油层属中高温储层，要求压裂液具有较好耐温、耐剪切及流变性能，以利于造缝和携砂；目前地层压力系数仅 0.73，对压裂液返排不利，要求压裂液具有良好助排性能；储层属中等水敏，要求压裂液能防黏土膨胀。针对上述储层和压裂工艺对压裂液的要求，选择 GRJ-11 冻胶压裂液体系，添加黏土稳定剂和防水锁剂，防止黏土膨胀、运移，增强压裂液防水锁、防水敏能力，降低压裂液对储层的伤害。根据携砂要求又要保证低残渣伤害，同时破胶彻底等因素，结合实验中不同基液浓度及不同交联比条件下黏温曲线，在优选添加剂基础上，通过大量试验比对确定基液配方：0.5%~0.6%GRJ-11 稠化剂+0.6%交联剂+0.3%防膨剂+0.3%助排剂+0.1%氯化钾+0.8%增效剂+0.5%破乳剂+0.1%甲醛+0.02%消泡剂+0.045%~0.05%碱+0.3%防水锁剂。

2.2　支撑剂与储层匹配性优化研究

通过支撑剂评价试验，模拟地层条件，根据不同闭合应力选择粒径、强度、裂缝导流能力适合储层的支撑剂；通过基液综合滤失性能评价、支撑剂沉降试验，研究沉降速度。

埋岛油田东营组储层延伸压力梯度约为 0.012MPa·m^{-1}，考虑到正常生产时井底流压为 16MPa，作用在支撑剂上的实际压力为 35~49MPa，并根据支撑剂段浓度差异与对流沉降速度关系曲线，优选低密高强陶粒支撑剂，改善裂缝铺置状态，优选 Carbolite 支撑剂，体积密度 1.62g/cm^3，视密度 2.71g/cm^3。

2.3 射孔段的优化选择

针对射孔段的优化选择，一方面要考虑测井解释和录井解释结果，尽可能选择物性较好的层段；另一方面，要考虑固井质量好的层段，避免加砂压裂过程中的管外窜漏，并导致多裂缝发生，砂堵、超压发生的风险增高。

2.4 孔眼摩阻的的设计优化

孔眼摩阻按照以下公式计算，针对东营组储层，孔眼摩阻设计 5MPa 为宜。

$$\Delta P_{pf}=22.45\rho\left[Q/(N_p \cdot C_d \cdot D_p)\right]^2 \tag{1}$$

式中　ΔP_{pf}——孔眼摩阻，MPa；

　　　Q——施工排量，m^3·min^{-1}；

　　　ρ——压裂液密度，g/cm^3；

　　　N_p——孔眼数；

　　　D_p——孔眼直径，mm；

　　　C_d——节流系数，取 0.8。

2.5 压裂管柱设计优化

压裂时井口施工压力 P_w 为：

$$P_w=P_{ISIP}+P_f+P_i \tag{2}$$

式中　P_w——井口压力，MPa；

　　　P_{ISIP}——瞬时停泵压力，MPa；

　　　P_f——管柱摩阻，MPa；

　　　P_i——入口摩阻，MPa。

根据式（2），由于施工时瞬间停泵压力 P_{ISIP} 由地应力等决定，入口摩阻 P_i 主要受射孔、井斜等影响，这些条件对具体一口井已确定，因此，影响井口压力主要因素是管柱摩阻 P_f。根据大量实践统计压裂液摩阻可知，在相同排量下，2⅞in 油管摩阻远大于 3½in 油管。

根据幂律模型可知，液体剪切速率与管径成反比，管径越大，剪切速率越小，有利于压裂液黏度的保持。所以，压裂管柱选用较大管径的 3½in 油管。

使用压裂封隔器隔绝油管与油套环空之间的流体流动和压力传递，使油层上部套管免受高压影响而保护套管，并封隔非压裂层段。优选 Y531 系列封隔器，集反洗井装置、水力锚总成、密封总成为一体的专用酸压封隔器。反洗井装置可实现压裂砂堵时及时反洗井，保证封隔器安全解封；水力锚总成与封隔器一体化设计可简化压裂管柱结构，并给水力锚提供防砂卡结构保护；密封总成可让胶筒平时处于自由状态，施工时变形封隔环空。其工作压差 50~60MPa，最高工作温度 120~150℃。下封隔器时避开套管接箍位置，确保有效封隔。

2.6 压裂施工参数优化

2.6.1 缝长和导流能力的优化

根据东营组油藏地质特征和油藏数值模拟结果，进行压裂裂缝半长的优化研究，优化研究不同储层条件下的裂缝半长，利用无量纲裂缝导流能力对产能影响较大的特点，随导流能力的提高，单井产能增加的幅度变缓。通过 Meyer 压裂软件模拟不同排量的压裂缝长、裂缝面积、裂缝体积，随着注入排量不断增大，裂缝均有增加的趋势，结合油藏数值模拟确定最佳缝长在 $100\sim150m$ 区域范围内，导流能力为 $25\sim30\mu m^2 \cdot cm$，压后累计产量最大（以埕北 326 井为例，裂缝半长位 133.5m，裂缝高度 47.5m，裂缝平均宽度 4.6mm）。如图 2 所示。

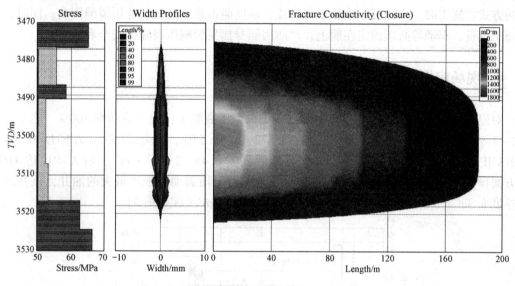

图 2　压裂模拟图

2.6.2　施工排量注入和降滤技术优化

东营组目的层天然裂缝十分发育，压裂施工时势必会造成液体的大量滤失，砂堵风险加大，因此对施工参数如前置液、砂液比、排量等要求严格。根据埕岛油田以往压裂经验，考虑到既有利于携砂，又要控制缝高的延伸，施工排量设计为 $2.0\sim3.5m^3 \cdot min^{-1}$。针对压裂层段岩性特征，考虑到支撑剂会镶嵌于缝中，为获得较高的裂缝导流能力，应在造长缝的基础上大大提高裂缝导流能力，当导流能力为 $25\sim30\mu m^2 \cdot cm$ 时，对应平均加砂浓度为 $300\sim420kg/m^3$，确定平均加砂浓度为 $380kg/m^3$（平均砂液比为 22%左右）。根据地层物性、压裂液滤失试验结果确定前置液用量，结合水力压裂模拟，一般以态比 90%确定前置液体积分数为 40%~50%。采用 70/140 目粉陶低砂比段塞降滤技术，充填微裂缝，降低施工风险，保证主裂缝形成，最大限度的沟通天然裂缝，增加泄油面积。

2.6.3　强制闭合和全程破胶技术优化

破胶剂加入比例从常规每立方米 120g 增加到每立方米 360g，提高压裂液破胶速度，压裂施工结束后立刻进行放喷，减少压裂液滞留地层时间，降低伤害。保证强制闭合实施，达到既排出压裂液，同时还防止支撑剂回流的目的，压裂施工时还采取全程破胶技术，从前置液初期至施工顶替的压裂全过程加入微胶囊破胶剂。该破胶剂可在常温常压下不破胶，随压裂液进入地层后，在地层温度和压力作用下才破裂释放出破胶剂，从而能延迟破胶、保障施工质量。

3 配套工艺设备

使用防砂撬装泵,撬装设备包括泵撬、混砂撬、动力撬、仪表撬、配酸撬等7个泵撬。根据井口最大施工压力及施工排量计算,施工功率约为3200kW,配备2000型压裂泵车2辆,1800型撬装泵3台,混砂撬、动力撬、仪表撬及供液泵各1台。采取两条船舶并排施工的方式。施工时,主压裂船先靠平台带缆,辅助船再靠主船弦,并用缆绳固定。同时,所有施工设备、车辆等必须固定在船上,严防因船身摇晃影响压裂施工安全和质量。

4 现场应用

对埕岛油田埕北32A井组三口油井进行了大型压裂施工,施工成功率100%。施工排量$3.1 \sim 3.5 m^3 \cdot min^{-1}$,前置液体积分数35.72% ~ 51.54%,地层延伸压力梯度$0.011 \sim 0.013 MPa \cdot m^{-1}$,平均单井加砂$20.5 m^3$,加砂强度$0.48 \sim 2.4 m^3 \cdot m^{-1}$,最大砂比达41%,与方案设计符合程度较高。其中埕北32A-3井是海上压裂加砂强度最大的油井,该井压裂层厚度8.3m,成功加入陶粒砂$20.0 m^3$,加砂强度$2.4 m^3 \cdot m^{-1}$(图3)。

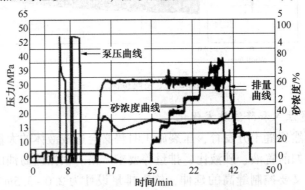

图3 埕北32A-3井压裂实时数据曲线图

由于加大施工规模,使用有机硼交联羟丙基胍胶压裂液,应用粉陶降滤、变排量施工等技术,东营组油藏压裂增产效果十分明显。埕北32A三口井共增产油$115t \cdot d^{-1}$,平均单井增产油$38.3t \cdot d^{-1}$,增产倍数达2.4~6倍(表1)。压裂后油井生产保持平稳,大型压裂施工实现了埕北32区块高效经济开采。

表1 埕岛油田东营组油井压裂效果统计

井号	设计支撑缝长/m	压裂前			压裂后			增产油量/ $t \cdot d^{-1}$
		电泵排量/ $m^3 \cdot d^{-1}$	产液量/ $t \cdot d^{-1}$	产油量/ $t \cdot d^{-1}$	电泵排量/ $m^3 \cdot d^{-1}$	产液量/ $t \cdot d^{-1}$	产油量/ $t \cdot d^{-1}$	
CB32A-1	174.8	50	22.3	22.3	60	55.2	54.1	31.8
CB32A-3	229.6	45	8.5	8.4	45	50.8	49.8	41.4
CB32A-4	75.1	60	10.5	10.4	45	53.2	52.1	41.7
合计			41.3	41.1		159.2	156	114.9

5 结论及建议

（1）依据埕岛油田东营组油藏储层特点，从压裂液、支撑剂、压裂工艺、设计参数等方面进行研究优化，形成了一套适合海上油田低渗透储层特征的大型压裂工艺技术。

（2）根据现有设备施工能力，针对各井具体压裂层段特征，设计合理工艺参数，保证了大型压裂成功实施并达到提高油井产量的目的，同时创造了多项海上施工新记录。

（3）大型压裂施工时间一般为3h，这对压裂机组设备性能、高压管汇耐压能力和现场船舶组织等都提出了极高要求。海上油田进行大型压裂施工，必须加强 QHSE 管理，实现安全高效作业。

参 考 文 献

[1] 王鸿勋，张士诚. 水力压裂设计数值计算方法. 北京：石油工业出版社，1998.

[2] 罗英俊，万仁溥，采油技术手册. 北京：石油工业出版社，1998.

[3] 埃克诺米德斯，油藏增产措施. 美国：石油工业出版社，2002.

压裂模糊诊断技术在川西深层气藏的应用

王兴文[1]　赵崇镇[2]　谭玮[1]

(1. 中石化西南油气分公司工程技术研究院　2. 中国石化油田勘探开发事业部)

摘要：川西须家河组气藏储层改造难度属于世界性难题，采取针对性的技术对策是解决这类储层增产改造的有效方法，首先应对储层及裂缝进行诊断，通过裂缝诊断，从而进行改造方式和关键技术优选，进行施工风险分析和控制。由于裂缝发育的非均质性较强，裂缝识别难度大，常规的裂缝识别方法不能满足现场的需要，本文在裂缝常规识别的基础上，通过模糊数学方法对裂缝进行模糊识别，对储层裂缝进行多因素分析，提出了裂缝模糊识别的特征参数(模糊积分 Ef)，不同的模糊积分值代表了裂缝不同的发育程度，其解释结果更具可靠性，能较好地对裂缝进行诊断和识别。在此基础上，提出了风险控制的关键技术，主要有最高砂比的优化、极限缝宽的要求和综合降滤措施的优化等，为深层储层改造提供了技术支持。

关键词：须家河组气藏　模糊识别　诊断技术　储层改造　风险控制　综合降滤

引言[①]

川西须家河组气藏埋深 $3400 \sim 5600m$，地质特征复杂，储层非均质性强，施工压力高，储层改造施工情况复杂，特别是加砂压裂施工风险较大，易砂堵。储层改造难度属于世界性难题，采取针对性的技术对策是解决这类储层增产改造的有效方法。由于须家河组气藏裂缝发育的非均质性较强，裂缝识别难度大，常规的裂缝识别方法不能满足现场的需要，如，前期裂缝诊断只是在定性上说明，没有在量上进行分析，对此，文章探索了一种新的裂缝识别方法，通过特征参数、测井录井、测试压裂及裂缝模糊识别等诊断手段，进行压前诊断、过程诊断和压后评估，充分认识储层、分析储层改造的有效性和措施风险，并进行风险控制。

1　储层改造诊断技术方法研究

1.1　压裂多裂缝识别方法

裂缝识别的常规方法包括岩心描述和测井解释等压前诊断、G 函数分析和破裂压力特点等过程诊断，以及测试压裂压后评估(表1)。常规方法主要是对裂缝进行定性分析，很难进行准确的定量识别。

---

❶ 注：本文受国家重大专项专题资助，专题名称：四川盆地低渗气藏储层改造工艺技术研究，编号：2011ZX05002-004-003

表1　裂缝识别常规方法

裂缝识别方法		判别内容	特征参数
压前诊断	岩心描述	直观地对储层裂缝进行认识	难以量化
	常规测井	在定性识别裂缝发育情况	AC、DEN、RD、RS
	特殊测井	裂缝的倾向、倾角、裂缝产状	难以量化
过程诊断	G函数	定量识别裂缝发育情况	滤失系数
	破裂压力特点	定性分析裂缝发育情况	难以量化
压后评估	测试压裂分析	定性和定量分析裂缝发育情况	近井摩阻、压裂液效率、多裂缝条数

1.2　裂缝模糊识别方法

通过裂缝常规识别进行单因素分析，可以提出储层裂缝的影响因素及可定量的特征参数，在此基础上，通过模糊数学方法对裂缝进行模糊识别，对储层裂缝进行多因素分析。

通过研究可知，影响裂缝发育程度的因素（或者裂缝发育的响应参数）较多，其中可以量化的参数主要有测井参数和测试压裂解释数据。通过综合分析，确定裂缝发育程度的影响因素或响应参数为压裂液滤失系数、压裂液效率、多裂缝条数、岩石密度、测井AC值等。其中，压裂液滤失系数、多裂缝条数、AC值与裂缝发育程度正相关，压裂液效率和岩石密度与裂缝发育程度负相关，因此，取压裂液滤失效率(1-压裂液效率)和(3.0-岩石相对密度)作为这两个参数输入值，计算裂缝评判模糊积分值Ef作为裂缝发育程度判断依据。

1.2.1　复合物元R的建立

表2为须家河组气藏测试压裂井测试解释结果及测井解释参数的统计，作为裂缝模糊识别的训练样本井。

表2　须家河储层测试压裂样本井参数统计

井号	井段/m	滤失系数/ (10^{-4} m/min$^{1/2}$)	压裂液 效率/%	当量裂缝 条数/条	AC	岩石密度/ (g/cm^3)	裂缝施 工表现	模糊积分 值 Ef
LS1	4251～4256	12.23	29.5	6	63	2.48	发育	0.455
LS1	4409～4417	10.95	38.9	2.5	59	2.47	发育	0.3270
CH148	3498～3527	4.54	54	3	65	2.40	微发育	0.2646
CX565	3931～3993	7.3	42.2	2	68	2.49	发育	0.3638
CX565	3808～3823	10.1	35	6	58.2	2.64	发育	0.4393
CX565	3546～3586	6.251	48	2	67	2.47	微发育	0.2944
CX560	3502～3546	4.67	55	1	65	2.41	不发育	0.1714
X21	3756～3880	5.8	41.2	6	62	2.68	发育	0.3936
L651	3498～3517	7.8	31	3	67	2.6	发育	0.4734
DY2	4904～5194	5.8	42.3	3	65	2.28	发育	0.4290
X11井	5057～5228	7.7293	42	1.5	63	2.45	微发育	0.2991
L150	4715～5106	76	26	6	60	2.53	异常发育	0.8207

1.2.2 效用函数矩阵 B 的建立

采用越大越优型指标，其效用函数矩阵为：

$$B = \begin{bmatrix} 0.1076 & 0.8793 & 1 & 0.4898 & 0.500 \\ 0.0897 & 0.5552 & 0.3 & 0.0816 & 0.525 \\ 0 & 0.0344 & 0.4 & 0.6939 & 0.700 \\ 0.0386 & 0.4414 & 0.2 & 1 & 0.475 \\ 0.0778 & 0.6897 & 1 & 0 & 0.1 \\ 0.0239 & 0.2414 & 0.2 & 0.8980 & 0.525 \\ 0.0018 & 0 & 0 & 0.6939 & 0.675 \\ 0.0176 & 0.4759 & 1 & 0.3878 & 0 \\ 0.0456 & 0.8276 & 0.4 & 0.8980 & 0.200 \\ 0.0176 & 0.4379 & 0.4 & 0.6939 & 1 \\ 0.0446 & 0.4483 & 0.1 & 0.4898 & 0.575 \\ 1 & 1 & 1 & 0.1837 & 0.375 \end{bmatrix}$$

1.2.3 模糊积分 Ef 的计算及识别标准的确定

通过经验法和专家讨论，确定了这些影响因素的影响权重，见表3。计算裂缝模糊识别积分值，见表2。

表 3 裂缝发育程度影响因素及权重

影 响 因 素	滤 失 系 数	压裂液效率	多裂缝条数	AC 值	岩石密度
单位	$10^{-4} \text{m/min}^{1/4}$	%		$\mu s/ft$	g/cm^3
输入参数	滤失系数	1-压裂液效率	多裂缝条数	AC	3.0-岩石密度
权重	0.25	0.30	0.20	0.12	0.13

从表2中可知，当 $Ef<0.20$ 时，储层裂缝不发育；当 $0.20<Ef<0.32$ 时，储层裂缝微发育；当 $0.32<Ef<0.47$ 时，储层裂缝发育；当 $0.47<Ef<0.60$ 时，储层裂缝很发育；当 $Ef>0.60$ 时，储层裂缝异常发育。

2 风险控制关键技术

2.1 最高砂比优化

在压裂设计中，平均砂浓度是一个重要的设计参数，是压裂优化设计和风险评估的重要依据之一。但对于最高砂浓度的设计，目前还缺乏一些参考的理论依据，因此，文章将从施工风险分析出发，进行最高砂浓度的优化设计研究。

对于深层须家河加砂压裂而言，施工风险除了管柱风险外，主要应避免在施工过程中出现砂堵。影响砂堵的因素主要有工程因素和地层因素，工程因素中的支撑剂和压裂液都能很好地满足压裂施工，因此，目前影响须家河压裂时砂堵的因素主要是地层因素，包括压裂液效率(地层的滤失)和近井多裂缝情况，图1和图2为近井多裂缝的剖面示意图。

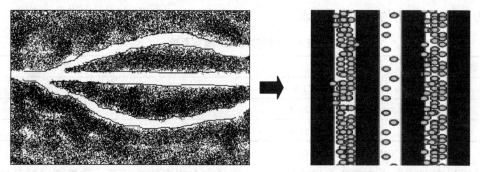

图 1　近井多裂缝水平剖面示意图　　　　图 2　近井多裂缝垂直剖面示意图

为了避免砂堵的发生，应该考虑两个方面的情况，一方面是压裂液效率，如果地层天然裂缝发育，压裂液滤失严重，压裂液效率偏低，那么携砂液砂浓度将会急速增加，达到砂浓度极限值(C_o)，容易出现砂堵，因此，应对最高砂浓度进行控制，在携砂液砂浓度还没有增加到极限时，完成施工；另一方面是近井多裂缝，如果近井有效多裂缝(同一水平面内出现的多裂缝)较发育，由于多裂缝的相互竞争，造成有效加砂缝宽变窄，同时在携砂液进入地层一定量后，部分裂缝被支撑剂堵塞，当后续携砂液经过时，只通过压裂液，不通过支撑剂，即对压裂液进行了分流，分流而不过砂，这样也造成了近井附近砂浓度的增大，增加了施工风险。

因此，为了防止出现砂堵，最高砂浓度优化应充分考虑以上两个方面的影响，假设最初形成的多裂缝宽度相等，条数为 n，最高砂浓度的优化结果为：

$$\left\{\begin{array}{l} C < C_o \cdot \eta \\ \dfrac{C}{\dfrac{1}{\phi \cdot (n-1)+1} \cdot (1-C)+C} < C_o \cdot \eta \end{array}\right.$$

式中　C——实际加砂最高浓度，%；

　　　C_o——理论最高加砂浓度，%，通常取值 0.73；

　　　η——压裂液效率，%；

　　　n——多裂缝条数；

　　　ϕ——支撑剂孔隙度，%，30/50 目圣戈班陶粒孔隙度 0.44。

式中，第一个式子反应了压裂液滤失对砂浓度的影响，第二式反应了多裂缝对砂浓度的影响。从以上的研究可知，压裂液效率和近井多裂缝条数是优化最高砂浓度的重要参数，而这两个参数都来源于加砂压裂前的测试压裂，进一步说明测试压裂及其解释结果精度的重要性。

2.2　极限缝宽要求

深层加砂压裂的最大施工风险就是砂堵，前面就砂浓度对施工风险的影响进行了研究，但影响砂堵的另一个重要因素就是裂缝宽度。缝宽有一个极限宽度，在这个极限宽度以下，当支撑剂达到一定浓度时，就容易出现支撑剂桥架，从而发生砂堵。通过研究发现，在一定的砂浓度范围内，当裂缝宽度与支撑剂粒径的比值达到一定要求后，加砂才能顺利进行，

表4为不同砂浓度下的极限缝宽要求。

表4　不同砂比时的缝宽要求

砂比/(kg/m³)	砂比/%	W/D	缝宽要求/mm
50~200	2.8~11.1	1.15~2.0	>1.2
200~500	11.1~27.8	2.0~3.0	>1.8
500~800	27.8~44.4	4	>2.4

注：缝宽要求是针对30/50目支撑剂提出的。

砂比与要求的裂缝缝宽并不是线性关系，而是存在临界值的关系，如果通过某种措施使裂缝平均缝宽超过该临界值，砂比可以大幅度提高，甚至成倍的提高。对于裂缝型储层，近井多裂缝发育，形成的各条裂缝缝宽可能不能达到缝宽的临界值，那么就容易出现支撑剂桥架，从而发生砂堵。因此，对于裂缝型储层，采用支撑剂段塞(或多级段塞)在一定程度上减少或消除多裂缝。

2.3　段塞优化技术

多级粒径降滤是在施工过程中的不同阶段加入不同粒径的陶粒，分别填充在不同宽度的人工裂缝内部，起到了降滤的目的，达到合理支撑的目的。较大粒径的颗粒也可打磨与主裂缝连通的、较窄的拐弯处，使裂缝通道更光滑，流动阻力减小。本文提出了多级粒径段塞级数的优化技术，见表5。

表5　多级粒径段塞级数优化

特征参数	数值	段塞措施
多裂缝条数/条	>2	一级段塞
模糊积分 Ef	<0.32	
多裂缝条数/条	>3	二级段塞
模糊积分 Ef	0.32~0.47	
多裂缝条数/条	>4	三级段塞
模糊积分 Ef	0.47~0.60	
多裂缝条数/条	>5	四级段塞
模糊积分 Ef	>0.60	

3　现场应用

LS1井 T_3X^2(4251~4256m)井段在测试压裂的基础上，结合测井解释情况，应用裂缝模糊识别方法，计算模糊积分值为 Ef 为0.455，该储层裂缝较发育，为孔隙-裂缝型储层。

在裂缝识别的基础上，优选改造方式为加砂压裂，采用的关键技术是降低破裂压力及施工压力，进行施工参数优化，采用高温低伤害降阻压裂液，进行综合降滤，支撑剂段塞级数优化为4级。图3为现场施工曲线，成功完成了80m³陶粒的加砂压裂，在油压9.8MPa，套压 8.9MPa，天然气日产量 $1.56 \times 10^4 m^3/d$，产水量 $7.2 m^3/d$。

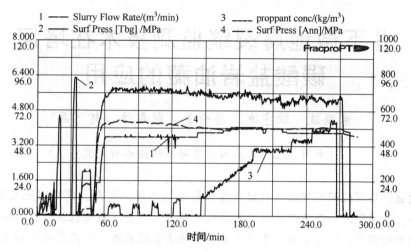

图 3   LS1 井加砂压裂施工曲线

4   结论与认识

（1）须家河组气藏储层的非均质性决定了储层改造诊断技术的重要性，由于裂缝识别难度大，常规的裂缝识别方法主要是进行单因素分析，而裂缝模糊识别方法是进行多因素识别，解释结果更具可靠性，能较好地对储层及裂缝进行诊断和识别。

（2）当射孔产量不理想时，储层改造方式的选择依赖于储层裂缝发育及污染情况，通过诊断，对于存在污染、裂缝发育的储层，采用酸化解堵为有效的改造措施；对于无污染、裂缝欠发育的储层，加砂压裂为必然的改造措施。

（3）通过储层改造诊断技术的应用，可对储层及裂缝进行诊断和识别，分析储层改造的风险，并采用风险控制技术措施，确保施工的顺利进行。

（4）随着深层储层改造现场试验，可对模型和方法不断进行训练，因此储层改造模糊诊断技术的精度将会越来越高。

参 考 文 献

[1] 蒋廷学，田占良．模糊数学在压裂设计中的应用．天然气工业，1998，18(3)：61-64.

[2] 宋永，刘春林等．影响油层压裂效果的因素分析．大庆石油地质与开发，1995，14(2).

[3] 蒋廷学，汪绪刚等．水力压裂选井选层的快速评价方法．石油钻采工艺，2003，25(4).

[4] 肖芳淳．压裂酸化中选层的模糊物元评价分析．石油钻采工艺，1996，18(6).

[5] 吴建发，郭建春，赵金洲．压裂酸化选井选层的模糊决策方法．断块油气田 2004，11(2).

[6] 王新纯，李彤，王秀臣．压裂系统工程．北京：石油工业出版社，2002.

井下微地震裂缝监测技术在塔河
碳酸盐岩油藏的应用

米强波　耿宇迪　房好青　胡雅洁　赵　兵

(中国石化西北油田分公司工程技术研究院)

摘要：塔河缝洞型碳酸盐岩储层酸压裂缝延伸规律复杂，前期因地层埋藏深、温度高、井间距大制约了酸压裂缝的系统评价。随着井下监测仪器性能的提高、老区加密井的部署，优选实施了 2 口井井下微地震裂缝监测。本文在此基础上建立了缝洞型储层选井原则，对微地震监测数据处理过程中的关键步骤及效果进行了深入研究，监测结果表明：①酸压裂缝呈"体积状"特征；②裂缝延伸受到"串珠"及古河道控制；③微地震事件在垂向上的分布频率受改造井段控制，与储层物性相关性不强；④注酸阶段是重要的剪切造缝阶段。裂缝监测结果对下步酸压设计优化具有重要指导性。

关键词：超深缝洞型碳酸盐岩　酸压　微地震监测技术　裂缝产状　串珠　古河道

1　背景

国内外的裂缝诊断与监测技术主要分为三类：间接方法、近井筒裂缝测量方法和远井场裂缝测量方法。间接方法主要有净压力分析、生产数据分析和试井分析，这是酸压技术常用的分析方法，具有成本低、受井深及地层温度影响小等优点，易于实现，但解释参数范围受限，可靠性难以得到有效验证；近井筒裂缝测量方法主要有示踪剂、温度和生产测井、井筒成像和井径测井，这方面的技术对评价和认识近井地带的酸压工艺效果起到了重要作用，但无法评价远井地带的裂缝形态；远井场裂缝直接测量方法主要包括井下(井间)微地震监测、井下测斜仪监测技术，是目前最直接、最可靠的裂缝监测评价技术，其精确度高，能较全面监测裂缝空间形态参数。

塔河缝洞型碳酸盐岩油藏 78% 以上的井需要酸压完井投产，准确评价酸压人工裂缝形态对于优化酸压设计显得尤为重要。因储层埋藏深、地层温度高、井间距大，油田前期的裂缝监测及评价主要是通过近井筒裂缝直接测量的方法，直接评价酸压裂缝形态的井下微地震监测技术一直难以开展。2013 年通过在塔河老区开发部署打加密调整井时统筹考虑监测选井的需求，合理地部署了一批井间距在 1000m 以内的井，结合酸压改造新工艺现场试验和重点工艺开展了具有针对性的井下微地震监测评价工作，对酸压过程中的裂缝空间形态、影响因素有了更明确的认识。

2 选井条件

井间微地震水力裂缝监测技术采用三分量检波器以大级距的排列方式、多级布放在压裂井旁的一个邻近井(监测井)井底对应储层深度附近，通过监测压裂井裂缝端部岩石的张性破裂和滤失区的微裂隙的剪切滑动造成的微地震信号，获得裂缝方位、高度、长度、不对称性等方面的空间展布特征。根据目前监测技术水平和监测仪器耐温耐压能力，观测井需具备如下条件：

(1) 酸压井与监测井井间距<1000m；

(2) 两井间无大断裂存在；

(3) 井底井温<130℃；

(4) 光套管：由于仪器尺寸限制，需要起出监测井内的油管，监测仪器贴壁放置在监测井套管脚附近，井眼>3⅜in；

(5) 观测井监测期间不能生产，保证井口压力为零、井内液体不流动。针对有射孔段的井，若井口有压力，需用水泥封堵这些射孔段；同时需要下桥塞封堵下部奥陶系裸眼井段；

(6) 管壁清洁：要求下监测仪器前，需对井筒进行刮削作业，其中仪器下入井段为重点刮削井段，确保监听器与套管及地层的良好耦合，对保证监测数据质量非常重要；

(7) 减少地面干扰：将井筒内液体置换为清水，隔绝地面噪声信号。井下监测仪器入井后，对地层信号进行监测，2000m 以内凡是能产生干扰信号的邻井在监测期间必须关停。

3 资料处理与效果评价

3.1 微地震数据处理

微地震信号具有能量弱(−5 ~ −2 级地震)，频率高(100 ~ 2000Hz)，持续时间短的特点，极易受到背景噪音影响。监测数据处理过程中背景噪音压制、速度模型建立与调整、微地震事件归位成像是数据处理的核心。

3.1.1 噪声压制

首先对监测井进行背景噪音监测，对监测到的背景噪音信号进行分析，得出合理的滤波方案提高信噪比。施工采用 0 ~ 1800Hz 的高精度检波器，塔河奥陶系背景噪音整个频率范围内均存在(图 1)(8 ~ 30Hz 为面波干扰，40 ~ 50Hz 为其他干扰，1490 ~ 1500Hz 为高频电气干扰)需要对噪音进行压制才能有效拾取微地震事件。

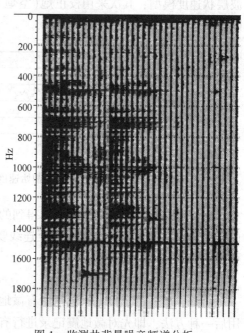

图 1 监测井背景噪音频谱分析

采用带通滤波、中值滤波及相关滤波进行组合噪声压制，压制前后的微地震剖面对比见图2、图3，噪音压制后信噪比得到改善，有效信号保留较好，初至同相轴连续性增强，有利于地震事件的识别。

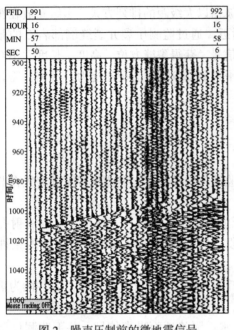
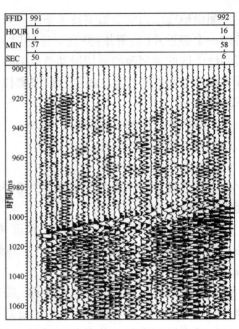

图2　噪声压制前的微地震信号　　　　　　　　图3　噪声压制后的微地震信号

3.1.2　速度模型建立与校正

利用压裂井、监测井以及邻井的声波测井曲线，对压裂段地层分层，初步建立P波、S波层状速度模型；其次采用校正炮(空炮)信号对速度模型进行校正，速度模型校正结果如图4所示。

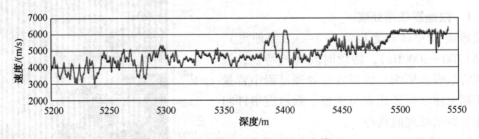

图4　初始速度模型和修正后的速度模型

事件定位结果、速度模型反算得到的P波、S波的理论初至时间与实际Insite自动识别的微地震事件P波和S波实际初至连线吻合较好，证实速度模型满足微地震事件归位精度要求。

3.1.3　微地震事件识别定位

微地震事件的定位方法包括所有微地震记录的扫描定位和有效事件的扫描定位。本文采用后一种方法，即先对微地震记录进行有效事件的识别，然后对识别的事件直接进行叠加定位。对于三分量数据，微地震震源方位信息包含在各个分量之中，需要进行矢量波场分离，波场分离前后的结果见图 5、图 6。将分离后得到的 P 波和 S 波分量按照拾取初至时间进行同相轴叠加、归位即可获得酸压过程中微地震事件的空间、时间位置(图 7)。

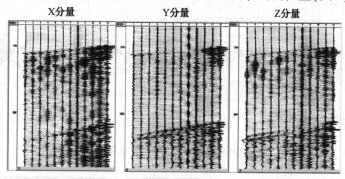

图 5　波场分离前的三分量

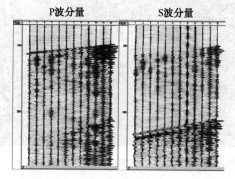

图 6　分离后的 P 波分量，S 波分量

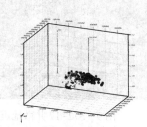

图 7　微地震事件空间定位结果

3.2　微地震监测结果评价

3.2.1　裂缝参数监测

根据选井条件从 35 口井优选出 TK777 井和 S72-17 井开展井下微地震裂缝监测先导试验，监测井基础参数见表 1。酸压目的层深度都在 5550.00m 左右，观测井和酸压井间距 600m 左右。裂缝参数监测结果见表 2、图 8、图 9。

表 1　微地震监测基础数据表

井名	与邻井井口距离/m	酸压目的层深/m	检波器下深/m	检波器与压裂段空间距离/m	检波器级数/级	检波器间距/m
TK777	593.6	5507~5550	5190~5300	600~657	12	10
S72-17	569.0	5476~5550	5420~5350	583~616	12	10

表 2　微地震裂缝监测结果汇总表

井名	主要裂缝网络长/m	主要裂缝高度/m	主要裂缝网络走向	事件数目
TK777	293	85	北偏东 6.7°	113
S72-17	285	73	北偏东 34°	235

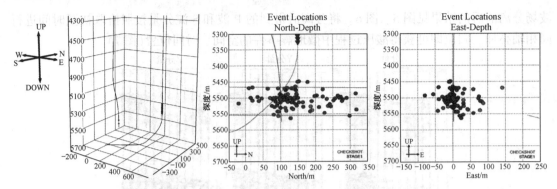

图8　TK777井微地震监测观测系统(左)，微地震事件定位结果(中、右)

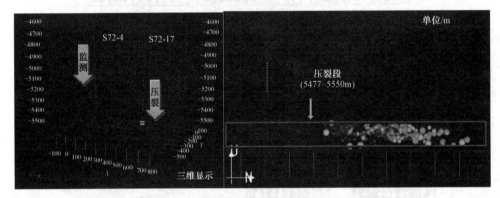

图9　S72-17井微地震监测观测系统(左)，微地震事件定位结果(右)

3.2.2　微地震监测结果评价

(1) 酸压过程中微地震事件发生规律。酸压过程中各阶段微地震事件分布见图10，第1阶段酸压注入滑溜水：微地震事件少，分布零散，事件能量强度低，反应滑溜水主要以充填天然裂缝和溶蚀孔洞为主；第2阶段注入冻胶压裂液：微地震事件反应冻胶压裂液沿天然裂缝"窜流"，在远井地带实现了水力造缝，微地震事件能量强度中等；第3阶段注入酸液：微地震事件多，事件能量强度中-强，酸液进入近井裂缝和孔洞，产生大量微地震事件，同时酸液也进入前阶段造缝区域，产生集中微地震事件；第4阶段停泵测压降：停泵以后，注入酸液继续滤失并进入地层深部，由于酸岩反应破坏地层应力平衡，岩石发生剪切破坏产生大量微地震事件。

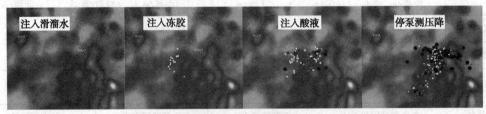

图10　S72-17井酸压过程中微地震事件分布

(2) 缝洞型油藏酸压裂缝形态呈体积状特征。两井的微地震事件点分布范围较大，断裂面拟合结果显示存在多个断裂面(TK777井拟合出3个破裂面，S72井拟合出4个破裂面，

图 11），与经典岩石压裂理论预测的单一裂缝结果存在差异。原因是缝洞型油藏天然裂缝发育，改造过程中存在多裂缝同时延伸现象，且碳酸盐岩脆性指数大（杨氏模量 31.4GPa，泊松比 0.22，脆性指数 51.5）易于形成体积状裂缝。

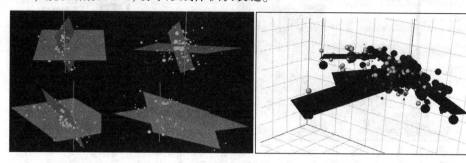

图 11   TK777 井及 S72 井断裂面拟合结果

（3）酸压裂缝延伸受到"串珠"及古河道控制。图 12 为 S72-17 井监测到的微地震事件与"串珠"的关系，监测结果显示在串珠发育的一翼微地震事件较少，酸压过程中裂缝横向延伸并沟通附近的强反射"串珠"，而且沟通串珠后几乎不再延伸。

图 13 显示了微地震事件与古河道的关系，酸压裂缝明显沿古河道方向分布，且影响距离达到 473m。裂缝沿古河道延伸，液体阻力小，因此，微地震事件能量相对较弱。

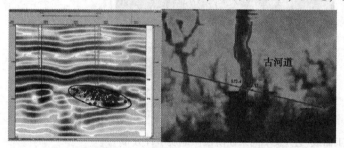

图 12   S72-17 井微地震事件点展布与串珠的关系

图 13   S72-17 井微地震事件点展布与古河道的关系

（4）酸压裂缝垂向延伸受裸眼段长度制约。微地震事件发生深度分布直方图（图 14）表明：90% 以上的微地震事件发生在裸眼井段高度范围内，而且储层中部范围内微地震事件最多，为主要改造层段；监测到的微地震事件与储层的发育程度相关性不强，因此，对于长裸眼井段酸压，无法对有利储层段进行集中改造；在整个裸眼井段内均有微地震事件发生，表明碳酸盐岩酸压缝高控制难度大。

（5）裂缝监测信号集中出现在注酸阶段。图 15 显示注酸开始后施工曲线上出现明显的压力下降特征（油套压同步下降），接收到的微地震事件点明显增多，裂缝监测结果与地面施工压力响应有较好的一致性。岩石破坏的库伦-摩尔准则指出：当作用在天然裂缝面上的剪应力超过固有破裂面抗剪强度时发生剪切破坏，并导致微地震信号产生。酸液滤失量相对压裂液要大（压裂液滤失系数为 10^{-4} 级别，酸液滤失系数为 10^{-3} 级别），酸液滤失进入地层并发生反应，导致地层岩石天然裂缝面的强度与力学性质发生较大变化，破坏了原有的应力平衡，在缝壁及蚓孔发生大量剪切破坏。

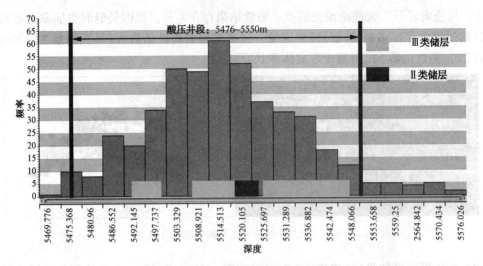

图 14　S72-17 井微地震事件垂向分布

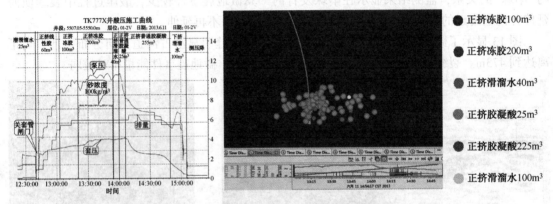

图 15　TK777 井施工曲线(左)及不同泵注阶段微地震事件分布

4　结论与建议

(1) 根据目前微地震监测能力,制定了塔河碳酸盐岩油藏微地震监测的选井条件,通过现场试验能够满足微地震监测要求;

(2) 噪音压制及速度模型校正后,初至拾取可靠、微地震事件定位准确;

(3) 塔河缝洞型碳酸盐岩储层酸压裂缝形态复杂呈"体积状"特征,且明显受到串珠和古河道影响;

(4) 微地震事件在垂向上以改造井段中心对称分布,与储层物性相关性差,建议尝试采用垂向分层酸压技术提高有利段的动用程度;

(5) 注酸期间以剪切破坏为主,可能是酸压裂缝的主要形成阶段,建议下步开展低压裂液或酸压裂的微地震监测进行核实。如果属实可大大降低压裂液用量,降低施工成本。

参 考 文 献

［1］贾利春，陈勉，金衍.国外页岩气井水力压裂裂缝监测技术进展[J].天然气与石油.30(1)，2011.

［2］Shawn Maxwell. Microseismic Hydraulic Fracture Imaging：The Path Toward Optimizing Shale Gas Production [J]. Shales, 2011, 30(3)：340-346.

［3］Robert C Downie, Le Calvez Joel H, Ken Kerrihard. Real-Time Microseismic Monitoring of Simultaneous Hydraulic Fracturing Treatments in Adjacent Horizontal Wells in the Woodford Shale[J]. Frontiers+Innovation-2009 CSPG CSEG CWLS Convention, 2009, 26(1)：484-492.

［4］郝艳丽，王河清，李玉魁.煤层气井压裂施工压力与裂缝形态简析[J].煤田地质与勘探.29 (3)，2001.

［5］王正茂等.水力裂缝模型机计算机自动识别技术[J].石油钻采工艺.25(4)，2003.

［6］JeffreyE. Smith，张文明等.高渗透地层中裂缝压力曲线斜率的分析[J].国外油田工程.17(7)，2001.

［7］郭大立.确定裂缝参数的压力递减分析方法[J].天然气工业.2003，23(4)：83-85.

［8］张麦云，孙梅侠等.试井资料在高压低渗层压裂选层中的应用[J].油气井测试.10(4)，2003.

［9］王经荣等.高压注水井裂缝分析及合理压力界限的确定[J].大庆石油地质与开发.22(3)，2003.

［10］Wright, C. A, Davis, E. J. et al. Downhole Tiltmeter Fracture Mapping：Finally Measuring Hydraulic Fracture Dimensions[J]. SPE 46194, 1998.

［11］Stephen, L, Sergio Berumen. et al. Use of Hydraulic Fracture Diagnostics to Optimize Fracturing Jobs in the Arcabuzculebra Field[J]. SPE 60314, 2000.

［12］李磊，赵伟新等.地层微电阻率成像测井在中原油田的应用[J].内蒙古石油化工.2002，28：226-228.

［13］Lynn, H. B, Bates R. et al. Natural fracture characterization using P wave reflection seismic data, VSP, borehole imaging logs and the in-situ stress field determination[J]. SPE 29595, 1995：453-506.

［14］王树军，刘建伟，高浩宏等.井下微地震裂缝监测技术在火山岩压裂中的应用[J].吐哈油气.16 (1)，2011.

［15］段银鹿，李倩，姚韦萍.水力压裂微地震裂缝监测技术及其应用[J].断块油气田.20(5)，2013.

［16］宋维琪，冯超.微地震有效事件自动识别与定位方法[J].石油地球物理勘探.48(2)，2013.

［17］吕昊，基于油田压裂微地震监测的地震相识别与震源定位方法研究[B]，2012.

［18］王焕义.岩体微震事件的精确定位研究.工程爆破[J]，7(3)，2001.

［19］Warpinski N. R, Branagan P T, Peterson R. E, et al. Mapping hydraulic fracture growth and geometry using detected by a wireline retrievable accelerometer array[J]. SPE 40014, 1998.

江苏油田低伤害压裂液的研究与应用

张华丽 呆 春

(中国石化江苏油田分公司石油工程技术研究院)

摘要：苏北盆地致密砂岩段、有机质泥页岩段，储量丰富，含油面积大，具有较大的开发潜力。该类油气藏具有敏感性强、渗透率超低的特点，容易造成强水敏、强水锁的伤害，普通胍胶体系对地层的伤害大。开展了羧甲基羟丙基胍胶压裂液配方的研究，形成了适应不同温度交联体系，具有水不溶物低、用量少、残渣低，易破胶；耐高温耐高剪切，黏弹性好；返排率高，黏土抑制性能强的优点。在现场成功应用，满足江苏油田非常规储层的压裂需求。

关键词：致密砂岩 泥页岩 压裂液 羟丙基胍胶(HPG) 羧甲基羟丙基胍胶(CMHPG) 有机锆 流变性能 摩阻

羧甲基羟丙基胍胶(CMHPG)是在胍胶的主链上引入羧甲基基团和羟丙基基团，属阴离子型胍胶，水合性能、分散性能好，增黏速度快，基液均匀。羧甲基羟丙基胍胶是复合改性体，在酸性条件和碱性条件下都能交联，具有水不溶物低，耐高温，配液方式简便快速，有广泛的应用范围。一般常用浓度为 HPG 使用量的一半，即可使水稠化而获得较高的黏度，耐温可达180℃，具有悬砂能力强、低摩阻、胶体稳定性好等优点。

国外，2000 年 BJ 等公司，利用该体系屈服应力高，泡沫结构稳定的特点，形成了与 CO_2、N_2 配伍性能好的气体伴注或泡沫压裂体系；2002 年，日本采用锆(Zr)交联羧甲基羟丙基胍胶(CMHPG)，在 162℃条件下进行了室内评价，并在长冈气田现场实施取得成功。

国内，2007 年着手研究合成羧甲基羟丙基胍胶，吉林油田超深井长深 5 井采用羧甲基羟丙基胍胶高温配方，成功进行大型压裂；胜利油田应用酸性体系进行 CO_2 伴注，提高低渗油藏的返排率；长庆油田应用酸性、碱性体系均取得好的增油效果。该体系在国内具有良好的适应性，有广泛的应用前景。

1 实验材料与方法

1.1 实验材料

羧甲基羟丙基胍胶(CMHPG)，有机锆高温交联剂，pH 值调节剂，防膨剂，助排剂，羟丙基胍胶(HPG)(一级)，高温胶囊破胶剂，东营金大石油化工有限公司产；过硫酸铵 APS 工业品。RS6000 型 Haake 流变仪(德国)；DV-Ⅱ型 Brook-field 旋转黏度计(美国)；OFI-173-00 型滚子炉(美国)。

1.2 实验方法

依据中石化企业标准 Q/SH 0050—2007《压裂用瓜尔胶和羟丙基瓜尔胶技术要求》全面评

价羧甲基羟丙基瓜尔胶(CMHPG)。并根据中石油天然气行业标准 SY/T 5107—2005《水基压裂液性能评价方法》和 SY/T 6376—1998《压裂液通用技术条件》对添加剂、交联剂等进行流变性能的筛选，并进行了压裂液的破胶性能、黏弹性的评价。

2 实验结果与讨论

2.1 羧甲基羟丙基胍胶压裂液系列配方体系的确定

2.1.1 最低使用浓度的确定 C^*

C^* 临界重叠浓度，是理论上的最小浓度，在这个浓度下分子间有可能交联。这是在浓度低于 C^* 时，由于交联剂的作用，主要是形成内聚物交联，聚合物分子之间相距太远，不是共聚物交联。对于胍胶多糖的聚合物溶液主要与胍胶的相对分子质量相关，Menjivar 给出了 C^* 与相关分子质量的关系见表1。CMHPG 胍胶的平均相对分子质量为 $2.0×10^6$，临界重叠浓度为 $0.18\% \sim 0.23\%$，结合现场该胍胶粉的合理的最低使用浓度为 0.25%。

表1 临界重叠浓度与平均相对分子质量

临界重叠浓度/%	估计的平均相对分子质量	临界重叠浓度/%	估计的平均相对分子质量
0.18	$2.5×10^6$	0.22	$1.9×10^6$
0.18	$2.4×10^6$	0.23	$1.8×10^6$
0.21	$2.0×10^6$		

2.1.2 pH 调节剂的选择与优化

所有交联压裂液都有一个特定的 pH 值，压裂液就能获得所需的延迟交联时间与热稳定性。同时为了避免管道内高剪切速率的不利影响，通常通过延迟交联来限制液体黏度在井筒内的增长，避免在管道高剪切($500 \sim 1000s^{-1}$)区域内发生交联反应，而令大量交联反应发生在裂缝的低剪切($10 \sim 200s^{-1}$)。延迟交联使剪切降解达到最小，还可以减少摩阻，进而减少所需水马力。根据文献资料交联时间应为液体在管道中滞留时间的 $1/2 \sim 3/4$。例如井深 5000m 井采用 3" 压裂管柱，井筒容积约 $24m^3$，采用 $5m^3/min$ 的排量，压裂液在管柱中的滞留时间约 5min，合理的延迟交联时间为 $3 \sim 4min$ 左右。

理想 pH 值范围为 $10.5 \sim 12.0$，控制好交联比压裂液均能有很好的耐温耐剪切性能，同时不同 pH 值下，延迟交联时间不同，具体数据见表2，可满足不同井深的压裂需求。

表2 碱性体系 pH 值对延迟交联时间的影响

pH 值	$10.5 \sim 10.8$	$10.8 \sim 11.2$	$11.3 \sim 11.5$
交联时间	3.5min	2.5min	1.5min

2.1.3 系列配方耐温耐剪切性能

羧甲基羟丙基胍胶具有使用浓度低的特点，相同温度下，所需的稠化剂浓度仅为羟丙基胍胶的 1/2。国内压裂液配液车的最大配液浓度一般为 0.60%，而羟丙基胍胶(HPG)使用浓度 0.6% 时，仅能满足 130℃ 井温的压裂；羧甲基羟丙基胍胶(CMHPG)使用浓度 0.60% 时，其耐温能力能达到 180℃，满足超深井 5000m 井的压裂需求。针对不同井温采用不同的使用浓度，具体数据见表3。

表3　不同井温所需的稠化剂浓度

适应井温/℃	HPG 使用浓度/%	CMHPG 使用浓度/%	CMHPG 基液黏度/mPa·s
100	0.45	0.25	28
120	0.55	0.35	55
130	0.60	0.45	73
150	0.80	0.50	88
160	1.00	0.55	103
180	1.20	0.60	120

　　在水力压裂施工期间,压裂流体要经历大范围的剪切和温度变化。泵入过程中,液体通过管路、井筒和孔眼时,要经历高剪切,液体一旦进入裂缝,其剪切速率大为降低,但温度增加,直到最终达到地层温度。室内研究采用170s^{-1}的恒剪切分别进行100~180℃下的流变性的测量。分别对0.25%、0.35%、0.45%、0.50%、0.55%、0.60% CMHPG 在100℃、120℃、130℃、150℃、160℃、180℃下充分剪切后黏度仍大于50mPa.s,能够充分携砂。

2.2　羧甲基羟丙基胍胶低伤害压裂液性能评价

2.2.1　破胶性能优

　　羧甲基羟丙基胍胶低伤害压裂液体系的低伤害主要体现在易破胶、破胶彻底、残渣含量低,从而对支撑剂导流层的伤害大大降低。为了快速返排,需要快速彻底破胶,选用氧化破胶剂过硫酸铵(APS)。室内研究中采用过硫酸铵50ppm浓度的APS,2h后压裂液即可完全水化破胶,破胶液黏度≤5mPa·s,180℃高温配方残渣含量为270mg/L,而同等浓度的羟丙基胍胶压裂液的残渣在500~600mg/L,不同配方的残渣含量见表4,残渣含量低,对导流能力的伤害大大降低。

表4　不同破胶液残渣含量对比

胍胶使用浓度/%	破胶温度/℃	CMHPG 破胶液残渣/(mg/L)	HPG 破胶液残渣/(mg/L)
0.25	100	70	—
0.35	120	105	250~300
0.45	130	140	350~450
0.60	180	270	550~600

　　因体系中含一定量的三乙醇胺,为 APS 在低温(52℃)下的催化剂,直接加入会过硫酸铵造成压裂液过早破胶影响性能。采用胶囊包裹的形式加入,挤压式胶囊破胶剂利用保护膜的物理屏障作用阻止和控制破胶剂释放,施工完后压裂裂缝闭合时产生的巨大应力,使包覆层变形破裂而导致破胶剂释放,全程高浓度加入,压裂后破胶速度快,对地层伤害小。

2.2.2　储层保护性能强

　　破胶液黏土抑制性能强。几乎所有产油砂岩颗粒或粒间均含有某些黏土矿物,其含量在1%~20%,泥页岩储层的黏土矿物更高,更容易膨胀、脱落、运移。水基压裂液会与地层黏土矿物的作用,降低地层渗透率。选用一级膨润土(钠土)主要成分为蒙脱石进行实验,主要原理是通过分子间力的作用吸附在黏土微粒上,防止黏土微粒因静电斥力产生运移,从而起到有效的防止黏土膨胀的作用。破胶液的防膨率可达88%,有效保护储层。

破胶液返排率高。压裂施工结束后返排，由于地层的低渗透性和孔隙性差，毛管力作用使部分水束缚在储层中，排液困难，导致地层损害。根据公式 $P_c = \dfrac{2\sigma\cos\theta}{r}$（$P_c$ 为毛管力，σ 为油水之间的界面张力），降低 σ，有助于降低毛管力，从而提高压裂液的返排率。优选高性能助排剂，0.3%浓度 180℃下，表面张 20mN/m，与原油之间界面张力 0.1mN/m，有利于压裂液的返排。

2.2.3 对导流能力伤害低

压裂液对裂缝的伤害主要包括以下两个方面，一方面压裂液滤失到地层中，稠化剂在裂缝中浓缩，浓度过高，破胶降解时间延长，造成地层伤害；另一方面胍胶原有的水不溶物以及降解过程中形成的不溶残渣，会通过减少支撑剂充填层的有效孔隙空间来降低裂缝的导流能力，较小颗粒残渣，穿过滤饼随压裂进入储集层深部，堵塞孔隙喉道，降低储集层渗透率。

分别对 0.25%、0.35%、0.45%、0.6%CMHPG，0.4%、0.45%、0.5%、0.6%HPG 的破胶液对支撑剂导流层进行伤害，实验结果见图1，随着所通入的 PV 数越来越大，导流能力下降速率很快，当 PV 数达到 7～10 时导流能力趋于稳定，由图1可看出，CMHPG 配方最终保持相对较高的导流能力，能保持 70%左右，而 HPG 配方只能保持 30%左右。可见 CMHPG 配方对导流能力的伤害是降低了不少。

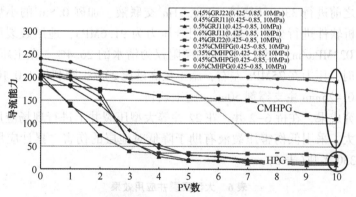

图1　不同浓度胍胶破胶液对导流能力的伤害

伤害后的支撑导流层采用扫描电子显微镜放大 50 倍后，观察残渣在陶粒表面的吸附情况，如图2、图3所示，CMHPG 在陶粒表面很难找到絮状物质的吸附，HPG 在陶粒颗粒表面产生了大量吸附，0.60%CMHPG 在陶粒表面的吸附情况得到大大改善。

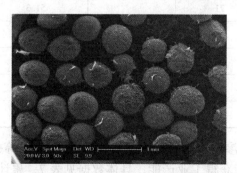

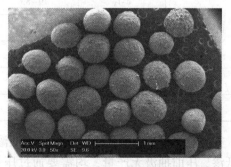

图2　0.6%HPG 残渣在陶粒表面的吸附×50　　　　图3　0.6%CMHPG 残渣在陶粒表面的吸附×50

2.2.4 与天然岩心配伍性能好

采用天然岩心长 $L = 6.040cm$，直径 $D = 2.524cm$，以 3% NH_4Cl 饱和后测原始渗透率 $28.46×10^{-3}\mu m^2$，注入 3PV 破胶液的上层清液对岩心进行模拟伤害，再反通入 3PV 的 3% NH_4Cl 来模拟压后返排解除伤害的过程。实验结果见表 5，通入破胶液后渗透率迅速降低至 $13.92×10^{-3}\mu m^2$，模拟解除伤害后渗透恢复到 $25.54×10^{-3}\mu m^2$，渗透率恢复到原始值的 89%，体系与天然岩心的配伍性能好，对天然岩心的伤害低。

表 5 不同 PV 数破胶液对天然岩心渗透率的影响

0.6%CMHPG	正通破胶液				反通 3%NH_4Cl		
PV 数	0	1PV	2PV	3PV	1PV	2PV	3PV
渗透率/×$10^{-3}\mu m^2$	28.46	25.32	20.45	13.92	14.09	26.77	25.54

3 现场应用及效果

超深井徐闻 X3 井，井深 5200m，井温 170℃，特低渗油藏，采用 0.6%CMHPG 低伤害压裂液。主压裂之前进行 33m^3 防膨液、109.31m^3 交联液、加砂 0.8m^3 的小型压裂测试，用 FPT 压裂设计分析软件进行分析，地层的闭合压力为 91.6MPa，地层破裂压力 105.6MPa，破裂压力梯度 0.023MPa/m。交联压裂液的摩阻仅为清水的 26.4%。在主压裂施工过程中，排量 4.5m^3/min 时，压力在 75MPa 左右，施工最高砂比 23%，顺利加入 0.106~0.212mm 粉陶 3m^3，0.212~0.425mm 主支撑剂 50m^3，施工顺利。

根据室内研究成果，在桥 6-2 井、花 22 井等大型压裂井上进行现场应用，大型压裂加砂量大，用液量大，采用低伤害压裂液有助于降低对地层的伤害。累计应用 6 井次，截至 2013 年底增油 2330 多吨(表 6)。

表 6 大型压裂井应用效果

井 号	层 位	层 号	加砂量/m^3	日产油/t	增油/t
桥 6-2	E_2f_2	24、25	68	2.2	489.3
花 22	E_2f_3	6~9	50	3.9	1321.3
徐闻 X6	E_2l_3	79~83	71		51.3
	E_3w_3	40~43	53		345.3
	E_3w_3	20~22	60	1.5	123.6
曹 64	E_2d	22~24	63		探井、未投
合计					2330.8

在方巷、许庄、码头庄、联盟庄等低渗特低渗区块取的好的增油效果，方 4-12 等井，特低渗，压前抽汲无产量，均需要通过压裂才能获得工业产能，具体数据见表 7，累计增油 14040t。

表7　低渗特低渗区块应用效果

井号	压裂井段/m	压后初期日产量/(t/d)		累计增油/t
		产液	产油	
方4-12	2128.0~2141.4	10.3	9.8	3061
方4-17	2219.0~2230.0	7.1	5.5	1141
方4-18	2210.0~2219.0	11	6.3	368
方4-27	2222.6~2230.0	4	2.3	225
许5-17	2438.8~2497.1	11.2	9.2	1340
许5-18	2624.8~2634.6	25.9	18.9	4505
庄13-11	2217.3~2249.8	20	8	1188.4
庄2-70	1704.9~1710.3	13.2	4.8	1067.4
联38-1	3648.0~3655.6	4.6	4.2	545
联38-5	3083.6~3087.3	11.2	11.2	600

4　初步认识

（1）室内研究表明，羧甲基羟丙基胍胶的使用浓度0.25%~0.60%，仅为普通HPG体系的1/3；残渣含量70~270mg/L，为普通HPG体系的1/2，从而大大降低对导流能力的伤害；同时具有黏弹性好，返排性能优，黏土抑制性能强，与天然岩心配伍性能好的优点。

（2）现场成功应用，证明体系满足100~180℃井的施工要求，耐高温耐高剪切，延迟交联时间（1~5min）可控，可满足不同井深的延迟交联需求。压后2h放喷，完全水化破胶，对地层的伤害低，增油效果显著。

（3）植物胶对环境污染小，胍胶压裂液体系是未来压裂液研究推广应用的方向，羧甲基羟丙基胍胶压裂液是典型的低伤害压裂液体系，施工工艺简单，效果明显，值得在江苏油田致密砂岩及深层泥页岩储层推广应用，并在实践中进一步不断完善。

参 考 文 献

[1] WEIJERSL, et al. The first successful treatment campaign conducted in Japan: stimulation challenges in a deep, naturally fractured volcanic rock [C] SPE-77678-MS, 2002.

[2] 张应安，刘光玉，周学平.新型羧甲基胍胶超高温压裂液在松辽盆地南部深层火山岩气井的应用[J].勘探技术，2009，4：70-73.

[3] 米卡尔，J.埃克诺米德斯，肯尼斯，等.油藏增产措施(第三版)[M].北京：石油工业出版社，2002：250-271.

[4] 吴信荣，彭裕生等.压裂液、破胶剂技术及其应用[M].北京：石油工业出版社，2003：5-9.

[5] 赵福麟.油田化学[M].山东东营：石油大学出版社，1997：7-9.

水力喷射分段压裂工艺的研究与应用

沈 飞 虞建业 杲 春 卢敏晖

(中国石化江苏油田分公司石油工程技术研究院)

摘要：水力喷射分段压裂由于射孔数少、排量小造成支撑剂沉降快和排量低等难点，通过实验模拟了在不同黏度的压裂液下，加不同比例纤维对30/50目陶粒和40/80目陶粒沉降速度的影响；结合实验数据提出了在水力喷射分段压裂工艺基础上，采用水力喷射分簇射孔、全程加纤维和循环返排技术；有效解决了水平井段射孔数少、支撑剂沉降快和冲砂难；提高了水力喷射分段压裂效果。该工艺在江苏油田成功应用四井，增产效果明显，压后产量压裂初期3~5倍；对江苏油田低渗透油藏开发有重大意义。

关键词：压裂 分簇射孔 水力喷射 纤维

对于江苏油田水平井来说，目前开发过程中低产低效问题越来越突出，日产油量低于5t的井占总数超50%。此外一些薄油层中新钻水平井部分水平段钻遇在上下薄层的夹层中，导致产能达不到预期要求。水力喷射分段压裂工艺是集水力喷射射孔、隔离和压裂一体化新型增产改造措施。它能做到准确造缝，不需要接卸封堵且作业时间短，风险较小等。但是存在射孔数少、排量小造成支撑剂沉降快和排量低等难点；针对这种情况，江苏油田近年来在水力喷射分段压裂工艺技术研究与应用方面开展了大量工作，取得了一定的成效，初步形成了适合江苏油田的水力喷射分段压裂工艺。

1 水力喷射分段压裂工艺

流体通过喷射工具，油管中的高压能量被转换成动能，产生高速流体冲击岩石形成射孔通道，完成水力射孔。高速流体的冲击作用在水力射孔孔道顶端产生微裂缝，降低了地层起裂压力。射流继续作用在喷射通道中形成增压。向环空中泵入流体增加环空压力，喷射流体增压和环空压力的叠加超过破裂压力瞬间将射孔孔眼顶端处地层压破。环空流体在高速射流的带动下进入射孔通道和裂缝中，使裂缝得以充分扩展，能够得到较大的裂缝。

水力喷射压裂主要依据是伯努利方程。

$$\frac{p}{\rho}+\frac{v^2}{2}=c \tag{1}$$

式中 p——压力；

v——流速；

ρ——流体密度；

c——常数。

水力喷射分段压裂的施工排量可表示为

$$Q = \left[\frac{P_b C^2 A^2}{513.558\rho} \right]^{-0.5} \qquad (2)$$

式中 P_b——压降，MPa；

Q——排量，L/s；

ρ——流体密度，g/cm^3；

A——喷嘴总面积，mm^2；

C——喷嘴流量系数，一般取 0.9。

由式(2)可知喷射速度一定，压降也会一定；流体密度不变的情况下，排量与喷嘴总面积成正比；增加喷嘴总面积就能增加施工排量。

2 纤维对水力喷射分段压裂支撑剂沉降影响

由于水力喷射分段压裂节流压差大，同时又采用大排量造成摩阻大、施工压力会更高；排量小又会造成支撑剂快速沉降。采用纤维减慢支撑剂的沉降，让支撑剂能够达到裂缝末端。

2.1 纤维对陶粒沉降速度影响

通过实验测定了裂缝内压裂液黏度+纤维的屈服应力值见表1。

表1 不同压裂液+不同浓度纤维的屈服应力值

	液体屈服应力/Pa							
	0	0.6%	1.0%	1.2%	1.4%	1.5%	1.6%	2.0%
基液	2.207	2.466	2.967	4.131	4.650	5.381	9.228	9.992
弱交联冻胶	2.355	2.464	5.069	6.240	6.331	9.885	10.04	11.34

通过实验数据来看，随着纤维的加入量增大，屈服应力也随着增大，在1.6%纤维含量下再增加纤维比例，屈服应力变化很小；选择1.6%的纤维。

分别用不同砂比30/50目陶粒加纤维1.6%和不同砂比40/70目陶粒加纤维1.6%沉降速度实验见表2。

表2 不同砂比在不同液体中沉降速度

陶粒规格	液体名称	不同砂比支撑剂沉降速度/($\times 10^{-3}$m/s)					
		10%	20%	30%	40%	50%	平均值
30~50目 中密度 陶粒	基液	0.750	0.643	0.520	0.408	0.292	0.523
	弱交联冻胶	0.333	0.233	0.198	0.167	0.155	0.217
	弱交联冻胶+1.6%纤维	0.167	0.133	0.083	0.075	0.048	0.101
40~70目 中密度陶粒	基液	0.450	0.333	0.300	0.218	0.167	0.294
	弱交联冻胶	0.233	0.167	0.133	0.100	0.080	0.143
	弱交联冻胶+1.6%纤维	0.075	0.053	0.045	0.040	0.030	0.049

2.2　纤维加入方式

由于在携砂液里加入纤维后；形成三维网状结构；可能堵塞喷嘴，造成施工压力增高；造成施工失败；采用环空加入纤维，水力喷射压裂形成负压使纤维和携砂液充分的混合均匀；有效起到降低支撑剂沉降速度。

3　水力喷射分簇射孔

水力喷射分簇射孔主要有两个目的：一个是在恒定水平段内设计更多的分簇，使簇距更小，单段压裂时的簇数更多，通过更密的人工裂缝，另一个是利用两个水力喷射器进行分簇射孔，增加水平井段射孔数，提高水平井的渗流面积。国内外研究表明：分簇射孔一般小于30m；通过岩心渗透率、启动压力梯度、流体流度关系计算极限泄油半径来确定水平井分段压裂裂缝间距。

4　循环返排技术

循环返排技术：就是在水平井分段压裂刚结束后，大排量反洗井；在反洗井过程中让裂缝中支撑剂在回流过程中有个反作用，解决了防止在压裂液返排过程中出现大量支撑剂回流，增加裂缝中导流能力；同时解决了水平段沉砂冲砂的问题；节省投产排液的时间减少；

而水力喷射分段压裂采用双管注入方式，极大给油井压裂后给循环返排技术带来极大便利。

5　现场应用的效果与分析

水力喷射分段压裂技术已逐渐在江苏油田低效水平井和定向井推广应用；目前已经应用了24口井，其中采用水力喷射分簇射孔、全程加纤维和循环返排技术应用了4口井(表3)，压裂增产效果见表4。

表3　水力喷射分簇压裂的设计参数

序　号	井　号	井深/m	厚度/m	分簇/分段	加砂量/m³	平均砂比/%
1	W2P8	2052	116.3	2/2	30	24.5
2	W8P3	1975	290	3/3	28	20.8
3	G6P11	2250	164.6	3/3	48	23.2
4	Y52-3	1913	6.2	2/1	15	25.4

表4　压裂增产效果对比(截至2014年5月底)

序号	井号	施工时间	压裂前		压裂后		累计增油量/t
			日产液/(t/d)	日产油/(t/d)	日产液/(t/d)	日产油/(t/d)	
1	W2P8	2013.1	2	2	15.4	11.9	4022.6
2	W8P3	2014.1	/	/	13.1	5.5	566.7

序 号	井 号	施工时间	压裂前		压裂后		累计增油量/t
			日产液/(t/d)	日产油/(t/d)	日产液/(t/d)	日产油/(t/d)	
3	G6P11	2013.2	0.8	0.3	10.6	4.4	1657.8
4	Y52-3	2014.5	0.9	0.8	10.6	6.5	156.7

Y52-3 井例：

Y52-3 井储层物性较差，平均渗透率仅 $18.0×10^{-3}μm^2$，平均孔隙度18%，平均碳酸盐含量17.9%，为低孔低渗油藏；储层具有中等程度水敏，无速敏、无酸敏；油层平均深度1820m，原始地层压力 18.20MPa。

施工管柱：引鞋+多孔管+扶正器+喷射器(1915m)+扶正器+$Φ$73mm 油管(N80)+扶正器+喷射器(1908m 无滑套)+扶正器+$Φ$73mm 油管(40m)+安全接头(1868m)+$Φ$89mm 油管(N80)。

水力喷砂射孔：①施工参数：喷砂射孔时间 10~15min，尽可能提高排量；②磨料类型：30~50 目中密度陶粒；③磨料浓度：6%~9%；④喷射液：清水+基液；⑤采用双簇射孔。

压裂施工：用 $4m^3$ 陶粒射孔，一共加 30~50 目陶粒 $15m^3$，套管排量达到 $4.3m^3/min$，油管排量为 $0.8m^3/min$，加入 5kg 纤维，施工曲线如图 1 所示：

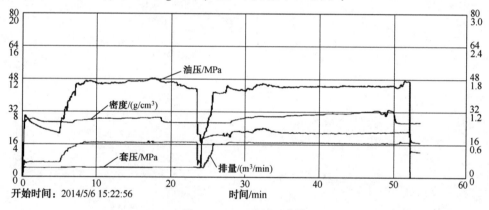

开始时间：2014/5/6 15:22:56

图 1 Y52-3 井施工曲线

增产效果：压裂前日产液 0.9t/d，日产油 0.8t/d；压裂后初期日产液 12.7t/d，日产油 7.5t/d，目前稳定日产液 10.6t/d，日产油 6.5t/d，比邻近同层位的 Y14-1 井压裂后日产油 1.2t/d 增产 5 倍。

6 结论

(1) 采用水力喷射分簇射孔、全程加纤维和循环返排技术，能有效解决水力喷射分段压裂工艺射孔数少、支撑剂沉降快、排量低和冲砂难问题。

(2) 采用水力喷射分簇射孔加压裂有助于形成多条裂缝，增加油藏的渗流面积，提高单井产量。

(3) 水力喷射分段改造工艺实现了水平井的定点压裂，提高了储层改造的针对性，增产效果明显,值得在低效水平井推广应用。

参 考 文 献

[1] 张国红,张涛,刘亚明等.水力喷砂射孔压裂隔上压下工艺技术的实践应用[J].新疆石油天然气,2010,3:93-96.

[2] SPE100157《CT‑Deployed Hydrajet Perforating in Horizontal Completions Provides New Approaches to Multistage Hydraulic Fracturing Application》.

[3] 李宪文等.水力射孔射流压裂工艺在长庆油田的应用[J].石油钻采工艺,2008,8:68-70.

[4] 邬国栋.纤维控制压裂支撑剂回流实验研究[J].钻采工艺,2012,7:88-91.

[5] 储小三,吴晋军,段鹏辉等水平井水力喷射与小直径封隔器联作压裂技术在长庆低渗油田中的应用[J].石油钻采工艺,2012,3(46):73-76.

江汉油田低伤害压裂液研究及现场应用

高 婷 唐 芳

（中国石化江汉油田分公司采油工艺研究院）

摘要： 为了满足江汉油田低渗透储层及非常规储层增产压裂改造的需求，研究了四种新型低成本低伤害压裂液体系，并在江汉油区及坪北油区现场应用取得了较好的效果。其中增效压裂液可降低胍胶用量0.15%，减少残渣30%以上，大大降低了对地层的伤害。超分子压裂液无需添加助排剂，可满足50～120℃储层施工要求。低聚合物压裂液稠化剂使用浓度在0.35%～0.55%，剪切两小时后黏度在100mPa·s，静置下能稳定携砂3d以上，压裂液破胶后无残渣。与目前广泛使用的羟丙基胍尔胶压裂液相比较，超分子压裂液和低聚合物压裂液对岩心的伤害率降低了约10%，液体成本节约了20%，羧甲基羟丙基胍胶压裂液与常规压裂液体系相比，其稠化剂使用浓度低(0.2%～0.3%)，残渣含量少，对储层伤害率较低。增效压裂液目前在江汉油田已推广应用60余井次，超分子压裂液应用2井次。

关键词： 低伤害压裂液、低渗透储层、非常规、压裂技术、现场应用

前言

国内最常使用的压裂液为羟丙基瓜胶(HPG)压裂液，这种压裂液在实际应用中的确表现出了优良的携砂性能，基本能够达到压裂设计所需的预期效果。但是自2011下半年以来，羟丙基瓜胶价格不断上涨，使得压裂施工成本节节上涨。同时，国内外的研究发现羟丙基瓜胶虽然成胶质量好，但因其溶解分散性差，水不溶物多，易形成"鱼眼"等，使得聚合物的利用率大大降低。此外，与交联剂交联形成的超大分子中就有相当一部分未彻底破胶的物质和水不溶物，在压裂施工后残留在地层裂缝中，使地层渗透率下降，引起二次伤害，导致压裂改造效果降低。水平井分段压裂技术是提高非常规油气藏开采效果的关键，其中压裂液是水平井压裂改造的重要组成部分和关键环节，其性能优劣决定了压裂施工的顺利与否和效果好坏，低伤害、低成本、高性能是压裂液发展的主要方向。为了满足江汉油田低渗透储层及非常规储层增产压裂改造的需求，研究形成了羧甲基羟丙基胍胶压裂液、增效压裂液、超分子压裂液和低聚合物压裂液四种新型低伤害压裂液体系，并在江汉油区及坪北油区现场应用取得了较好的效果。

1 增效压裂液体系

低浓度增效压裂液是以现有常规压裂液体系为基础，在其中加入JC-LT-3增效剂，增

加了稠化剂溶胀性能,从而降低了稠化剂用量,能适应不同温度储层的压裂需求。增效剂的加入可使压裂液体系中稠化剂羟丙基胍胶的用量降低至 0.3%~0.45%,比常规配方降低了 0.15%~0.2%,通过稠化剂用量的降低,降低了压裂液残渣含量。

1.1 增效压裂液性能

1.1.1 耐温抗剪切性能

根据现场施工条件,采用 RS6000 测定了压裂液在不同温度下、$170s^{-1}$ 剪切 90min 以上,不同压裂液配方的耐温耐剪切性能。如图 1~图 4 所示。

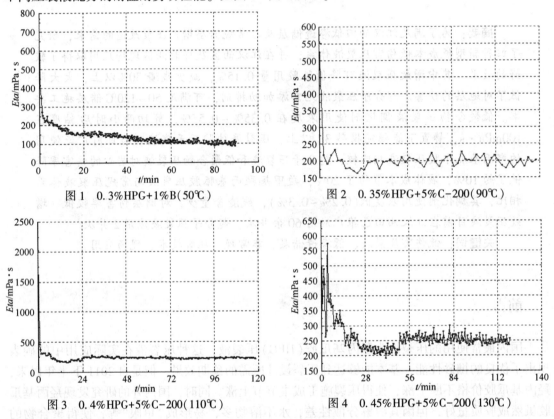

图 1　0.3%HPG+1%B(50℃)

图 2　0.35%HPG+5%C-200(90℃)

图 3　0.4%HPG+5%C-200(110℃)

图 4　0.45%HPG+5%C-200(130℃)

试验结果表明,该压裂液体系在不同温度条件下剪切 90min 以上,黏度均保持在 100~200mPa·s 以上,表明该压裂液体系可以满足不同温度储层需要。

1.1.2 压裂综合性能

对压裂液流变性能、滤失性能及破胶液性能进行了测定,试验结果见表 1。

表 1　低浓度增效压裂液综合性能评价

压裂液性能		测 定 值
流变性能	稠化系数,$K/Pa·Sn$	1.95
	流动指数,n	0.57
滤失性能	滤失系数,$c3$	$6.4×10^{-4}$
	滤失速度,vc	$1.04×10^{-4}$
	初滤失量,QSP	$0.91×10^{-3}$

续表

压裂液性能		测定值
破胶液性能	破胶液黏度/mPa·s	2.22
	表面张力/(mN/m)	20.6
	残渣含量/(mg/L)	126

试验结果表明，压裂液各项性能指标均能达到标准要求，其中残渣含量仅为 126mg/L，而常规 HPG 压裂液体系残渣含量一般为 300～500mg/L，该压裂液体系残渣含量大大降低，减少压裂液残渣对储层造成的伤害。

1.1.3　岩心基质伤害试验

通过沙 30 井岩心伤害试验(表 2)表明，与常规压裂液体系相比岩心伤害率较低，仅为 11.32%。

表 2　压裂液岩心伤害实验

井　号	压裂液体系	伤害前油相渗透率/×10⁻³μm²	伤害后油相渗透率/×10⁻³μm²	渗透率损害率/%
沙 30	常规压裂液	44.32	18.01	59.31
	增效压裂液	18.01	15.97	11.32

1.2　现场应用

沙市构造油田沙 26 井区地层破碎，天然裂缝发育，压裂施工难度大，沙 26-P1 井为沙 26 井区第一口水平井，其井位构造图如图 5 所示。

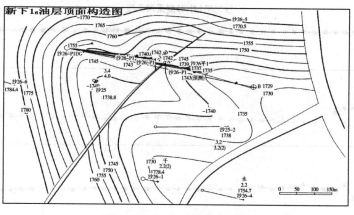

图 5　沙 26-P1 井井位构造图

本井措施层段较多，为确保均匀改造，拟分三段采用射孔桥塞联做限流压裂进行施工，确保对各层段的均匀改造。该井所在断层裂缝发育，地层滤失较大，施工难度较大，为确保施工顺利，采用 0.35%HPG+0.5%LT-3 增效压裂液体系进行压裂施工，以降低储层伤害，提高措施效果，压裂施工曲线如图 6 所示。

沙 26-P1 井使用增效压裂液总液量为 528.9m³，砂量为 58m³，该井压裂结束后，日产量达到了 7t(图 7)，压裂效果显著。

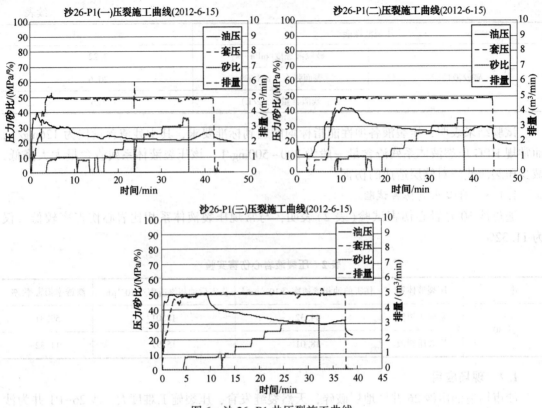

图 6   沙 26-P1 井压裂施工曲线

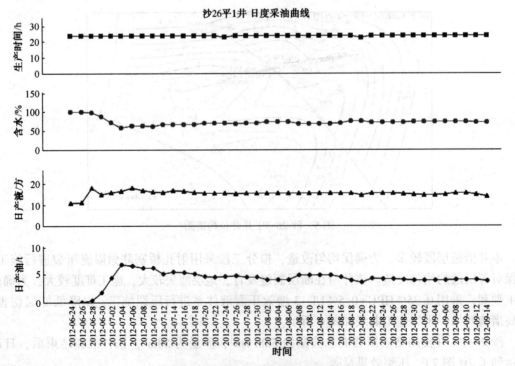

图 7   沙 26-P1 井日度采油曲线

2 超分子压裂液体系

超分子压裂液为溶液中溶质分子之间通过非共价键，（静电、氢键、疏水缔合效应等）发生相互作用，形成分子间的聚集结构，这种聚集结构可以随剪切扰动变大或变小甚至完全拆散，当剪切扰动消除后，聚集体又重新恢复的一种溶液。超分子压裂液网状结构强度大，体系有效黏度高，可以满足压裂液悬砂的要求。由于其增稠剂都是水溶性的合成物质而且体系不交联，可以做到无水不溶物残渣，是一种清洁压裂液。

2.1 超分子压裂液性能

对超分子聚合物压裂液体系进行了室内试验评价，该压裂液由稠化剂 APCF-1+交联剂 APCF-B+其他添加剂组成。

2.1.1 压裂液抗剪切性能

对不同配方疏水缔合聚合物压裂液体系耐温耐剪切性能进行了测定（图8、图9），压裂液体系初始黏度较低，但随着剪切时间的增加，压裂液黏度基本保持不变。

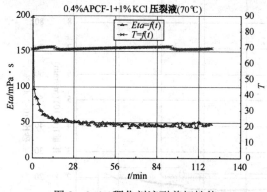
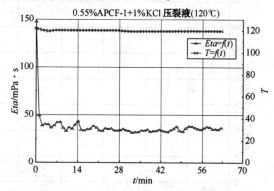

图8　0.4%稠化剂液耐剪切性能　　　　图9　0.55%稠化剂压裂液耐剪切性能

2.1.2 压裂综合性能

对压裂液流变性能、黏弹性能及破胶液性能进行了测定，试验结果见表3。

表3　低浓度增效压裂液综合性能评价

压裂性能		测定值
流变性能	稠化系数，$K/\text{Pa} \cdot \text{Sn}$	1.46
	流动指数，n	0.40
黏弹性能	储能模量，G'	2.2
	耗能模量，vc	0.75
破胶液性能	破胶液黏度/mPa·s	1.92
	表面张力/(mN/m)	20.56
	残渣含量/(mg/L)	0

试验结果表明，压裂液各项性能指标均能达到标准要求，该压裂液是以弹性为主的交联网状结，破胶后无残渣，在未添加助排剂的条件下，该压裂液具有较低的表/界面张力，同

时残渣含量较低,对地层伤害小。

2.1.3 岩心伤害试验

通过岩心伤害试验(表4)表明,超分子压裂液对岩心伤害率在20%以下。

表4 破胶液岩心伤害试验结果

取心井号	伤害前渗透率/×10⁻³μm²	伤害后渗透率/×10⁻³μm²	岩心伤害率/%
1	7674	6132	20.1
2	129.15	118.00	8.63

2.2 现场应用情况

王4斜-4-2井措施层位为潜3_{14+5},预测裂缝延伸方向临近水线,目前生产时含水较高,同时措施层上部潜3_{11+2}为水淹层,距离较近(12m),应控制施工规模和排量。超分子压裂液低黏高效携砂的特点对于施工规模控制较为有利,因此该井选择超分子压裂施工(图10)。

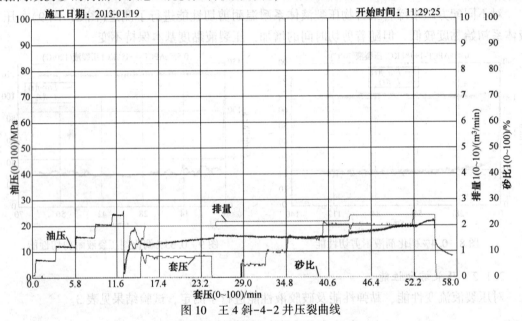

图10 王4斜-4-2井压裂曲线

施工顺利完成设计的加砂量8m³,最高砂比达到25%,平均砂比16.3%。从返排情况看,返排率接近100%,返排出的压裂液黏度小于5mPa·s。本次压裂施工取得效果较明显,压后产量逐渐上升到3.8t(图11)。到2013年6月累计增油418.6t。

3 低聚合物压裂液

该压裂液体系以小分子或超支化聚丙烯酰胺类合成聚合物作为稠化剂,与有机金属交联剂交联形成空间网状结构,而形成的冻胶体系。该压裂液体系具有携砂性能优良、耐高温、残渣低等特点。

3.1 基液增稠性能

压裂液稠化剂是否能有效增稠是配制性能优良稠化剂的关键。氯化钾无机防膨剂由于具

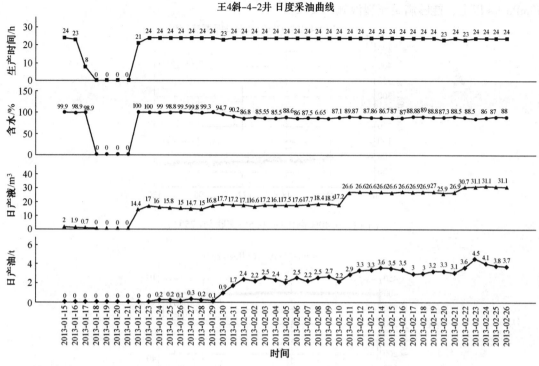

图 11　王 4 斜-4-2 井压后油井产量

有价格低、防膨性能好的优点，普遍作为压裂液体系用防膨剂，一般加量为 2%。而聚合物体系普遍具有耐盐性能差等问题，为了验证该类稠化剂的耐盐性能，采用 RS600 在 30℃、$170s^{-1}$ 条件下对添加不同浓度 KCl 体系的压裂液黏度进行了测定(见表 5)。

表 5　压裂液基液黏度测定

液体类型	压裂液配方			基液黏度/mPa·s	备　注
	稠化剂	助排剂	防膨剂		
低温稠化剂 DJ944	0.40%DJ944	0.5% JW201	—	45.6	溶液澄清、透明
			—	43.2	溶液澄清、透明
			1%KCl	15.3	溶液澄清、透明
			2%KCl	11.8	溶液澄清、透明
高温稠化剂 DJ924	0.40%DJ924	0.5% JW201	1%KCl	16.5	溶液澄清、透明
	0.40%DJ924		2%KCl	14.5	溶液澄清、透明

从试验结果可以看出，随着压裂液基液中 KCl 的加入压裂液稠化剂黏度降低了 2/3 左右，表明 KCl 对聚丙烯酰胺聚合物增稠具有一定的影响，主要原因为 KCl 中钾离子抑制了聚丙烯酰胺分子的舒展，导致溶液黏度变低。

3.2　压裂液耐剪切

采用 RS600 测定了压裂液在不同温度下、$170s^{-1}$ 剪切 120min 以上，不同压裂液配方的耐温耐剪切性能。试验结果如图 12~图 14 所示，0.4%稠化剂不同温度下剪切黏度保持在

50mPa·s以上，能够满足压裂液施工要求。

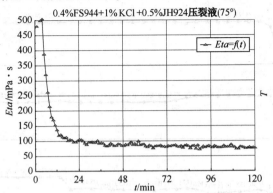

图12　0.40%稠化剂+0.5%交联剂(75℃)

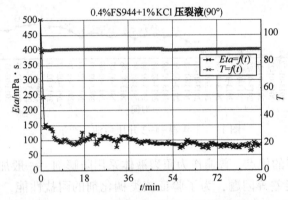

图13　0.40%稠化剂+0.6%交联剂(90℃)

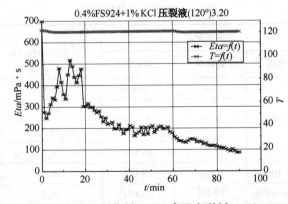

图14　0.40%稠化剂+0.3%高温交联剂(120℃)

3.3　压裂液破胶性能

在室内采用常规氧化破胶剂过硫酸铵进行破胶，测定了压裂液在90℃条件下的静态破胶的破胶剂用量及破胶液黏度(表6)。试验结果表明，该压裂液破胶剂用量为300~600mg/L时，压裂液可在90~140min内完全破胶，而常规HPG压裂液与有机硼交联后的破胶剂用量一般为200~300mg/L时，可在90min内破胶。说明该压裂液体系破胶剂用量较大，但室内观察表明，该压裂液破胶液为清澈透明液体，无絮状物产生。

表6　压裂液破胶性能测定（90℃）

压裂液配方	破胶剂用量/(mg/L)	破胶时间/min	破胶后黏度/mPa·s
0.4%DJ924+0.5%交联剂	300	120	1.92
	600	970	1.44
0.4%DJ924+0.35%高温交联剂	600	120	2.08

3.4　岩心伤害试验

按照《水基压裂液性能评价标准》进行岩心基质伤害实验，实验结果见表7。

表7　破胶液岩心伤害试验结果

井　号	层　段	伤害前油相渗透率/×10⁻³μm²	伤害后油相渗透率/×10⁻³μm²	渗透率损害率/%
1	潜4³	4.585	4.056	11.53
2	潜4¹	7.584	6.642	14.42

由实验结果可以看出低聚物压裂液与常规胍胶相比对岩心伤害率较小。

4　羧甲基羟丙基胍胶压裂液体系

4.1　羧甲基羟丙基胍胶压裂体系原理

在胍胶的分子结构中同时引入亲水基团钠羧甲基和羟丙基，胍胶经羧甲基化和羟丙基化改性，大大提高了亲水性，增加分子的分支程度，其水不溶物大大降低，水不溶物含量为1.5%~4%，水溶速度加快，羧甲基羟丙基的分子结构如图15所示。

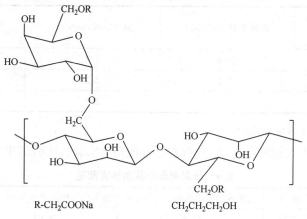

图15　羧甲基羟丙基胍胶分子结构

4.2　羧甲基羟丙基胍胶压裂液性能

稠化剂和交联剂是压裂液的关键，减少残渣含量的途径之一是降低稠化剂的浓度。降低稠化剂浓度的同时，对交联剂提出更高的要求，从稠化剂和交联剂入手，通过对多种稠化剂和交联剂的评选，最终筛选出 JH-CM 稠化剂和 JH-JL、交联剂，该稠化剂在碱性条件下能与 JH-JL 交联剂交联形成稳定冻胶。

4.2.1 流变性

流变性是考察液体的黏度受剪切作用的影响程度。分别在40℃和90℃、170s⁻¹的条件下测定压裂液的耐温抗剪切性能如图16所示，40℃时剪切2h后压裂液黏度保持在105mPa·s，90℃时剪切2h后压裂液黏度保持在145mPa·s，能够充分携砂，耐温抗剪切性能优良。

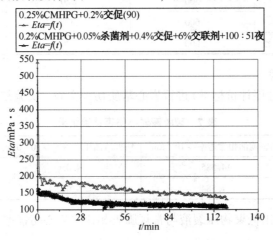

图16 流变性能评价

4.2.2 破胶液性能(表8)

在保证压裂液具有良好流变性能的同时，要求压裂液能快速彻底破胶，快速返排，降低压裂液在地层中的滞留时间，减少压裂液对储层的伤害。实验结果表明该压裂液破胶彻底，较常规压裂液相比，具有低残渣，低表面张力，有利于返排，对储层伤害小的特征。

表8 破胶液性能评价

项目 种类	表面张力/(mN/m)	运动黏度/mPa·s	残渣含量/(mg/L)
0.2%JH-CM	24.8	1.8	68
0.25%JH-CM	25.1	2.2	79
0.3%JH-CM	25.0	2.3	119

4.2.3 岩心基质伤害试验

按照《水基压裂液性能评价标准》进行岩心基质伤害实验，实验结果如表9所示。

表9 压裂液岩心基质伤害测定

井 号	伤害液体	伤害前油相渗透率/×10⁻³μm²	伤害后油相渗透率/×10⁻³μm²	渗透率损害率/%
沙30	常规压裂液	44.32	18.01	59.31
	羧甲基压裂液	20.37	18.27	10.31
沙32	常规压裂液	47.51	14.06	70.4
	羧甲基压裂液	2.25	2.28	无
		98.27	92.77	5.6

4.3 现场应用

潜页平2井是位于江汉盆地潜江凹陷钟潭断裂带的一口水平预探井。该井低孔低渗，储层物性差，纵向上岩性复杂多变，上下两段黏土矿物含量高，中段云质含量高。从黏土矿物成分来看，敏感性矿物含量较少。根据潜页平 2 井储层特征，室内评选出适合页岩油储层的羧甲基羟丙基胍胶压裂液。

该压裂液在潜页平 2 井成功应用。潜页平 2 井水平段长 237m，分三段进行压裂，使用羧甲基羟丙基胍胶压裂液总液量为 2056.14m³。该井压裂后返排液黏度为 4.5mPa·s，返排液黏度较低，有利于返排，返排率达到了 97%。如图 17 所示。

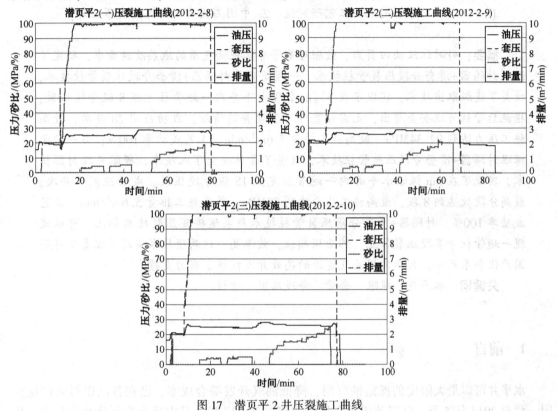

图 17　潜页平 2 井压裂施工曲线

5　结论与建议

（1）低浓度增效压裂液通过添加稠化增效剂，可将现有羟丙基胍胶使用浓度降低 0.15%～0.20%，现场应用效果显著，表明该液体能够满足压裂施工需求。

（2）超分子压裂液作为一种新型的压裂液体系，具有聚合物及表面活性剂压裂液体系的双重性质，其配方简单，无需添加助排剂，低黏高效携砂，无残渣低伤害的特点，对于特低渗透油藏，及非常规油气藏压裂液改造具有很好的适应性。

（3）低聚物压裂液可满足 50～150℃储层压裂改造需要，具有携砂性能优良、低伤害的特点，配方已经成熟，可将其逐步推广应用。

（4）羧甲基羟丙基胍胶压裂液与常规压裂液体系相比，其稠化剂使用浓度低（0.2%～0.3%），残渣含量少，对储层伤害率较低，适用于致密砂岩气藏、页岩油以及低渗透储层压裂改造的需要。

江汉油田水平井分段压裂管柱技术

王大江[1] 赵崇镇[2]

(1. 江汉油田分公司采油工艺研究院 2. 中国石化油田勘探开发事业部)

摘要： 针对江汉油田页岩、致密砂岩等非常规油气藏的地层改造要求，研究了两项封隔器+滑套分段压裂管柱技术。一项是套管封隔器+滑套分段压裂管柱技术，攻关了逐级取出技术，实现了在 5½in 套管水平井内一趟管柱完成 8 级分段压裂，措施后管柱可以安全起出，无需钻塞即可实现井筒清洁，成功应用 28 井次，最高施工压力达到 92.34MPa，最高施工排量 5.6m³/min，工艺成功率 100%；另一项是裸眼封隔器+滑套分段压裂管柱技术，攻关了管柱安全下入技术、裸眼井段封隔技术，实现了在 6in 裸眼水平井内一趟管柱完成 18 级分段压裂，成功应用 3 井次，最高分段数达到 8 段，最高施工压力达到 88MPa，最高施工排量 5.6m³/min，工艺成功率 100%。封隔器+滑套分段压裂管柱技术与泵送桥塞压裂技术相比，可以实现一趟管柱分多段压裂作业，作业周期短，效率高。这两项技术实现了配套工具的国产化和系列化，为非常规油气资源的高效开发提供了有力支撑。

关键词： 水平井 裸眼 套管 分段压裂 管柱

1 前言

水平井可以最大限度的裸露油气层，降低油气开发综合成本，已在各油田得到广泛应用。截至 2013 年 5 月，江汉油田已完钻的水平井达 247 口，其中建南东岳庙页岩气藏、焦石坝龙马溪页岩气藏、坪北致密砂岩油藏等非常规油气资源则全部采取了水平井完井。

受地层自身能力较低、近井地带污染、储层非均质和渗透率较低等因素的影响，大部分非常规油气井的生产速度比预计的要低，且产量下降很快，需要进行分段压裂提高水平井的增产效果。为提高水平井压裂的针对性，结合不同完井情况及地层改造要求，并针对在套管和裸眼内实施封隔器+滑套分段压裂所存在的技术难点，分别开展了套管封隔器+滑套分段压裂管柱技术和裸眼封隔器+滑套分段压裂管柱技术研究，并在现场进行了多井次成功应用，并取得了良好的应用效果。

2 套管封隔器+滑套分段压裂管柱技术

2.1 套管内分段压裂管柱技术难点

（1）水平井分段压裂施工对于分段级数的要求越来越高，原有的分段压裂管柱受封隔器及滑套通径尺寸限制，无法完全满足分多段压裂改造要求。

（2）在水平井中，因地层返吐出砂或封隔器无法解封等问题导致管柱无法起出的可能性要远大于直井，分段压裂的级数越多，管柱安全起出的风险越大。

2.2 技术方案

2.2.1 关键技术研究

管柱安全下入技术：①分析管柱入井时的受力状态，并对刚性井下工具的长度进行优化，封隔器外径114mm，刚性井下工具串长度不超过2m，增大了管柱在大曲率半径井眼内通过能力；②在每个封隔器下部都设计有滚轮扶正器，5½in套管水平井内扶正器外径118mm，减少了入井工具的摩擦阻力；③设计了具有防阻、防水击机构的水平井封隔器，使其在下入过程中不会因液力水击、机械撞击发生中途坐封。

管柱安全取出技术：开展了在大负荷情况下管柱分段取出技术研究，实现了在分段压裂后上提井内管柱负荷过大的情况下（管柱发生砂卡，起出负荷超过20t），管柱可以从相应的遇卡点断脱，可通过洗井冲砂下入专用打捞工具取出井内遇卡管柱，从而保证措施后套管内生产通道畅通。

2.2.2 关键工具设计

水平井封隔器：采用带钢骨架扩张式胶筒为密封元件，液力鼓胀胶筒坐封，泄压封隔器自动解封；设计有平衡式启动活塞机构，确保了坐封压力稳定。

可断脱式投球压裂滑套：采用油管内投球憋压开启压裂通道，同时启动滑套断脱机构，当上提管柱负荷超过设定值后（20t），滑套断脱机构实现丢手，可随上部管柱起出。

2.3 管柱结构原理

2.3.1 管柱结构

该管柱自下而上（以分3段压裂管柱为例）由引鞋、水平井坐封球座、水平井扶正器+接球座+水平井封隔器组合、可断脱式投球压裂滑套、水平井扶正器+接球座+水平井封隔器组合、可断脱式投球压裂滑套、水平井扶正器+接球座+水平井封隔器组合、水力锚、丢手接头、压裂油管等组成，如图1所示。

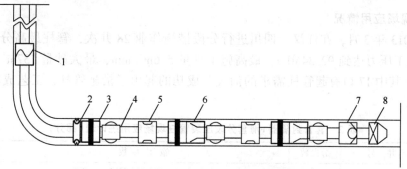

图1 套管封隔器+滑套分段压裂管柱结构示意图

1—安全接头；2—水力锚；3—封隔器；4—水平井扶正器；
5—可断脱式投球压裂滑套；6—接球座；7—坐封球座；8—引鞋

2.3.2 工作原理

在完成管柱下入后，投入密封堵球，油管内憋压坐封封隔器，继续提高压力打开管柱底部的坐封球座，泵入措施液完成第一段的压裂。依次投入相应密封堵球，逐级打开上部可断脱式投球压裂滑套，即可完成后续层位的压裂改造。

油管内泄压，封隔器即可解封，上提管柱取出井内工具实现井筒清洁，若取出负荷过大，管柱会在从相应的遇卡点断脱，可通过下入打捞工具取出井内遇卡管柱。

2.4 技术指标

套管封隔器+滑套分段压裂管柱在 5½in 套管水平井内最大分段数达到 8 段、耐温 150℃、耐压 70MPa，其具体参数及技术指标见表 1。

表 1 套管封隔器+滑套分段压裂管柱技术参数表

适应套管	5½in 套管水平井							
最大外径/mm	114							
球座内径/mm	19.304	28.829	32.004	35.179	38.354	41.529	44.704	47.879
堵球直径/mm	22.225	31.75	34.925	38.100	41.275	44.45	47.625	50.8
工作压力/MPa	70							
坐封压力/MPa	12~13							
断脱机构开启压力/MPa	17							
工作温度/℃	150							

2.5 工艺特点

（1）通过开展逐级取出技术研究，解决了压裂管柱在措施后的起出难题，使管柱无需钻塞即可实现井筒清洁，且对上部套管固井质量无特别要求，施工快捷，作业成本低。

（2）采用耐温耐压指标高、密封效果好、易解封的 K344 封隔器作为封隔工具，能有效的封隔水平段环空。设计了集开关、丢手功能于一体的可断脱式投球压裂滑套，即可通过投球打开压裂通道实施压裂。在施工完成后，开启断脱机构，从而实现管柱的逐级断脱、逐级打捞。

2.6 现场应用情况

截至 2013 年 3 月，在江汉、四川进行分段措施作业 28 井次，管柱最高分段数达到 6 段，最高施工压力达到 92.34MPa，最高施工排量 5.6m³/min，最大砂量 137m³，最大总液量 1900m³，其中 17 口有起管柱需求的油气井成功的起出了措施管柱，工艺成功率 100%，见表 2。

表 2 套管封隔器+滑套分段压裂管柱现场应用统计表(部分)

序号	井 号	分段数	施工参数	备注
1	合川 001-69-X2	5	最大施工压力 65MPa，最大施工排量 3.5m³/min，最大砂量 90m³。	直接生产
2	合川 125-8-X2	4	最大施工压力 65MPa，最大施工排量 3.5m³/min，最大砂量 115m³，起管柱负荷 35~41t。	成功起出
3	建 35-6 井	3	排量 4.1~5.5m³/min，施工泵压 66.7~83.1MPa，总酸量 1000m³，措施后日产气 6×10⁴m³	直接生产

续表

序号	井 号	分段数	施 工 参 数	备 注
4	新店 2 井	6	排量 $3.8 \sim 4.6 m^3/min$，施工泵压 $76 \sim 86MPa$，总酸量 $1900m^3$	直接生产
5	涪页 6-2HF 井	5	排量 $3.8 \sim 4.6 m^3/min$，施工泵压 $51.5 \sim 90.3MPa$，总酸量 $650m^3$	直接生产
6	马蓬 82-2	2	最大施工压力 $67.9MPa$，最大施工排量 $3.6m^3/min$，最大砂量 $40m^3$。	成功起出

3 裸眼封隔器+滑套分段压裂管柱技术

3.1 裸眼内分段压裂的技术难点

（1）管柱安全下入难度大。一方面是重力作用导致管柱受到较大的法向支反力，有可能导致管柱"自锁"；另一方面是由于井壁不规则、井内存在固体碎屑等因素，使管柱受到了较大的摩擦阻力。

（2）裸眼段井段封隔问题。一是封隔器与井壁贴合过程中，密封件各向受力不均（主要由管柱重力作用和裸眼井壁不规则程度决定）造成封隔器密封失效；二是由于密封件受力情况复杂，易导致封隔器提前失效。

（3）管柱措施级数与措施规模间存在矛盾。由于管柱措施通道是通过投入不同规格堵球打开相应滑套芯子实现开启，因此施工级数越多，管柱下部滑套芯子内径就越小（滑套芯子自上而下逐渐变小），当高速液体通过缩径处时会产生严重的节流现象，加大压力损失，影响施工规模。

3.2 技术方案

3.2.1 关键技术研究

管柱安全下入技术：一方面，制定了套管及裸眼段预处理方案，降低水平井壁不规则程度，增强井内管柱的通过能力；另一方面，减小井下工具外径和刚性连接件的长度，并在封隔器等关键工具上设计了抗阻、抗水击机构，使管柱能够安全下入。

裸眼井段封隔技术：针对裸眼井的特点采用扩张系数大、承压能力高、带钢骨架的扩张式胶筒为密封元件，并在裸眼封隔器上下两端均设置有滚轮扶正器，使封隔器能保持居中，减小管柱重力作用造成密封件各向受力不均。

一球开启多级滑套技术：在管柱上在相邻投球滑套之间设计有批级压裂滑套，可实现一次投球打开多级滑套，实现地层破裂压力差异较小的多段同时起裂（与限流法类似），增加了管柱的分段级数。

3.2.2 关键工具设计

悬挂插管式封隔器：采用具有两级活塞的液压坐封工具坐封封隔器并锁紧胶筒，坐封工具与封隔器之间以左旋螺纹连接，在完成坐封后通过正转管柱实现丢手。液压坐封工具的活塞与中心管之间以防撞环锁住,防止下钻过程中提前启动。

裸眼封隔器:该封隔器设计有平衡式启动活塞机构,消除了井深(静液柱)对启动压力的影响。设计有特殊防撞环结构,避免撞击和水击作用造成中途坐封、坐卡等问题。

投球压裂滑套:该滑套设计级差为3.175mm,使管柱在6in裸眼水平井内的分段压裂级数达到18级。滑套设计有弹性自锁机构,在投球开启压裂通道时,弹性自锁机构自动锁定限位,从而避免误操作关闭滑套。

批级压裂滑套:该滑套主要由开启机构、锁紧机构、防中途开启机构、穿越机构、流量控制机构等组成。锁紧机构可使滑套开启后处于锁紧状态,避免后期返排导致滑套关闭;防中途开启机构、避免了静液柱压力过高导致中途开启;穿越机构,可实现一次投球解锁并穿越多个滑套;开启机构,在同一启动压力下,实现多个滑套同时开启,在同一批内各段形成不同的井底施工压力,实现地层破裂压力差异较小的多段同时起裂。

3.3 管柱结构原理

3.3.1 管柱结构

该管柱自下而上主要由引鞋、单流阀、油管扶正器、定压压裂滑套、裸眼封隔器、投球压裂滑套、插管密封筒、悬挂插管式封隔器、插管、水力锚等组成,如图2所示。

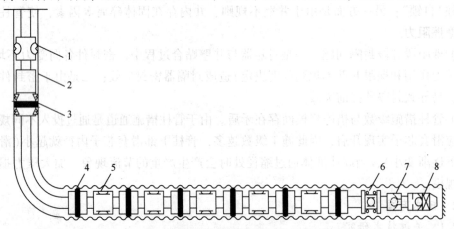

图2 裸眼封隔器+滑套分段压裂管柱结构示意图

1—水力锚;2—密封插管;3—悬挂插管式封隔器;4—裸眼封隔器;
5—投球压裂滑套;6—定压压裂滑套;7—定压压裂滑套;8—单流阀

3.3.2 工作原理

一球一级裸眼分段压裂管柱:在完成井眼预处理后下入完井管柱,并用压井液替出井内泥浆,投入坐封堵球,缓慢提高压力坐封悬挂插管式封隔器和裸眼封隔器。在验封、验卡合格后,提高油管内压力打开定压压裂滑套,建立第一个压裂通道,旋转并上提丢手井内完井管柱,下入压裂管柱(由油管、水力锚、密封插管等组成),在完成管柱对接后,即可进行第一个目的层段的压裂施工,并通过投入相应低密度密封堵球打开相应的投球压裂滑套完成后续层段的压裂施工。通过井口的捕捉设备,可在压裂液返排的时候捕捉井内低密度密封堵球,使井内产液通道畅通,便于多层合采。

一球多级裸眼分段压裂管柱:完成管柱下入及第一个目的层段压裂施工后(与一球一级

裸眼分段压裂管柱操作方法相同），投入堵球在打开投球压裂滑套的同时，一次可打开 2~3 个批级滑套，通过在各段滑套上设置不同的孔眼数量，依靠压裂液通过孔眼时产生不同的摩阻调整各段井底压力，从而实现地层破裂压力近似的各段同时起裂。

3.4　技术指标

裸眼封隔器+滑套分段压裂管柱结构参数及技术指标见表 3。

表 3　裸眼封隔器+滑套分段压裂管柱技术参数表

适 合 井 径	7in 套管+6in 裸眼	
管柱分压段数/级	一球一级	一球多级
	18	42（3 级×14 批）
工作压差/MPa	70	
工作温度/℃	150	

3.5　工艺特点

（1）研究了裸眼水平井分段压裂完井工艺技术，满足了直井段为 7in 套管，水平段为 6in 钻头钻开的裸眼，水平段较长的油、气井中实施分段压裂、酸化、采气的需要。

（2）在完成一球一级分段压裂技术研究的基础上，通过开展批级压裂滑套结构设计，实现了一球多级分段压裂。

3.6　现场应用情况

截至 2013 年 3 月，共进行现场试验 3 井次，压裂分段数累计达 20 段，最高分段数达到 8 段，最高施工压力达到 81MPa，最高施工排量 5.6m³/min，最大砂量 360m³，工艺成功率 100%，见表 4。

表 4　裸眼封隔器+滑套分段压裂管柱现场应用统计表（部分）

序 号	井 号	分段数	施工参数	备 注
1	磨 004-H5 井	5	最大施工压力 70MPa，最大施工排量 4m³/min，总酸量 380m³	分段酸化
2	岳 101-81-H2	7	最大施工压力 70MPa，最大施工排量 3.6m³/min，最大砂量 43m³	分段压裂
3	岳 101-49-H1	8	最大施工压力 81MPa，最大施工排量 5.6m³/min，最大砂量 40m³。	分段压裂

4　结论与建议

（1）封隔器+滑套分段压裂管柱技术实现完井及压裂管柱一趟入井，用较低的投入实现储层保护和分段压裂，是非常规油气藏开发的重要技术手段。

（2）套管封隔器+滑套分段压裂管柱技术，解决了压裂管柱在措施后的起出难题，并可在作业时对油层上部套管起到保护作用，无需钻塞即可实现井筒清洁，施工快捷，有利于套管水平井分段压裂快速高效、低成本施工。

（3）在非常规油气资源逐渐成为国内各油田勘探开发的热点后，对于如何进一步提高水平井分段措施级数及措施规模来改善分段压裂效果提出了更高的需求，因此建议推广一步一球多级裸眼分段压裂管柱的应用范围，增加管柱的分段级数和注入通道内径。

参 考 文 献

[1] 詹鸿运等．水平井分段压裂裸眼封隔器的研究与应用[J]．石油钻采工艺，2011，33(1)：123-125.

[2] 王励斌等．水平井裸眼选择性分段压裂完井技术及工具[J]．石油矿场机械，2011，40(4)：70-74.

[3] 李洪春等．水平井裸眼分段压裂工具设计要点分析[J]．石油机械，2012，40(5)：82-85.

新沟水平井分段压裂优化设计研究

刘　俊[1]　肖　艳[2]　李之帆[1]

(1. 江汉油田分公司采油工艺研究院　2. 江汉油田测录井公司)

摘要：江汉新沟油田下Ⅱ油组为泥质白云岩，储层低孔特低渗，常规试油无自然产能，直井压后产量低，稳产期短，水平井压裂后产量较高，自然递减慢，具有更好的经济效益。为提高水平井的开发效果，需加强水平井压裂优化设计，通过优化水平段长度、段间距、施工规模及排量等，提高措施的针对性，大幅度提高水平井措施效果。新沟水平井现场施工多选用射孔桥塞联作，实现了长水平段压裂改造，完成了储层的经济有效的动用。

关键词：水平井　桥塞　压裂优化

江汉新沟下Ⅱ油组油气显示丰富，平面上油气显示分布范围达170km²，纵向上整个新下Ⅱ油组均有油气显示分布，资源测算量达到7949×10⁴t。新下Ⅱ油组储层岩性主要为泥质白云岩，储层物性差，平均孔隙度13.7%，平均渗透率0.21×10⁻³μm²，孔喉半径为0.035~0.059μm，属于中-低孔、特低渗、特低孔喉储层，油井无自然产能需压裂施工才能获得一定的产量。

通过本区目前39井次的压裂情况看，水平井措施效果明显高于直井，生产过程中自然递减相对较慢，具有良好的开发效益。如何提高水平井压裂设计的针对性是提高本区开发效果的关键。

1　水平井压裂优化设计

1.1　优选合理的水平段长度

新沟地区含油面积广，具备水平井布井的条件。水平井产量随着水平段长度增加而增大，但是增大到一定程度后产量增长幅度变缓，钻完井难度及费用大幅度提高。水平段长度的优选主要依据油藏数值模拟软件，结合含油面积，断层分布情况，确定经济有效的水平段长度。选取新沟地区地质参数，采用HWPF软件进行油藏数值模拟，结合地质情况及经济优化，确定在新沟地区合理的水平段长约为650m(图1)。

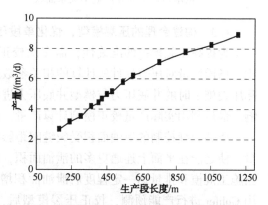

图1　不同水平段长度所对应的油井产量

1.2 优选合理的段间距

段间距的优化主要依托极限泄油半径和压裂产能预测。根据渗流理论,主流线中心点的压力梯度等于该点处的临界启动压力梯度,从而推导出新沟油田技术极限泄油半径计算公式。

$$\frac{2\Delta P}{R\ln\dfrac{R}{r_w}}=0.9879K^{-0.4358} \tag{1}$$

式中 R——极限泄油半径,m;

r_w——井筒半径,m;

ΔP——生产压差,MPa;

K——渗透率,$10^{-3}\mu m^2$。

假定压差分别为 2MPa、4MPa、6MPa、8MPa、10MPa,通过计算公式进行求解,绘制了新沟油田不同渗透率对应的极限泄油半径的理论图板(图2)。平面渗透率变化范围$(0.1\sim1)\times10^{-3}\mu m^2$,在相应的注采压差下对应的技术极限泄油半径为 15~40m 之间,确定最大裂缝间距 80m。

利用 Gohfer8.0 压裂软件对储层进行压裂建模,在校正压裂模型后利用产能预测,计算不同分段数目下水平井产量,确定合理的压裂段数。以新 1-1HF 井为例,623m 长水平段,在此基础上分别进行 6 段、8 段、10 段、12 段的压裂模拟,确定不同压裂段数下对应油井产量(图3)。确定 8 段为较合理裂缝压裂段数,对应的缝间距为 80~90m。

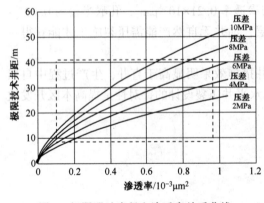

图2 极限泄油半径和渗透率关系曲线

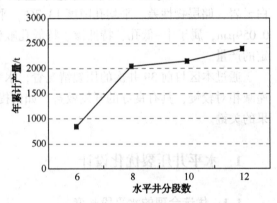

图3 不同压裂段数情况下压后产量

1.3 构建合理的压裂模型,优化单段压裂设计

为提高压裂模拟的准确性,需多次校正压裂模型。首先根据岩石力学试验测定的泊松比,杨氏模量对压裂软件所计算的相关参数进行校正。然后利用井底压力监测装置,通过实际压裂施工时的井底压力与模型井底压力进行比较,校正构造应变等因素对地应力剖面的影响。最后利用实际产量校正模型计算产量,以提高产能预测模型的准确性。

压裂裂缝控制的泄油面积受裂缝间距影响,在段间距确定的前提下,提高加砂规模和排量,使之能在平面上连通更多的泄油面积,纵向上沟通更多的含油条带,实现稳产的目的。当施工规模和排量达一定程度后泄油面积增长缓慢,产量趋于稳定。以新 1-1HF 为例,采用 Gohfer 进行产能预测,校正压裂模型后,计算不同施工参数下油井的一年期累计产量,确定新沟水平井单段加砂量达到 50m³,排量达到 6m³/min 后产量增长趋于稳定,确定此参数为本区施工的基础参数(图4、图5)。在实际压裂优化设计中需综合考虑地应力方向、平面油水关系、储层及隔层应力状况、断层裂缝发育情况、水平井轨迹、邻井措施历史及压后效果等方面的研究,进一步优化施工参数,实现储层的经济有效开发。

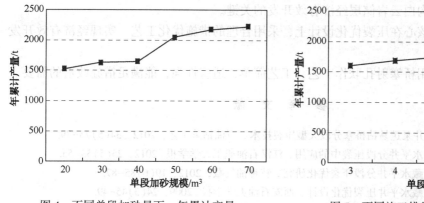

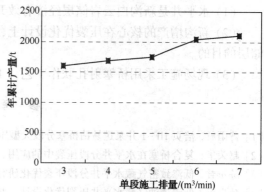

图4　不同单段加砂量下一年累计产量　　　　　图5　不同施工排量下一年累计产量

2　水平井现场施工工艺

新沟水平井现场施工主要采用桥塞射孔联作进行分段压裂改造,施工采用复合材料桥塞,耐温150℃,耐压70MPa。通过电缆连接工具串,依靠重力下至造斜点后,利用液力泵送工具串至目的层段,通过电缆控制完成桥塞坐封及射孔动作,起出电缆后进行套管压裂,压裂施工结束后采用螺杆钻钻塞,完成桥塞施工的全过程。

现场施工井如新1-2HF井,根据新下Ⅱ油组泥质白云岩的特点,确定采用套管完井,桥塞射孔联作分段压裂施工。根据压裂优化设计,确定现场分8段进行压裂施工,缝间距80~90m,加砂量430m³,单段加砂50~60m³,施工平均砂比为25%,入井总液量2482.1m³,施工排量5.0~7.1m³/min,施工压力13~25MPa,停泵压力9~10MPa(图6)。压后效果明显,初期产量达12.4t,且稳产期较长,产量是直井的5倍,是施工规模较小的水平井的1.8倍,措施效果明显。

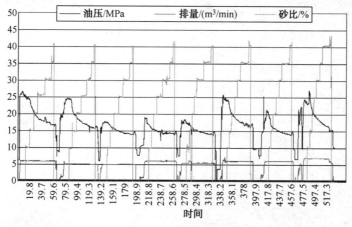

图6　新1-2HF井压裂施工曲线

3 结论及建议

（1）水平井是新沟白云岩储层经济有效开发的关键。

（2）新沟增产的核心在压裂优化设计上，采用合理的措施优化工艺，实现经济有效开发储层的目的。

（3）现场施工采用桥塞射孔联作工艺，工艺简单，适应性强，能满足措施改造的需要。

参 考 文 献

[1] 曾雨辰．涪页 HF-1 井泵送易钻桥塞分段大型压裂技术．石油钻采工艺，2012，34(5)75-79.

[2] 赵荣华．复合桥塞在水平井分段压裂中的应用．江汉石油职工大学学报．2012，25(5)53-55.

[3] 陈汾君．低渗致密气藏水平井分段压裂优化研究．特种油气藏，2012，19(6)85-87.

[4] 孙良田．低渗透油气藏水平井压裂优化设计．西安石油大学学报．2009，24(3)45-49.

水平井泵送复合桥塞分段压裂技术攻关与实践

张国锋

（中国石化江汉石油工程有限公司井下测试公司）

摘要：水平井泵送复合桥塞与分级射孔联作分段压裂是实现页岩气有效开发的关键技术，研制出的复合材料桥塞达到了 70MPa 的工作压力和 150℃的工作温度，可钻性良好。配套研究了桥塞与分级射孔联作技术、水力泵送施工技术、水平井钻塞技术及地面辅助施工装置。全套技术成功完成了 12 口井共 94 段的水平井分段压裂施工，形成了具有自主知识产权的泵送易钻复合材料桥塞分段压裂工艺主体技术系列。

关键词：页岩 压裂 复合材料 桥塞 坐封工具 射孔 井口装置

引言

页岩气等致密性非常规油气藏必须钻水平井并进行分段压裂才能实现有效开发。一般采用电缆传输、水力泵送复合材料桥塞并配合射孔联作技术，可以不使用钻机和修井机来完成水平井的分段压裂施工，是实现页岩气水平井储层改造的关键技术。该技术既大大提高作业效率，又降低了作业成本，但是，目前国外公司在这项技术上对中国都只提供服务，不销售产品。

为此，江汉油田申报设立了系列科研和先导试验项目工作，成功研制出了实心与空心两种结构的轻质铸铁卡瓦复合材料桥塞与全复合材料桥塞，桥塞性能达到了 70MPa 的工作压差和 150℃的工作温度。现场试验表明桥塞坐封可靠，密封严密，在小钻压下，单只桥塞钻除时间大大小于常规金属材料桥塞。同时配套开发了桥塞坐封技术，研究了桥塞坐封-射孔联作技术、水力泵送施工工艺、水平井钻塞工艺，以及大通径电缆密封井口装置、大通径压裂井口装置和辅助施工平台。初步形成了具有自主知识产权的泵送易钻复合材料桥塞分段压裂工艺主体技术系列，成果申请了 4 项发明专利、3 项实用新型专利和 1 项外观设计专利，其中桥塞产品还实现了批量出口应用。

1 技术攻关情况

1.1 复合材料桥塞研制

复合材料可钻性良好，在水平井用连续油管的小钻压下就能轻松钻除。并且由于复合材料比重低、质量轻，用这种材料制成的桥塞在水平井中可以用电缆传输，水力泵送方式快速送到井底坐封，钻磨的钻屑也容易循环返出。

1.1.1 复合材料桥塞结构设计

复合材料桥塞主要由密封系统、锚定系统和坐封丢手机构三部分组成。密封系统由胶筒、上下锥体和防突隔环组成；锚定系统由上下卡瓦、自锁环等组成；桥塞的坐封丢手机构，其主要部件是剪切销钉，用于坐封工具和桥塞的连接，完成坐封后被剪断，使坐封工具和桥塞脱开，丢手。其结构如图1所示。

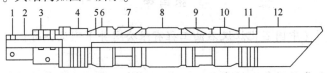

图 1 复合材料桥塞结构示意图

1—释放销钉安装孔；2—中心管；3—防坐封销钉安装孔；4—上卡瓦；5—自锁环；6—上椎体；
7—防突隔环；8—坐封胶筒；9—防突隔环；10—下椎体；11—下卡瓦；12—斜面下接头

桥塞坐封时，坐封工具中心管与桥塞中心管通过释放销钉固定在一起，坐封工具的驱动力推动推筒压缩胶筒和上下卡瓦，胶筒胀开贴紧套管壁，达到封隔上下层的目的，上下卡瓦在锥体上裂开紧紧啮合套管，当胶筒、卡瓦与套管配合很紧，难以压缩，且坐封工具的坐封力达到设计值时，剪断释放销钉，使得坐封工具与桥塞脱开，完成丢手。桥塞卡瓦齿嵌入套管所形成的啮合锁紧，可以确保桥塞始终处于坐封状态。

1.1.2 桥塞受力分析

主要采用 ANSYS 软件对卡瓦进行了受力分析，采用的是大变形、接触位移计算方法。计算分析了卡瓦齿与套管摩擦系数的影响，获得了卡瓦最佳楔角、卡瓦齿在卡瓦上的最佳分布方式，分别计算了卡瓦在 N80 和 P110 套管材料下的应力分布，明确了套管材料对卡瓦受力影响的变化。根据设置不同的轴向力，分析了卡瓦形成的屈服面积及形态，计算出了复合材料的最低强度要求。最后根据计算结果，优化设计了卡瓦的结构及尺寸。如图2、图3所示。

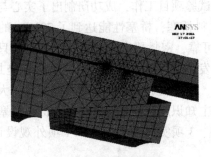

图 2 受力模型网格划分

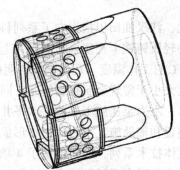

图 3 卡瓦设计图

1.1.3 桥塞研制试验情况

通过对桥塞在座封、射孔和压裂时，工作环境对材料的物理及化学性能要求、各部位的受力情况的分析，比较了三类较易获得和加工的材料。最后综合各方面的性能要求决定锥体、芯轴等大尺寸零件采用纤维强化环氧树脂，缠绕成型；卡瓦采用纤维强化改性酚醛树脂，模压成型。

在桥塞研制过程中，首先对桥塞的中心管、锥体、卡瓦组件、背圈、引鞋等进行了单元试验。所有试验都是在加温到试验温度后，都保温 3h，才开始试验。这些部件试验合格后，组装成桥塞，进行了整体室内试验。

整体性能试验包括常温承压试验，双向施加压差 11000psi，间隔 10d，循环打压 5 次均不渗不漏；在 120℃下，双向施加试验压力达到 10000psi，不渗不漏；在 150℃下，试验压差达到 10000psi，不渗不漏，试验合格。多次试验显示轻质铸铁卡瓦复合材料桥塞在 150℃以内能稳定承压 70MPa。

复合材料卡瓦的研制包括研制高强度复合材料和硬质陶瓷齿两部分。在复合材料研制中，通过调整材料配方、纤维类型和含量、成型温度和时间等参数，进行正交试验，最终得到综合性能较高、符合要求的材料。

通过不断改进配方和成型工艺，对全部由复合材料组成的卡瓦、锥体、中心杆配合的承载系统进行了 20 余次性能试验，最终达到了设计性能指标。

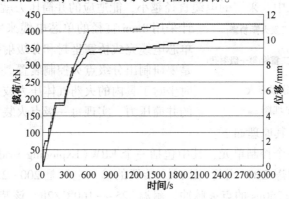

图 4　卡瓦试验载荷-位移曲线图

通过进一步改进中心管、锥体和卡瓦滑道，生产出采用复合材料卡瓦的全复合材料桥塞样机，并进行了整体性能试验。试验中，将全复合材料桥塞样机和坐封工具一起下入温度达到 155℃的油浴试验井中，保温 2h 后启动坐封工具坐封桥塞，然后在 155℃下对桥塞进行承压试验，施加试验压力达到 10000psi，不渗不漏。多次试验显示全复合材料桥塞在 150℃下也能稳定承压 70MPa。如图 4 所示。

1.1.4　形成的规格系列

目前复合材料桥塞产品已经形成了空心和实心两种结构、斜坡和齿状两种自锁形式，实现了桥塞规格的系列化(表 1)。研制出的桥塞产品都达到了 70MPa 的工作压差和 150℃的工作温度，可以满足国内绝大多数井的施工需要。

表 1　复合材料桥塞规格系列

桥塞类型	规格	适用的套管壁厚/mm	桥塞尺寸			坐封力/kN	工作压差/MPa	工作温度/℃
			外径/mm	内径/mm	总长/mm			
实心结构	5½in	6.99~10.54	110.7	—	822.5	149	70	150
空心结构	4in	5.6~14	81.0	19.1	668.8	117	70	150
	4½in	5.21~8.56	91.7	19.1	576.1	117	70	150

续表

桥塞类型	规格	适用的套管壁厚/mm	桥塞尺寸			坐封力/kN	工作压差/MPa	工作温度/℃
			外径/mm	内径/mm	总长/mm			
空心结构	5in	5.59~11.1	99.6	19.1	634.5	117	70	150
	5½in	6.99~10.54	100 105 110.7	25.4	767.8	149	70	150
	7in	8.05~13.72	152.4	38.1	978.7	248	70	150

1.2 桥塞与分级射孔联作技术研究

1.2.1 分级点火控制装置研制

泵送复合桥塞施工中,采用的电缆直径越小,能适应的井筒压力就越大。因此,系统设计采用8mm直径的单芯电缆来完成全部作业。要用单芯电缆完成桥塞坐封和分级射孔作业,其技术关键是要研制出分级点火控制装置。该装置利用桥塞座封时坐封工具内的火药气体压力或射孔以后进入射孔枪的井筒压力,实现每一级点火装置的通断转换,逐级

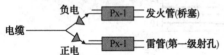

图5 单芯电缆分级点火控制装置的原理图

接通点火电路(图5)。其原理如下:

该装置的核心是一个控制单元,其中包括一个EBW(Exploding Bridge Wire,爆炸桥丝)雷管激发装置,用于引爆EBW雷管(图6)。装置的输入电源是200~250VDC/160~260mA,可以输出>5kV/>2kA/<250ns的点火脉冲,耐温-25~+160℃/2h。该装置可以抗-600V或+150V的直流电压,或40Hz~20kHz、600VAC、32~220kHz100VAC的交流电压,可以抗260kHz~500MHz50V/m、500MHz~1GHz100V/m或1~18GHz200V/m的射频,抗25kV/500pF/5kΩ的静电,以及20kA100m附近的雷电冲击。配套的EBW雷管采用无起爆药设计,发火电压5000V、安全电压1500V、耐温160℃/2h,可以抗25kV/500pF/5kΩ的静电,以及260kHz~500MHz50V/m、500MHz~1GHz100V/m或1~18GHz200V/m的射频,能可靠引爆常用传爆管或导爆索,也用于引爆桥塞坐封火药。

分级点火控制装置研制过程中,进行多次室内和井下试验。

试验表明,分级射孔点火装置实现了在单芯电缆条件下,逐次分级射孔点火的目的,达到了了研制目标。

图6 EBW雷管和分级点火装置下井试验前

1.2.2 水平井校深工艺

(1)工具泵送速度的控制。目前磁定位仪在套管中运动速度控制在10~30m/min可以得到较好的测量精度,泵送速度还要有一定的稳定性,如果工具移动速度变化太大,也会给测量定位带来困难。

(2)尽可能采用上提定位点火,确保射孔枪处于拉伸状态,避免"蹲射"。可适当多送

进一定的深度，然后上提电缆。

（3）根据需要，可多次泵送，反复测量，以确保定位准确。

1.3 水力泵送工艺技术研究

在带压条件下，为了将井下工具快速、安全地送到设计位置，我们通过理论计算和试验确定了水力泵送的泵压、排量与其产生的拉力关系（图7）。还专门为此研制了大通径电缆密封井口装置和压裂井口装置。

以流体力学为基础，以工具串在套管中运动状态为依据推算出了泵送排量与推送力之间的理论关系如下：

$$\Delta P = 2f \frac{L\rho V^2}{d_0 - d_j}$$

式中　ΔP——摩阻压降；

L——工具串长度；

d_0——套管内径；

d_j——工具串外径；

ρ——流体密度；

V——环形空间流体的平均流速；

f——范宁摩阻系数。

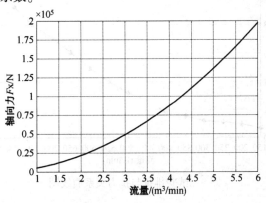

图7　排量与产生拉力理论关系曲线图

为了验证水力泵送排量与推送力之间的理论关系的准确性，专门设计建设了水力泵送试验装置（图8）。

经过多次试验绘制出的泵送排量与推送力之间的关系曲线（图9）。

可以看出模拟试验得出的泵送排量与推送力之间的关系曲线与理论曲线基本吻合，在此基础上完成了水力泵送与电缆施放匹配操作工艺研究。

1.4 水平井钻塞工艺研究

钻塞管柱有两种，一种是带压作业钻塞管柱结构：油管+Φ99mm 震击器+单向阀+Φ99mm 安全接头+Φ99mm 循环阀+Φ99mm 螺杆马达+4in~4.25in 专用钻头。另一种是连续油管钻塞管柱结构：1.75in 或 2in 连续油管+2.88in 外卡瓦接头+Φ73mm 震击器+Φ73mm 液压丢手工具+Φ73mm 循环阀+Φ73mm 螺杆马达+4in~4.25in 专用钻头。

复合材料桥塞专用钻头的设计原则是提高切削效率，以在最短时间内钻除桥塞；防止钻头外侧切削齿碰伤套管壁造成不必要的井下事故;减少卡瓦上的硬质陶瓷牙齿或铸铁块对钻头造成冲击损伤。

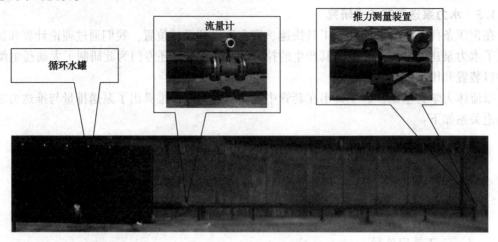

图8 水力泵送试验装置

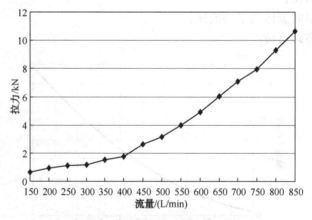

图9 试验排量与拉力关系曲线图

在布齿方式上,采用反螺旋力平衡布齿设计,以有效控制钻头在井底的侧向不平衡力,使钻头整体受力达到动态平衡;防止钻头在自转时的无规律反向回旋,提高钻头的工作稳定性,尽可能避免钻头与套管壁发生接触(图10)。

在安全性设计上,设计了光滑保径垫,对钻头周边进行了惰性处理,形成与下部保径垫平行的光滑表面,防止其与套管内壁接触,提高安全性。

进行了水力结构优化设计,获得了较为流畅的流场流线形态和足够的钻塞液上返速度,使钻屑快速排出井底,卡瓦上硬质陶瓷或铸铁块脱落时能够及时排入环空,减少与钻头的碰撞(图11)。

为适应不同套管内径,针对 5½in 套管研制生产了四种外径规格(Φ110~Φ116mm)的钻头,在现场应用中效果良好。

1.5 地面辅助装置配套

地面辅助装置包括大通径电缆密封井口装置、大通径压裂井口装置和辅助施工平台。

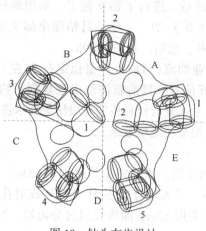

图 10　钻头布齿设计

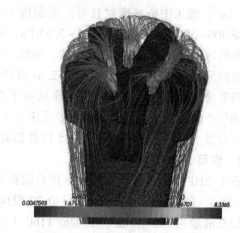

图 11　钻头水力结构优化设计

电缆密封装置主要包括井口连接头、电缆防喷阀、防喷管、电缆注脂密封系统等。装置工作压力 70MPa，其中防喷盒和防喷器适用电缆规格为 8mm，装置主通径 140mm，各部分之间采用 $9\frac{5}{32}$in-4×2thd(6.75in) 快速由壬接头连接。防喷管配置有 2.5m、2m、1m 等长度规格，便于随工作管串长度组配。

大通径压裂井口装置主通径 130mm，工作压力 70MPa，其主通径能通过 $5\frac{1}{2}$in 桥塞及钻塞用钻头等大直径工具，除了满足井控要求以外，其内径能够通过桥塞以及钻塞用钻具，并能满足后期修井及措施作业时的井控功能要求。

辅助操作施工平台施工平台最高可调到 4.5m，最低可调到 3.5m，以 0.25m 为一个等级分四个级别来调动，具有 1000mm 的可调节高度，以适应不同井口情况的需求，而且还能整体的搬运与安装。

2　施工实践

全套技术到目前为止共完成了 25 井次 121 层的现场应用，其中油管传输桥塞施工 13 井次，泵送桥塞水平井分段压裂应用 12 井次(完成 94 段压裂施工)，取得较好应用效果。该套工艺的完全国产化迫使国内相关工程服务费用由以前的 40~50 万元/段，降低到目前的不到 20 万元/段。

2.1　新 1-1HF 井现场应用

新 1-1HF 井位于江汉盆地潜江凹陷新沟背斜。该井水平段长 623m；最大井斜 90.2°。设计分为 8 段压裂，平均每段长 75m。

首先对 2304.5~2307.5m 井段进行油管传输射孔。再安装施工井口及操作台井口，井口结构(自上而下)为：电缆密封井口装置、防喷管、下捕集器、循环四通、电缆防喷器平板阀、600 型井口下半套。然后再进行压裂及泵送桥塞-射孔联作施工。泵送桥塞与射孔联作工具串结构为：电缆+CCL+压控导通装置+射孔枪+多级起爆装置+安全起爆装置+桥塞坐封工具+复合材料桥塞。

本井压裂实际施工压力 13~26MPa，最大排量 7.1m³/min，总加砂量 4306m³，入井总液量 2482.1m³。施工中桥塞密封良好。压裂施工完成后，进行了钻塞施工。采用螺杆钻具，施工排量 300～500L/min，泵压 1.5～7.5MPa，钻压 0.5～2t，一趟钻具钻除全部 7 个桥塞，单级钻塞最短用时仅 26min。完成下钻、钻磨、洗井、起钻，总用时 30h。

该井经分段压裂后，试油获日产 12.4t 高产工业油流（目前日产量稳定在 7t 左右）。为新沟油田非常规油藏下步勘探开发工作展示了良好前景。目前新沟油田已规划了约 10km² 非常规油气产能建设示范区，计划主要采用水平井泵送复合材料桥塞分段压裂技术进行储层改造投产开发。目前已经完成施工的 5 口井都取得明显的地质效果。

2.2 焦页 1-2HF 井应用

焦页 1-2HF 井位于重庆市涪陵区焦石镇新井村 4 组。该井完钻井深 4168.00m，水平段长 1504.21m，最大井斜 88.77°。设计分 22 段压裂，下入复合桥塞 21 个，完成射孔 65 簇。压入地层总液量为 39277.8m³，共加砂 1160.4m³。采用 12mm 油嘴控制过分离器，28mm 孔板放喷求产，出口焰高 15m，气产量达 31.9×10⁴m³/d。

该井成功应用以下技术：

（1）水力泵送施工技术——启泵送桥塞，泵压 34.9～35.3MPa，排量 1.8～2.4m³/min，泵入液量 105.1m³。

（2）桥塞与分级射孔联作技术——点火坐封桥塞，桥塞分别试压 50MPa 稳压 15min 无压降为合格。每段分三簇射孔，实射 90 孔，发射率 100%。

（3）高压井口配套技术——用 130/78-105 压裂井口进行泵送桥塞分段压裂施工，结构（从下到上）：18～105MPa×EE 级油管头（自带 18～105MPa×EE 级手动平板阀）+180～105 液动平板阀+180/78～105 压裂四通+130～105 手动平板阀+130/78～105MPa 四通+130～105 手动平板阀+（130～105）×（180～70）变径法兰。

（4）连续油管钻塞技术——下钻塞管柱：Φ110mm×0.42m 五菱磨鞋+Φ73mm×3.92m 螺杆马达+Φ73mm×1.73m 震击器+Φ73mm×0.71m 单流阀、液压丢手+Φ73mm×0.17m 变扣接头+Φ73mm×0.16mDIMPLE 接头+2in 连续油管。

（5）高压地面流程——优化钻塞地面流程，有效清除排出液中的气体、砂子及碎屑，使钻塞液循环利用；带压除屑装置，满足耐高压、大容量、快速更换清洗的要求达到经济环保的目的。

3 认识与建议

通过上述技术攻关与现场应用，我们有如下认识：

（1）通过系统的技术研究与应用，证明自主研发的复合材料桥塞、分级射孔起爆装置、井口装置、钻塞管柱等工具设备，技术性能稳定，使用安全可靠。

（2）整套技术实现了 100%国产化，并且在核心技术上拥有自主知识产权。技术指标也达到了与国外主流技术同等水平，为自主技术和产品走向市场奠定了坚实的基础。目前桥塞产品已经在出口北美市场 6000 余套，用户反映良好。

（3）复合材料桥塞、分级射孔起爆装置等核心产品，均形成了产品生产标准，零部件和整机检测规范与标准、现场施工操作规程等文件，形成了一整套技术规范，保证了技术的一致性和可重复性，确保了工程施工质量。

（4）组建了一支技术熟练的专业施工队伍，达到了每天 3～4 段的施工效率。队伍主要人员有着长期现场施工经验，参与了技术研发的全过程，理论基础与操作技能兼具，对现场施工异常现象的分析判断准确，采取的措施得当，确保了施工成功率。

（5）在攻克技术同时，确立了在后勤支撑和现场技术保障方面的本地化优势，我们技术和产品都在国内，后勤保障能力更强，技术支持的响应速度更快。相对于国外同类技术，也有服务价格的优势。

（6）复合材料桥塞由于钻除快速、安全，不易损伤套管，现有坐封技术也完全适应套管完井的直井、大斜度井和水平井的施工，可以在试油、试气和修井作业中发挥更大的作用。由于较小的钻压就能钻除，在水平井中应用优势更明显。

通过水平井泵送复合桥塞与射孔联作技术攻关，以及江汉油田几口井采用该技术进行水平井分段压裂施工的实践，我们认为该项技术特别适用于水平井的大液量、大排量分段压裂施工。这正好适应了页岩气水平井开发的需求，只有该工艺才能实现在水平井里的有效分段，并保证足够大的液流通道。因此该技术对页岩气水平井的有效开发有着极大的促进作用。随着国内页岩气开发的进一步发展，该技术必将得到普遍应用。

参 考 文 献

［1］刘武斌．吴捷．石杰；国外可钻封隔器可钻材料的选用；石油机械，2007年第35卷第6期．

［2］姚国庆．张震寰．王浩；复合材料可钻式桥塞的研究探讨；《十三省区市机械工程学会第五届科技论坛论文集》2009年．

［3］徐克彬．张连朋．吉鸿波．杨振威．王越清；高压复合材料桥塞应用实践；油气井测试，2009年6月第18卷第3期．

［4］WyattML1 Drillable Bridge Plug1 US4. 784. 226.

［5］Striech SG. Drillable Well Bore Packing Apparatus；EP0；454，466 A2.

［6］BarneckM R1 Drillable Selective Injecti on Equipment；SPE 24326.

［7］Reduce Packer Drill－Out Time；Petroleum Engineer International，June 1994：51.

3300HP 长冲程高连杆负荷压裂泵的研制与应用

李 蓉 王庆群 吴汉川

（中石化石油工程机械有限公司第四机械厂）

摘要： 为适应我国页岩气开发压力高、排量大、井场面积受限、山路多路况差的特点，开发了额定功率达 3300HP，重量只有 8.8t，适用于车载的压裂泵。该泵用 4.75in 柱塞可以输出 140MPa 压力；该泵输出 80MPa 压力时排量可以达到 1.7m³/min，输出 50MPa 压力时排量可以达到 2.7m³/min；该泵采用目前国际上最长的冲程，因此降低了泵工作时的最大冲次；该泵具有国际上最大的连杆负荷能力，因此在同等柱塞直径下能提供最大的压力。为满足冲程长，连杆负荷大而体积重量严格限制的要求，在泵体结构和主要零部件材料方面做了深入研究，同时考虑到加工与维护保养的便利，设计了模块化三体动力端结构，优化了泵头体材料。目前该泵已通过最大功率和最大连杆负荷下的百万冲次试验，并已与整车集成，在多个油田进行了工业试验，效果良好。在油田的工业应用表明同时满足压力高排量大的压裂泵能减少现场压裂设备的数量，减少更换易损件的次数，降低压裂作业的成本。

关键词： 压裂泵 长冲程 高连杆负荷 结构特点 试验 应用

开发背景

压裂是油气藏储层改造、提高产量的主要方法，是利用高压流体在井筒生产层造成裂缝或扩展原始裂纹，必要时再用支撑剂充填，以形成油气高渗透率区域和导流通道。压裂后，油气井提高产量可达几倍至几十倍。压裂装备是产出高压压裂液的成套设备，是保障压裂施工正常进行的重要环节。而压裂泵是压裂装备的关键部件，其性能和技术水平对压裂泵车以至大型成套压裂装备的整体作业能力具有决定性影响，直接决定了压裂能否顺利进行。近年来，随着油气勘探开发对象的变化，深层及超高压力储层井的比例逐渐增大，非常规油气资源（页岩气及煤层气）的开发也日益增多，压裂施工作业规模不断扩大，压裂要求的泵压也在逐渐增高，要求投入施工作业的压裂机组总功率逐渐提高。通常，依靠提高功率储备系数即超额配备设备来解决安全作业和持续运行的可靠性问题，但设备数量增加与我国大部分油气田井场面积受限的矛盾比较突出，需要单机功率更大的压裂设备，实现在保证装机总功率的同时减少设备数量，占用相对少的井场面积。同时由于我国很多井场道路崎岖，必须使用车载压裂设备，要求压裂泵具有较轻的重量和较小的体积，以适应车载。开发功率更大，具有较小质量功率比的压裂泵是我国现阶段油气压裂施工作业提出的新课题。而 3300HP 长冲程高连杆负荷能力的压裂泵就是为了满足我国油气资源压裂施工开发而研制的新型压裂泵。

1 性能参数和结构参数

通过国内外压裂泵研制情况调研，结合我国油田特点，确定了如下的技术参数及表 1 中的性能参数，图 1 是不同柱塞的功率曲线图。

3300 马力长冲程高连杆负荷能力压裂泵的技术参数：

输入功率：3300HP

冲程长度：279.4mm

连杆负荷：158t

最高压力（4.75in）：140MPa

最大排量（6in）：3822L/min

质量：8.8t

表 1 STP3300 泵性能参数表

| 柱塞直径 | 泵冲次/(r/min) | | | | | | | | | |
| | 50 | | 100 | | 150 | | 200 | | 250 | |
in(mm)	排量/(L/min)	压力/MPa	排量/(L/min)	压力/MPa	排量/(L/min)	压力/MPa	排量/(L/min)	压力/MPa	排量/(L/min)	压力/MPa
4(101.6)	340	192	680	192	1019	130	1359	98	1699	78
4.5(114.3)	430	152	860	152	1290	103	1720	77	2150	62
4.75(120.65)	479	136	958	136	1437	92	1917	69	2396	55
5(127)	531	123	1062	123	1593	83	2124	63	2655	50
5.5(139.7)	642	102	1285	102	1927	69	2570	52	3212	41
6(152.4)	764	85	1529	85	2293	58	3058	43	3822	35

注：表中参数按机械效率 90%，容积效率 100% 计算。

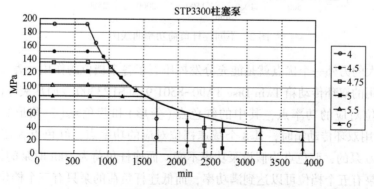

图 1 STP3300 泵功率曲线

STP3300 泵的技术参数有三大特点：功率大、冲程长、连杆负荷能力高。

从 STP3300 泵性能参数表可以看出，由于其功率大，所以当压力达到近 140MPa 时，其排量接近 1m³；而排量达到 2.3m³ 时，其压力可以达到 58MPa。根据具体的压裂工艺需求，可以选择合适的柱塞尺寸。比如，如果最大压力不超过 102MPa，通常作业压力在 50 ~ 70MPa 之间，就可以选择 5.5in 柱塞，其单泵的排量可以达到 2.5m³，可以显著减少压裂车的配备数量。

STP3300 泵的另一个显著优势是连杆负荷能力高，是目前压裂泵中连杆负荷能力最大的泵，达到近 160t，这使得该泵在同等柱塞直径下压力输出能力跨度大，功率区间明显增大，利用图 2 可以清楚地反映出来。在图 2 中，细线是 STP3300 泵(连杆负荷 158t)的功率曲线，粗线是将 STP3300 泵的连杆负荷能力降到 100t 后的泵功率曲线，两种泵输入功率都为 3300HP，都使用 4.75in 柱塞，我们对比两种泵的功率曲线图，可以明显看出连杆负荷大的泵功率区间覆盖并远大于连杆负荷小的泵，压力覆盖范围也远大于连杆负荷小的泵。连杆负荷为 158t 时，压力可以达到近 140MPa，连杆负荷为 100t 时，压力只能达到 86MPa。连杆负荷大的一个显著的优点就是在一些压力跨度非常大的压裂施工作业中，同一台泵可以满足整个施工作业的压力要求，比如，如果最高压力可能达到 120MPa，而大部分时间的压力只有 80MPa 左右，就可以选择连杆负荷为 158t 的 STP3300 泵，用 4.75in 柱塞，长时间作业压力利用率为 60% 左右，短时间压力利用率为 90% 左右。连杆负荷为 100t 的使用 4.75in 柱塞却不能满足要求，压力 120MPa 已超出泵的最高压力范围，要想使用该泵，只能选用更小的柱塞，而这样就会降低泵的输出排量，势必增加压裂施工作业整车的配备数量。在现阶段的页岩气开发中由于储层特殊，变数很大，高连杆负荷能力的泵将会发挥他的优势。

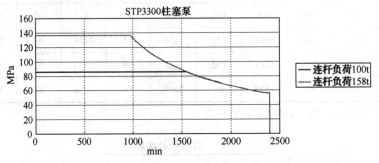

图 2　不同连杆负荷功率曲线图

连杆负荷大的另外一个优点就是能充分发挥压裂车各个档位的作用。表 2 是利用国内国外压裂车上常用的双环传动箱 Twin Disc TA90-8501 9 和 STP3300 泵时压裂车的档位冲次表，图 3 是不同档位对应的功率点，其中的红色点(菱形)和蓝色点(三角形)是发动机转速 1900r/min，利用双环传动箱时，其 8 个减速档位对应的功率点，红色点为使用连杆负荷为 158t 的 STP3300 泵的，蓝色点为假设泵功率不变，而连杆负荷为 100t 时泵的情况，很明显，高连杆负荷的泵有五个档位可以达到满功率，而低连杆负荷的泵只有三个档位可以达到满功率，另外五个档位都不能充分发挥作用。

表 2 双环 Twin Disc TA90-8501 9 传动箱减速档位传动比及对应的泵冲次

发动机转速/(r/min)	档位	传动比	输入转速/(r/min)	泵冲次/(r/min)
1900	1	4.47	425	57
1900	2	3.57	532	71
1900	3	2.85	667	89
1900	4	2.41	788	105
1900	5	1.92	990	132
1900	6	1.54	1234	164
1900	7	1.25	1520	202
1900	8	1.00	1900	253

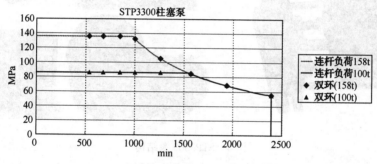

图 3 不同连杆负荷功率曲线及档位对应功率点

STP3300 泵的另一个显著特点就是冲程长，冲次低，是目前国内国外压裂泵中冲程最长的泵，达到 11in，279.4mm，目前我国大部分的在用压裂泵都是 8in 冲程的，只有近几年用的 FMC 公司 WQP2700 泵和 WEIRSPM 公司生产的 QWS2800 是 10in 冲程的泵。由于冲程长，所以最高冲次相对低，泵每一冲的排量即泵的排量因子相对较大(见表 3)，在同等排量下泵的冲次相对降低，从而降低泵的疲劳循环频率，对泵头体及易损件的寿命有益。

表 3 不同冲次排量表

柱塞/in.	冲程/in	泵排量因子/(L/r)	不同冲次下的排量/L		
			100	200	250
4.75	11	9.58	958	1917	2396
4.75	8	6.97	697	1394	1742
5	11	10.62	1062	2124	2655
5	8	7.72	772	1544	1931
5.5	11	12.85	1285	2570	3212
5.5	8	9.34	934	1869	2336
6	11	15.29	1529	3058	3822
6	8	11.12	1112	2224	2780

2 结构设计特点

STP3300 泵在满足功率、连杆负荷能力、冲程要求的同时，要适合于车载，满足我国油田独特的地理特征，需要具有较小的体积和较轻的重量，这给泵的结构设计提出了很多的难题，最终我们彻底改变了以往泵的结构模式。将泵的动力端设计成了全新的三体动力端结构。图 4 是 STP3300 泵的结构，图 5 是我国油田 2500 型压裂车用的 SQP2800 泵的结构。

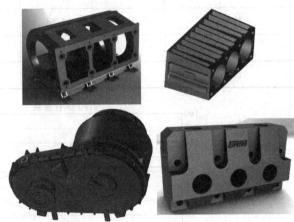

图 4　STP3300 泵结构

图 5　SQP2800 泵的结构

将动力端输入方式由常规的双侧左右旋输入改成单侧行星齿轮箱输入（见图 4），由于将传动部分从泵的壳体中移出，所以泵壳的体积可以大幅度减小。

将十字头滑道部分从泵壳中独立出来，并且采用完全对称的结构，十字头箱体可以翻面使用，如果一侧滑道严重磨损，可以翻面使用，延长箱体的使用寿命。

有独立的曲轴箱体，便于加工和装配。

近 160t 的连杆负荷要求泵的曲轴箱体、十字头滑道箱体、轴承、连杆、曲轴等主承力件有足够的承载能力，但由于车载要求，对于各零件的重量有严格的限制，所以零件材料选择和零件结构设计就尤为重要，在设计过程中采用有限元分析优化了主要承载件的结构。

独立的行星齿轮传动箱，一方面可以在体积较小的情况下获得更大的传动比，在发动机 1900r/min 时满足低冲次的需要；另一方面可以调整输入输出轴的中心距，使长冲程泵在车上安装时能保证整车宽度和对中要求。

由于将动力端设计成三体模块化结构，泵的核心零件尺寸都相对小，减小了焊接变形，降低了机械加工难度；同时由于模块化的结构更利于维修，且完全对称的十字头箱体可以正反安装重复利用，可以降低泵大修的成本。

STP3300 泵液力端结构与我国油田 2500 型压裂车用的 SQP2800 泵的结构类似，一个泵头体适用于多种柱塞盘根组合，如果用户由于不同的压裂工艺要求需要调整液力端的规格，在一定范围内可以不用更换泵头体，只更换盘根柱塞组合。

根据多次试验优选，STP3300 泵头体采用特殊的材料，更具有抗疲劳腐蚀的能力。

由于结构和材料的优化，STP3300 泵的质量功率比只有 2.67kg/HP、3.58kg/kW，质量只有 8.8t，便于车载。表 4 是国内外泵的质量功率比对比情况。

表 4　国内外泵质量功率比

性 能 参 数	SQP2800	STP3300	QWS3500（国外 SPM）
在最大输入功率/kW	2080	2460	2600
质量/功率/（kg/kW）	4.37	3.58	4.36
质量/kg	9300	8800	11340

3　试验情况（包括型式试验和工业试验）

STP3300 泵设计试制完成后进行了极为苛刻的试验。

首先，对泵进行了各档位的性能试验，检测各档位性能参数、机械效率、总效率及零部件的温升、整泵的噪音情况。在性能试验阶段，确定了泵的润滑油量与进回油尺寸，最终确定了润滑参数。

性能检测完成后对泵进行了满功率满压力的耐久试验，进行了最为重要的零部件的抗疲劳能力测试，在此阶段，出现了一些问题，经过改进，重新试验，最后通过了检测。这一阶段的试验获得了很多宝贵的数据。在整个试验过程中除动力端的主承载零部件接受考验外，液力端的所有零部件也接受了检验，对液力端零部件的寿命研究具有一定的意义。由于整个试验持续时间很长，且在高达近 140MPa 的压力下进行试验，我们试裂了 2 个泵头体，图 6 是泵头体开裂时的状况，为了彻底研究泵头体的裂纹发展趋势，在泵头体出现刺漏后，确保周围环境人员安全的前提下我们对泵头体裂纹进行了扩展试验，直到裂纹扩展得非常明显（图 7），这种试裂的泵头体是宝贵的研究对象，我们当然不会放过，泵解体后对试裂的泵头体进行了彻底的分析，包括裂纹的扩张方向、金相组织、机械性能等，为泵头体的结构设计和材料规范制定进一步奠定了基础。

STP3300 泵型式试验完成后与发动机变速箱集成到整车上进行了厂内的整车耐久试验，随后到油田进行了工业试验。在整个试验过程中 STP3300 泵工作状况良好。图 8 是在重庆礁石坝进行试验的情况。

图6 试验过程泵头刺漏

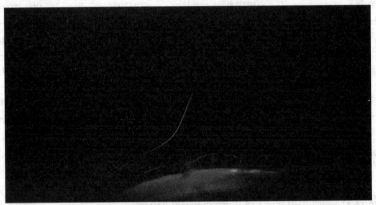

图7 泵头体裂纹

图8 重庆礁石坝工业试验

4 应用效果

工业试验后,首批4台装载着STP3300泵的3000型压裂车已于2013年6月正式在重庆涪陵礁石坝地区投入使用,目前累计工作时间已超过400h,最高压力90MPa,压裂队所用的 14 台车共有 4 台 3000 型车，而 40% 的输出排量由 3000 型车提供，同时，长冲程 3000 型车平均工作 5 井段维护一次液力端易损件，而 8in 冲程的车平均 3 井段维护一次液力端，这正是 STP3300 泵功率大，冲程长，连杆负荷能力高在实际应用中体现的优势。2014 年 4 月，第二批 6 台 3000 型压裂车参加了重庆南川南页 1 井区施工作业，该井最高压力达到 115MPa，每段平均工作压力 90MPa 以上，共 15 段，作业时间 76h。两批 3000 型车的应用效果良好，正在为我国油气资源开发输出源源不断的高压压裂液。

彰武中浅层油藏整体压裂改造技术研究

刘清华　宋宪实　张　冲　张振兴　夏富国

（中国石化东北油气分公司）

摘要：针对彰武油田中孔、低渗、井浅、油稠的岩性油藏特点，通过压裂工艺技术与油藏工程的结合，开展了整体压裂技术研究。根据储层地应力大小和方向确定开发井网，并依据井网及储层特点，对水力裂缝、裂缝导流能力、施工参数进行优化设计，对压裂方式、加砂程序进行优选，实现了水力裂缝系统与开发井网的优化匹配。针对性地提出了短宽缝压裂、分层压裂、压前预处理、低温复合破胶等配套工艺技术，并优化了压裂液体系，降低了压裂液对地层及支撑裂缝的伤害。现场实施表明，彰武中浅层油藏整体压裂各项技术措施针对性强，压后增产效果显著，推动了彰武油田压裂开发的有效实施。

关键词：稠油油藏　整体压裂　导流能力　复合破胶

1　油藏特征

彰武油藏含油面积 $150km^2$，储层埋藏 $910\sim1580m$，为东断西超的单断式箕状断陷，无断层发育。岩心分析油藏平均孔隙度 11.2%，平均渗透率 $11.7\times10^{-3}\mu m^2$，属于中孔、低渗储层。油层中部压力 $11.21MPa$，压力系数 0.94，油层地温梯度 $3.03℃/100m$。地面原油密度 $0.8912\sim0.9231g/cm^3$，黏度 $78\sim160mPa\cdot s$，凝固点 $26\sim31℃$，含硫 0.46%，属低含硫重质普通稠油。储层具有弱水敏、弱速敏、弱酸敏、弱碱敏、中等偏弱盐敏、弱压敏特征。彰武油田绝大部分油井都需经过压裂才能获得较低产的工业油流，投产后靠天然能量产量稳定在 $1t/d$ 左右。为保持地层能量，采用人工注水开发，井距 $240m$，前期裂缝监测结果确定人工裂缝方向为北东向 $45°\sim65°$，注水井井排方向为 $60°$ 左右。

2　整体压裂技术原则

（1）彰武区块注采井距仅为 $240m$，为避免沟通注水井造成水窜，应适当控制压裂规模和裂缝长度，提高扫油效率。

（2）区块原油黏度较高，胶质沥青质较重，为避免压裂液与原油的乳化作用而降低压裂增产效果，可在前置液前加降黏液。

（3）彰武区块为中孔、低渗储层，压裂设计应以提高裂缝导流能力为主；同时，区块泥质含量较高、地层塑性强，支撑剂选择上应采用大粒径支撑剂，来缓解支撑剂嵌入严重的问题，提高裂缝的导流能力。

（4）地层温度低（28～47℃），因此要求压裂液既要有良好的携砂性能，保证施工顺利；又要具有很好的破胶性能，确保压后及时返排，保证压后效果。

（5）储层跨度大，储隔层应力差较小（3～8MPa），要求控制裂缝高度延伸。

3 整体压裂裂缝优化

以裂缝系统与井网匹配研究为基础，以提高采收率为目标，进行整体压裂数值模拟研究，采用PEBI网格对压裂裂缝进行高精度模拟。常规压裂数值方法是将裂缝简化为井筒两侧对称分布，不能反应裂缝和储层两部分的渗流特征及裂缝与储层之间的窜流特征。在PEBI网格系统中，压裂缝被宽度极其小的高渗透格块代替，其格块的宽度小于井筒半径，能准确反映井筒周围的压力降，模拟精度更高。运用该项技术最终确定了正方形井网、菱形井网的裂缝参数和规模（表1）。

表1 不同井网条件下的裂缝规模和裂缝导流能力优化结果

井　　网	优化裂缝半长/m	优化裂缝导流能力/$\mu m^2 \cdot cm$
240m 五点法井网	50～70	20～40
240m 九点法井网	70	20～40
150m×350m 菱形反九点井网	70～110	25～30

结合开发地质、油藏工程、开发工程、经济分析，评价最优开发方案，最终采用按照最大主应力方向布置油水井井排的反九点井网，油水井距350m，排距150m，井排平行于人工裂缝的延伸方向。该井网有利于提高单井产量和初期采油速率，而且方便于后期调整，当角井含水较高时可以转注，从而形成整排斜对的矩形五点井网系统。

采用整体压裂优化设计软件，对彰武油田进行了整体压裂方案的优化设计。图1和图2分别为生产2年的采出程度随裂缝穿透比和导流能力的变化曲线。图1表明，在裂缝穿透比小于0.4时，随着穿透比的增加采出程度增加，当裂缝穿透比为0.4时出现了明显的拐点，采出程度基本不再增加。图2表明，随裂缝导流能力增加，采出程度增加，但当导流能力大于$30\mu m^2 \cdot cm$后，采出程度随导流能力增加变化不大。

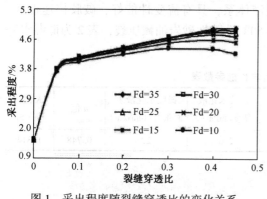

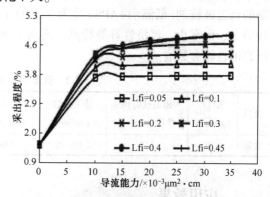

图1 采出程度随裂缝穿透比的变化关系　　　　图2 采出程度随导流能力的变化关系

综上分析，以压裂采出程度为主要的评价指标。彰武油田的压裂裂缝导流能力取$30\mu m^2 \cdot cm$

左右，裂缝穿透比取 0.4 左右(单翼裂缝长度 70~110)。

4 压裂配套工艺技术

4.1 短宽缝压裂技术

彰武地区油藏为中孔、低渗储层，储层跨度大，砂泥薄互层特征明显，对该类储层主要改善裂缝的导流能力，如片面地追求缝长而导流能力较低，反而压裂增产效果较差，因此通过降低前置液比和提高施工砂比达到造高导流能力的宽、短裂缝。技术对策是低砂比段采用线性加砂方式，高砂比段采用台阶加砂方式，在前置液阶段设计 1~2 个低砂比段塞，磨蚀裂缝面和降低滤失；根据单井油藏地质条件，保证实现施工砂比 30%以上，同时使缝内铺砂分布合理均匀分布。

4.2 分层压裂技术

彰武油田压裂层数多、跨距大、物性差别大，储层地应力剖面存在着较大非均质性。由于采取合层压裂首先处理的是高渗透层，其他低渗薄差层则难以得到同样处理，造成某些低渗薄层难以压开或压开程度有限，导致压后增产幅度小。为了缓解层间矛盾，实现油田长期稳产，提高最终采收率，因此在彰武地区实施了分层压裂工艺。用封隔器进行分层压裂针对性强、效果好，是目前国内外普遍应用的分层方法。同时，通过不动管柱分层压裂，可节约成本，缩短作业时间，降低油层污染，实现油田经济高效开发。

4.3 压前预处理技术

依据彰武储层特性及原油分析，要求压裂液具有低伤害、高效助排、良好的破乳性、金属离子稳定性能等特点。水基压裂液进入地层后，使裂缝面附近地产温度降低，造成稠油黏度较大幅度升高，况且地层稠油本身黏度高，使地层向裂缝渗流阻力增大，同时水相与稠油接触易发生乳化，造成稠油黏度增高，从而影响压后返排及增产效果。为了防止水基压裂液与地层稠油发生冷伤害及乳化，采用 1%KCl+5%乙二醇丁醚的前处理液，对压裂目的层进行预处理，提高压裂效果。

4.4 低温复合破胶技术

针对彰武低温储层特征进行压裂液配方的研究。研究了适合储层特征的低温水基压裂液体系，满足整体压裂施工要求。低温水基压裂液是以低水不溶物稠化剂、无基硼交联剂和特制的低温破胶剂(低温酶+APS)等为主剂的压裂液体系，具有流变性能好、破胶快速彻底、残渣少、伤害小、经济性好等特点，适用于 30~60℃孔隙性砂岩油藏压裂，表 2 为低温水基压裂液性能参数表。

表 2 低温压裂液基本性能参数表

项目	密度/(g/cm³)	耐温抗剪切性能/mPa·s	滤失系数/(m/min)	残渣/(mg/L)	破胶水化液黏度/mPa·s	破胶水化液表面张力/(mN/m)	n 值	K 值/Pa·Sn
数据	1.01	113	$4.89×10^{-3}$	270	2.07	22	0.748	1.314

5 应用效果

2013 年该油田彰武 8 区块整体压裂 7 口井，其中低温复合破胶应用 3 口井，分层压裂 4

口井,施工成功率100%,平均单井加砂25.2m³。施工各项指标达到压裂设计要求,措施有效率100%,压后初期平均单井日产油6.3t/d,稳定产量平均单井2.7t/d,压裂有效期最长达到190d以上,增产效果显著(表3)。

表3 2013年彰武8井区压裂井参数统计

井号	射孔层位	加砂量/m³	投产时间	压后初期			压后目前			累产油
				日产液	日产油	含水	日产液	日产油	含水	
ZW8-6-3	沙海组	26	2013.7.30	21.21	12.3	42	10.15	6.6	35	308.17
ZW8-2	沙海组	30	2013.8.1	11.94	0.12	99	5.20	0.26	95	18.13
ZW8-5-4	沙海组	25	2013.5.26	8.27	3.23	61	2.15	0.86	60	136.17
ZW8-7-2	沙海组	1.7	2013.7.22	13.8	5.03	64	6.37	3.63	43	534.02
ZW8	沙海组	27	2013.5.31	16.59	14.1	15	5.46	4.64	15	1010.01
ZW8-5-2	沙海组	45	2013.8.24	34.81	5.57	84	12.8	1.92	85	156.87
ZW8-9-2	沙海组	22	2013.10.1	10.81	4.0	63	2.16	0.82	62	78.65

6 结论

(1)通过研究和实施,形成了以"整体压裂裂缝优化技术、短宽缝压裂、分层压裂、压前预处理、低温复合破胶"为核心的彰武稠油油藏整体压裂改造技术体系。

(2)技术体系的成功应用,大幅提高了开发井产能,解决了单井自然产能低、不能实现油田经济开发的难题。压后稳定单井日增油2.7t/d,经济效益显著,为彰武油田经济高效开发奠定了坚实的技术基础。

(3)由于储层天然能量不足,导致油井产量递减较快,因此,建议此类油藏及时按照注采方案进行注水,以恢复地层能量,减缓递减速度,达到注采平衡,实现压后高产稳产。

参 考 文 献

[1] 陈晓源,任茂.坪北特低渗透油田整体压裂工艺技术研究.钻采工艺,2006,5(29).

[2] 李勇明,赵金洲等.G43断块油藏整体压裂技术研究与应用.断块油气田,2010,5(17).

[3] 刘廷彪.松辽盆地南部大情字井油田整体压裂技术研究.东北石油大学硕士论文,2012.

[4] 周俊杰等.大港油田低渗薄互层油藏整体压裂技术研究.断块油气田,2006,6(13).

[5] 汪勇章,盛建明等.文33块沙三上段油藏整体压裂改造技术.特种油气藏,2006,3(13).

[6] 李文洪,王吉文.分层压裂工艺技术研究.吐哈油气,2006,3(11).

[7] 王满学,何静,杨志刚等.生物酶SUN-1/过硫酸铵对羟丙级胍胶压裂液破胶和降解作用.西安石油大学学报(自然科学版),2001,1.

[8] 宋其伟.吐哈油田鲁克沁深层稠油油藏层内分段压裂改造技术.石油天然气学报,2012.

苏家屯地区压裂液体系研究与应用

王娟娟

(中国石化东北油气分公司工程技术研究院)

摘要：通过对苏家屯地区岩石矿物成分、地层流体、储层敏感性进行分析，提出压裂液研究技术措施，按照技术措施对添加剂进行优选试验，形成适应苏家屯地区的压裂液体系，并对压裂液体系的适应性进行评价。现场施工结果表明，研究形成的压裂液体系具有很好的区域适应性，并取得较好的增产效果。

关键词：苏家屯地区　胍胶压裂液　性能

苏家屯油田是东北油气分公司新建产能区块，是 2012 年勘探开发的重点。苏家屯油藏特点为低孔、特低渗储层，必须通过储层改造实现储量的有效动用，为使储层改造达到理想的效果。现用压裂液体系配方单一，缺乏一定针对性。针对该油田储层地质情况进行分析研究和室内试验，形成适应苏家屯地区的压裂液体系，通过现场施工验证其适应性。

1　工程地质参数分析

1.1　岩石矿物成分分析

苏家屯油田营城组完成了 SW333(2962m)、SW334(1842m)、SW336(1684m)、SW33X(2464m)四口井的 X 射线衍射全岩分析、X 射线衍射黏土矿物分析和扫描电镜分析。实验结果如表 1~表 3 及图 1 所示。

表 1　X 射线衍射全岩分析结果

井号	井深/m	石英/%	钾长石/%	斜长石/%	方解石/%
SW33X-1		50.20	18.00	22.90	1.00
SW33X-2	2074	54.60	13.30	22.90	1.00
SW33X-3		49.70	24.40	14.90	2.00
SW333-1		68.60	18.50	4.00	2.00
SW333-2	1842	63.30	14.20	13.30	2.00
SW333-3		59.60	20.00	11.50	1.00
SW334-1		60.70	20.30	11.60	2.00
SW334-2	1684	65.40	20.10	6.80	2.00
SW334-3		68.60	19.90	4.40	1.00
SW336-1		65.70	20.40	6.70	1.00
SW336-2	2464	58.40	30.40	4.10	1.00
SW336-3		71.20	18.40	3.50	1.00
平均		61.33	19.83	10.55	1.42

表 2   X 射线衍射黏土矿物分析结果

井号	井深/m	绝对含量/%	相对含量/%						
			高岭石	绿泥石	伊利石	蒙脱石	伊/蒙间层	间层比	备注
SW33X-1		7.90		26.00	22.00		52.00	75	
SW33X-2	2074	8.20		27.00	24.00		49.00	70	
SW33X-3		9.00		15.00	20.00		65.00	75	
SW333-1		6.90		22.00	18.00		60.00	75	
SW333-2	1842	7.20		27.00	20.00		53.00	70	
SW333-3		7.90		22.00	19.00		59.00	75	
SW334-1		5.40		15.00	20.00		65.00	70	
SW334-2	1684	5.70		20.00	18.00		62.00	75	
SW334-3		6.10		18.00	22.00		60.00	75	
SW336-1		6.20		10.00	9.00		81.00	75	
SW336-2	2464	6.10		8.00	7.00		85.00	70	
SW336-3		5.90		14.00	11.00		75.00	75	
平均		6.88		18.67	17.5		63.83	73.33	

表 3   SW33X 井 (2464m) 扫描电镜结果分析表

样品编号	图片编号	放大倍数	特征	储集性能
SW33X-2464	01	×50	岩石全貌，孔隙发育一般	孔隙类型以粒间孔为主，发育一般。填隙物较多，以胶结物为主，胶结物主要是石英加大、伊利石、长石、蒙皂石。储集性能一般
	02	×200	黏土杂基特征	
	03	×1100	伊、蒙混层胶结物	
	04	×2500	伊、蒙混层胶结物	
	05	×50	岩石全貌，孔隙发育一般	
	06	×300	蒙皂石胶结物特征	
	07	×1100	黏土杂基特征	
	08	×2500	伊、蒙混层胶结物	

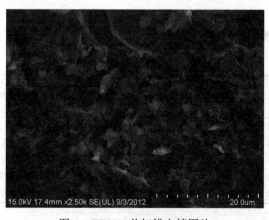

图 1   SW33X 井扫描电镜图片

实验结果表明：苏家屯油田营城组以硅酸盐矿物为主，成分以石英、斜长石和钾长石占主要部分。检测的 12 组样品中，石英绝对含量最高，占 61.3%；钾长石次之，平均含量达 19.8%，斜长石平均含量达 10.5%。其中斜长石含量相对变化较大。各样品中均还有 1%~2% 不等的方解石。

实验结果表明：各井岩心均含有一定的黏土矿物，平均含量 6.88%,；其中，伊蒙混层所占比例最高达 63.8%；伊利石和绿泥石含量相对均衡，平均在 18% 左右。

苏家屯油田营城组组孔隙类型以粒间孔为主，发育一般，地层岩石较致密渗透率低，孔隙呈无规则分布，其孔隙及孔喉都是由长石溶蚀产生的微缝隙，微缝隙呈较独立孔隙体系，相互无连通或连通性及差。填隙物较多，以胶结物为主，胶结物主要是石英加大、蒙皂石、伊利石和绿泥石。伊利石、蒙脱石、绿泥石镶嵌在缝隙表面，作业施工过程中易引起酸敏（盐酸为主）、速敏、水敏及膨胀运移而堵塞地层缝隙。储层储集性能一般。

1.2 储层流体分析

对苏家屯油田 SW33-2 井地层水的离子含量、水型和矿化度进行了分析，分析结果如表 4 所示。对苏家屯油田 SW33-2 井地层原油的平均蜡质、油质含量和胶质沥青质含量进行了分析，分析结果见表 5。

表 4　地层水分析结果

井号	离子含量/(mg/L)						pH	水组（亚组）	水型	矿化度/(mg/L)
	Ca^{2+}	Mg^{2+}	Na^+(K^+)	Cl^-	SO_4^{2-}	HCO_3^-(CO_3^{2-})				
SW33-2	70.86	0.00	1369.03	917.63	1124.09	576.51	7.96	Cl^-(Na^+)	碳酸氢钠	3958.12

实验结果表明：家屯油田地层水属于碳酸氢钠型，碳酸根含量较高，并且含有一定量的钙离子。

表 5　原油分析结果

井号	平均相对分子质量	平均蜡质/%	油质含量/%	胶质沥青质含量/%
SW33-2	216.649	34.793	88.741	11.259

实验结果表明：苏家屯油田原油中易乳化物质胶质沥青质蜡质含量较低，外来流体不易引起地层乳化伤害。

1.3 储层敏感性分析（表 6）

表 6　岩心敏感性实验结果

内容　　　　　　　　层段	营城组营三段
速敏性	渗透率高-弱，渗透率低-强
水敏性	弱-中等偏弱
盐敏性	弱-中等偏弱
酸敏性	弱-中等偏弱，局部位置中等偏强
碱敏性	弱-中等偏弱

实验结果表明：储层的速敏和酸敏损害比较严重，水敏、碱敏相对较弱，不同的井相同层位储层的敏感性差异较大。总的来说，速敏的伤害是主要的，其次是水敏性、盐敏性和酸敏性，碱敏性较弱。

1.4 优化措施

针对该区块的地质特征，结合储层温度 50~80℃，通过以下措施对压裂液体系进行优化：

①优化胍胶浓度，减小堵塞伤害；②黏土矿中无蒙脱石，可只选用有机防膨剂；③针对碳酸氢钠型地层水，增加防垢剂，防止钙镁离子结垢；④针对孔喉结构，增加防水锁剂；⑤提高醇助剂的量；⑥压裂液 pH 值控制在 9.0 以下，pH 调节剂采用片碱；⑦控制压裂液矿化度，预防地层盐敏伤害。

2 形成的压裂液体系

通过对稠化剂、黏土防膨剂、助排剂、防水锁剂、防垢剂等添加剂的优化，形成了针对苏家屯地区的压裂液体系如下：

前置液：醇助剂(5%甲醇或乙二醇丁醚)处理地层。

基液：0.25%~0.35%胍胶+0.2%杀菌剂+0.5%黏土稳定剂+0.25%破乳助排剂+0.3%复合醇醚+1%防垢剂+0.1%海波。

交联剂：YL-JL-4。　　　　pH 调节剂：片碱。压裂液配方见表7。

表 7　压裂液配方表

地层温度/℃	胍胶浓度/%	pH 调节剂/%	温度稳定剂/%	破胶剂
30~60	0.25	—	—	APS+生物酶
70	0.30	0.02	—	APS
90	0.35	0.03	0.1	APS+胶囊

3 压裂液性能评价

3.1 耐温耐剪切性能评价

胍胶压裂液 90℃黏温曲线测试如图 2 所示。

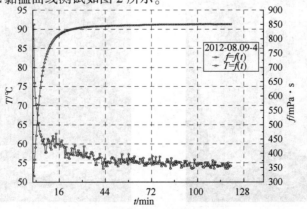

图 2　压裂液黏度-时间曲线(90℃)

实验结果表明，压裂液在经历120min剪切之后，表观黏度一直保持在350mPa·s以上，能有效满足施工要求。

3.2 与地层流体配伍性评价

3.2.1 压裂液与地层水配伍性

将破胶液与地层水在100mL具塞量筒中按1：2，1：1，2：1的体积比混合，静置24h，实验结果如表8、图3所示。

表8 与地层水配伍性实验

SW33-2	现 象	
地层水与破胶液比例	1：2	无沉淀
	1：1	无沉淀
	2：1	无沉淀

实验结果表明：破胶液与地层水以三种体积混合24h后均无沉淀产生，说明压裂液与地层水配伍性良好。

3.2.2 压裂液与原油配伍性

将SW33-2井原油置于油水分离器中分离。分离后的原油和压裂破胶液分别按3：1，1：1，1：3的体积比混合，按照2.3.1.1中的方法，分别记录时间为3min，5min，10min，15min，30min，60min及2h，4h，12h，24h分离出的破胶液体积。实验结果如表2-9、图4所示。

表9 破乳率实验

SW33-2	破乳率/%	
油水比	1：3	100
	1：1	100
	3：1	95

图3 压裂液与地层水配伍性图

图4 压裂液与原油配伍性图

实验数据表明，在本项目中所选用压裂液体系与原油配伍性好，当部分破胶液滤入地层不会产生与原油产生乳化伤害。

3.3 破胶性能评价

3.3.1 破胶液黏度评价

将按照苏家屯新配方配置压裂液，加入破胶剂后，恒温至一定温度，至破胶液黏度<5mPa·s，取破胶液上清液，用毛细管黏度计测定黏度，实验结果见表10。

表10 50℃破胶实验

序号	APS/%	三乙醇胺/%	破胶时间/min	黏度/mPa·s
1	0.02	0.06	48	4.3
2	0.04	0.06	33	4.9
3	0.06	0.06	18	4.5
4	0.08	0.06	14	3.8
5	0.10	0.06	10	3.2

通过破胶实验可以看出，压裂液能够在2h以内破胶，黏度<5mPa·s，能够满足施工的要求，同时能够快速返排，降低裂缝对导流能力和基质渗透率的伤害。

3.3.2 破胶液表面、界面张力评价

将压裂液充分破胶，取上层清液，用KRUSS-K100表面张力仪测定破胶液的表面张力，以煤油和破胶液清液界面作油水界面，测定界面张力。结果见表11。

表11 表界面张力测试结果

序号	1	2	3	平均
表面张力/(mN/m)	22.69	22.80	21.90	22.13
界面张力/(mN/m)	1.28	1.13	0.95	1.12

实验结果表明：调整后的苏家屯油田压裂液配方表界面张力都较低，这有利于压裂液的返排，满足低伤害的要求。

3.4 残渣测定

配置一定浓度的压裂液，加入APS恒温80℃，破胶液黏度低于5mPa·s时对残渣含量进行测定，结果见表12。

表12 残渣含量结果

残渣含量/(mg/L)				平均值
190	180	175	185	175

由实验结果可知，苏家屯油田新配方平均残渣含量为175mg/L。

3.5 支撑剂和岩心伤害评价

3.5.1 压裂液破胶液对支撑剂裂缝导流能力伤害的影响

苏家屯油田新老配方破胶液驱支撑剂的导流能力曲线如图5所示，导流能力伤害率如表13所示。

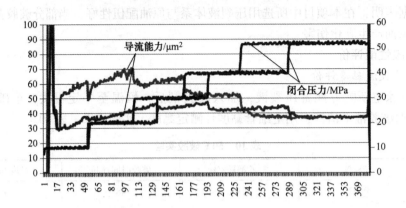

图 5　苏家屯新老配方破胶液驱导流能力对比曲线

(0.425~0.85mm，52MPa)

表 13　支撑剂导流能力伤害率实验结果

煤油驱导流能力/μm²	老配方破胶液驱导流能力/μm²	伤害率/%	新配方破胶液驱导流能力/μm²	伤害率/%
27	22	19	23	15

从实验结果可以看出，经过配方优选后，对支撑剂导流能力的伤害由 19% 降为 15%，降低了 4%。

3.5.2　压裂液破胶液对岩心基质渗透率伤害

对 SW30(2918.8~2919.1)岩心进行油相渗透率伤害实验，结果见表 14。

表 14　煤油驱岩心伤害实验数据

井号	井深/m	层位	压裂液类型	K_1/md	K_2/md	η_d/%
SW30	2918.8~2919.1	营三Ⅵ	老配方破胶液	0.055	0.038	31
SW30	2918.8~2919.1	营三Ⅵ	新配方破胶液	0.048	0.040	14.6

实验结果表明：用煤油驱，优化前的胍胶压裂液破胶液对岩心渗透率伤害率 31%，配方调整后的伤害率降低为 14.6%。

4　现场施工

配方调整后，苏家屯地区共施工 2 口井，施工情况及效果见表 15。同一断块内 4 口井压后效果对比结果见表 16。

效果分析表明 SW33-8 和 SW33-9 井效果明显好于 SW33-6 和 SW33-7。是因为根据苏家屯油田岩石矿物成分分析、储层流体性质和敏感性对苏家屯原配方进行调整，形成了有针对性的配方，在保持胍胶性能的基础上降低残渣和伤害，因此，有利于改善压裂效果。

表 15 施工情况及压后效果统计表

井号	SW33-8	SW33-9
井段/m	2681.3~2688.5	2735.6~2745.9
施工日期	9.26	10.19
井温/℃	90	97
胍胶浓度/%	0.38	0.40
总液量/m³	200	180
实际加砂量/m³	31	21
投产日期	10.8	11.2
初期日产油/t	1.93	3.18
初期日产液/t	9.00	31.75
目前日产油/t	1.73	2.98
目前日产液/t	2.12	4.97
累计产油/t	130.26	185.75

表 16 断块内井效果对比表

	配方调整	初期日产油/t	初期日产液/t	目前日产油/t	目前日产液/t	累计产油/t
SW33-6	否	0.91	3.18	0.54	3.18	6.65
SW33-7	否	0.08	0.79	0.09	0.25	6.72
SW33-8	是	1.93	9.00	1.73	2.12	130.26
SW33-9	是	3.18	31.75	2.98	4.97	185.75

5 结论

（1）通过对地质参数的研究及大量添加剂优选试验，形成了针对苏家屯油田的压裂液体系。

（2）研究形成的压裂液体系抗温抗剪切性、与地层流体配伍性良好；破胶速度快、破胶彻底、破胶液表界面张力较低，能够满足快速返排的要求；与原压裂液配方相比，残渣含量降低，裂缝导流能力伤害降低4%，岩心伤害降低15%。

（3）现场施工2井次，施工取得成功，并取得较好的增产效果。

研究形成的苏家屯压裂液体系具有很强的区块适应性，能满足苏家屯油田的施工和增产需要。

参 考 文 献

[1] 王志刚，王树众，林宗虎，王斌，张爱舟. 超临界 CO_2/胍胶泡沫压裂液流变特性研究. 石油与天然气化工，2003，32(1)：42-4.

[2] [美]米卡尔 J. 埃克诺米德斯，肯尼斯 G.，诺尔特，张保平，蒋阗，刘立云，张汝生等译. 油藏增产措施(第三版)[M]. 北京：石油工业出版社，2002.

[3] 周继东，朱伟民，卢拥军等. 二氧化碳泡沫压裂液研究与应用[J]. 油田化学，2004，21(4).

[4] 熊友明. 国内外泡沫压裂技术发展现状[J]. 钻采工艺，1992，15(1).

[5] 徐永高，王小朵等. 苏里格气田完善压裂助排措施试验效果分析[J]. 油气井测试，2006，15(2).

煤层气井压裂技术

赵崇镇　孙良田　申　强　黄志文

（中国石化油田勘探开发事业部）

摘要： 在当前国际能源供需矛盾日益突出的形势下，煤层气的资源勘探开发备受世界瞩目。煤层气与常规天然气有较大差异，煤层气储层水力压裂改造技术与常规砂岩储层相比也具有特殊性。本文主要阐述了煤层气储层的特点，煤层气压裂和常规砂岩压裂的主要区别，煤层气目前压裂技术与进展，煤层气压裂技术下步发展趋势。

关键词： 煤层气　储层　水力压裂　技术现状　发展趋势

引言

煤层气作为一种储量巨大的新兴洁净能源日益受到世界各国的关注。煤层气是一种非常规天然气，以吸附状态的形式自生自储在煤层中，包括基质表面的吸附气、煤层裂缝与割理中的游离气、煤层水中的溶解气和煤层间夹层的游离气等 4 部分。煤层气分布在全球 74 个国家，资源总量约达 $260 \times 10^{12} m^3$，其中 90% 的分布在 12 个主要产煤国——俄罗斯、加拿大、中国、澳大利亚、美国、德国、波兰、英国、乌克兰、哈萨克斯坦、印度、南非。我国埋深 2000m 以上煤层气地质资源量 $36.8 \times 10^{12} m^3$，约占世界煤层气总资源量的 13%，居世界第三，与陆上常规天然气资源量大致相当。

煤层气开采始于 20 世纪 50 年代，到 80 年代美国阿拉巴马州黑勇士盆地的 Oak Grove 煤层气田的建成投产，标志着现代煤层气工业的诞生。实现煤层气商业开发并已经形成煤层气工业的国家：美国、加拿大、澳大利亚、中国。正在开展大规模煤层气勘探开发试验且部分试验区初步具备商业开发条件的国家：印度、英国、波兰等。已经开展小规模煤层气勘探试验或者积极准备参与煤层气开发的国家：智利、巴西、委内瑞拉等。

我国煤层气研究与开发经历了 3 个阶段：

第 1 阶段：（20 世纪 50 年代初~90 年代）为井瓦斯抽放阶段，该阶段以煤炭资源开发为主，煤层气作为废气大量排入大气中。

第 2 阶段：（20 世纪 90 年代~2005 年）为地表煤层气开发探索阶段，把煤层气为资源来加以开发利用，同时开发上也逐步向着采煤采气一体化方向发展。

第 3 阶段：2005 年以来逐步进入了商业化开发初始阶段，国家对煤层气产业的支持力度进一步加大，煤层气勘探的投入创造了历史新高，一个介于煤炭和常规天然气之间的新型产业正在悄然形成。

截至 2012 年 12 月，全国煤层气钻井总数 12900 口。煤层气地面排采：2010 年煤层气产

量 $15\times10^8m^3$，2011 年煤层气产量 $23\times10^8m^3$，2012 年煤层气产量 $27\times10^8m^3$。发改委国家能源局具体制定，2015 年煤层气产量 $160\times10^8m^3$，煤层气发展空间很大。

由于煤岩气藏渗透率普遍偏低，一般平均在 $(0.3\sim0.5)\times10^{-3}\mu m^2$，自然产能低，甚至没有工业开采价值。为获得经济产量必须对煤储层进行增产措施，以有效地把井眼与煤储层的天然孔隙裂缝系统连通，改善煤储层的排水降压条件，获得合理的解吸-扩散-渗流规模与速率，从而实现煤层气的商业性开发。

1 煤层气储层特点

煤层气系统是一个具有一定埋深的含煤体系(盆地或含煤区)，形成煤层气富集的因素包括静态因素和动态因素。静态因素包括煤层的空间分布、煤岩煤质及生气特征、煤储层含气量、煤层顶底板及封盖等。动态因素包括构造发育史、埋藏史、热史、水动力场、古应力场等。

1.1 煤储层煤质分类

根据煤体结构煤储层煤质分为原生结构煤(硬煤或煤岩)：Ⅰ类煤和构造煤(软煤或碎煤)：碎裂煤(Ⅱ类煤)，碎粒煤(Ⅲ类煤)，糜棱煤(Ⅳ类)。

1.2 煤层气储层的地质特征

(1) 埋深较浅，小于 2000m，一般小于 1000m。

(2) 储层较薄，一般小于 10m。

(3) 煤层气主要以吸附形式(70%～95%)存在于煤储层中。

(4) 煤储层流体渗流通道主要是煤层裂隙(割理)，煤体本身存在孔隙，但一般可以认为煤体本身没有渗透性。煤储层具有裂隙和孔隙双重孔隙结构。

1.3 煤岩力学性能

(1) 杨氏模量远远低于砂岩地层：煤岩的杨氏模量在 $1135\sim4602MPa$ 之间，较常规砂岩小一个数量级。

(2) 泊松比普遍高于砂岩：煤岩的泊松比在 0.18～0.42 之间，平均 0.33，明显高于常规砂岩。

(3) 煤的抗张强度较小：普遍在 0.06～1.66MPa，平均为 1.1MPa，明显低于砂岩；抗张强度随煤阶降低而减弱(无烟煤 2 号平均值为 1.73 MPa，无烟煤 3 号平均值为 1.15 MPa，焦煤平均值仅为 0.25MPa。)

(4) 煤的抗压强度低，压缩系数大：煤的抗压强度从 28～104MPa，大部分在 40～60MPa 之间，明显低于砂岩；煤的体积系数在 $1.98\times10^{-4}\sim20.7\times10^{-4}(1/MPa)$；煤的孔隙弹性压缩系数在 0.12～0.96 之间，变化较大。

1.4 煤储层吸附解吸特征

(1) 煤储层吸附特征：煤对甲烷气体的吸附具有吸热低，吸附、解吸速率快，吸附和解吸可逆以及无选择性等特点。

(2) 煤储层解吸特征：中国煤层气的解吸率变化比较大，煤层甲烷解吸率为 22%～58%，一般在 30% 左右；煤层气解吸率小于 65%，一般在 50% 左右。

1.5 煤储层渗透性特征

中国煤储层渗透率变化于 0.002 ~ 16.17md 之间，平均约 1.27md。其中渗透率 <0.1md 的层次约占 35%，0.1 ~ 1.0md 的层次约占 37%，>1.00 md 的层次约占 28%。

1.6 煤储层的压力特征

煤储层压力与煤层埋深密切相关，煤层埋深增加，储层压力随之增高，两者之间具有显著的线性相关关系。中国煤储层压力梯度最低为 2.24kPa/m，最高达 17.28kPa/m。

1.7 温度特性

浅部煤层温度较低，一般在 20 ~ 30℃ 之间，随着煤层埋深增加，煤层温度逐渐增高。

1.8 含水特性

煤层裂隙一般都有水，但是，煤层不是富水层，部分煤层主要含束缚水，很少游离水存在；煤层水矿化度一般较低。

2 煤层气压裂和砂岩压裂主要区别

2.1 储层岩石力学性质

砂岩：杨氏模量高、泊松比低，抗压强度低。

煤层：杨氏模量低、泊松比高，抗压强度高。

(1) 煤层杨氏模量低，裂缝宽度大而缝长短。水力压裂裂缝宽度与杨氏模量成反比，由于煤岩杨氏模量较小，由此形成的裂缝宽度较大。由于宽度的增加，在相同的压裂规模条件下，裂缝的长度增加将受到限制。

(2) 煤层抗压(张)强度低，支撑剂嵌入严重。支撑剂在裂缝中嵌入严重，对裂缝导流能力伤害严重；由于煤层强度低，嵌入部分的煤多被压成煤粉，对裂缝内流体渗流有阻碍作用，同时使裂缝导流能力进一步下降。

(3) 煤层力学性质各向异性特征比砂岩明显。煤岩垂直层理方向上的弹性模量 ED 是平行方向上 EV 的 1.5 ~ 3 倍，垂直层理方向的泊松比比施压方向沿层理方向的泊松比大 2 ~ 6 倍，垂直煤层理的抗压强度比平行层理的抗压强度 1.2 ~ 1.6 倍。

2.2 裂缝起裂延伸与形态特征(表1)

表1 常规砂岩和煤层气压裂裂缝延伸与裂缝形态对比

	裂缝起裂	裂缝延伸方向	裂缝形态
常规砂岩压裂	垂直最小主应力方向起裂	沿最大主应力方向延伸	主要是垂直裂缝
煤层气压裂	从天然裂缝(割理)起裂	当水平应力差异较小时，沿天然裂缝延伸；当水平应力差异较大时，裂沿最大主应力方向延伸	垂直裂缝、水平缝、"T"和"I"型缝、"树枝"型缝、"阶梯"型缝

2.3 压裂液伤害

砂岩：配伍性伤害、黏土膨胀性伤害。

煤层：配伍性伤害、黏土膨胀性伤害、吸附性伤害。

吸附伤害是煤层压裂最特征的一种伤害。煤层是由连通性极好的大分子网络和其他互不连通的大分子通道所组成，具有割理发育、比表面积大等特性。因此，与砂岩不同，煤层具有很高的吸附各类液体和气体的能力。煤层吸附压裂液从而对煤储层造成严重伤害。

2.4 固相颗粒伤害差异

砂岩：少量岩粉、机械杂质、压裂液残渣。

煤层：少量岩粉、机械杂质、压裂液残渣、煤粉。

"煤粉堵塞伤害"是一种典型的物理伤害。煤粉是疏水性的，不易分散于水或水基压裂液，通常在压裂作业过程中由于冲刷作用会产生大量的煤粉，这些煤粉极易聚集起来堵塞煤层天然裂隙和压裂裂缝，造成伤害。

3 煤层气井压裂技术

3.1 压裂液与支撑剂

3.1.1 压裂液

煤层气井使用压裂液分为增黏压裂液(胍胶交联压裂液，线性胶压裂液，清洁压裂液，泡沫压裂液)和非增黏压裂液[清水、活性水(目前使用最为广泛)]。压裂液对煤层的伤害性放在第一位；造缝、携砂和返排放在第二位。线性胶和交联冻胶破胶液对煤层的伤害率在65%左右，活性水和清洁压裂液的伤害率一般为10% ~ 30%。常用压裂液：清水、盐水、活性水、防膨活性水、滑水、清洁压裂液。慎用压裂液：交联胶、线性胶、高浓度表面活性剂、化学胶。推荐压裂液：二氧化碳泡沫压裂液或活性水伴注液态 CO_2。

(1)煤粉稳定剂：粉煤不聚集，不堵塞裂缝，助于煤粉排到地面。煤粉稳定剂对导流能力的影响如图 1 所示。

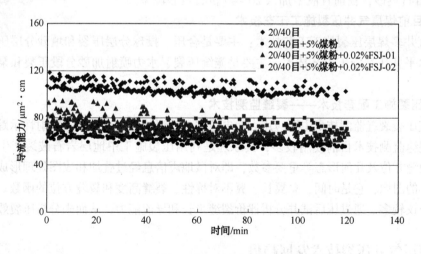

图 1　煤粉稳定剂对导流能力的影响

(2)助解吸添加剂：改变煤的表面性质，降低其亲甲烷能力，提高临界解吸压力。见表 2。

表 2　助解吸添加剂对临界解吸压力的影响

样品位置	含气量/ $m^3 \cdot t^{-1}$	样品编号	置换剂浓度/ ppm	$V_L/m^3 \cdot t^{-1}$	P_L/MPa	临界解吸压力 变化量/MPa
柳林 沙曲矿	11.8	A-1	原始	21.35	1.87	2.41
		A-2	4000	18.29	1.54	2.70
焦作 古汉山	20	B-1	原始	36.89	1.01	1.10
		B-2	4000	37.54	1.63	1.56
大同 泉岭	3.8	C-1	原始	11.34	1.41	0.81
		C-2	4000	11.44	2.06	1.12
阳泉 寺家庄	10	D-1	原始	40.30	0.94	0.42
		D-2	4000	31.20	0.91	0.53

(3) 微乳液助排剂：常规压裂液添加的表面活性剂虽然表面张力也比较低，但在煤层气压裂过程中由于吸附作用强，导致助排效果不好。现在国外煤层气压裂添加的助排剂是微乳液。常规表面活性剂 20%~30%，ME 返排率是 50%，ME 和 FS 复合物是 60%。

(4) 伴助 CO_2 或 CO_2 泡沫压裂液：使用 CO_2 不仅增能，而且还能置换 CH_4。CH_4 和 CO_2 与煤分子之间作用力的差异，导致煤对 CH_4 和 CO_2 吸附能力有所不同。这种作用力与相同压力下 CH_4 和 CO_2 的沸点有关，沸点越高，被吸附的能力越强，CH_4 和 CO_2 的沸点分别为 -161℃ 和 -78℃，从而 CO_2 在煤表面具有较强的吸附能力。

3.1.2　支撑剂

煤层气压裂支撑剂包括石英(目前广泛使用)和低密度陶粒。根据煤层特性选用不同的支撑剂组合。对于渗透性较高的储层，一般采用 20~40 目石英砂，尾追 16~20 目石英砂，在前置液中加入 50~100 目石英砂；对于渗透性较差的储层，一般采用 20~40 目石英砂，尾追 16~20 目石英砂，在前置液中加入 20~40 目石英砂段塞。

3.2　目前煤层气井压裂施工工艺技术

(1) 直井多煤层压裂施工工艺技术：主要是合压、投球分层压裂和填砂分层压裂。

(2) 水平井压裂施工工艺技术：主要是笼统压裂、水力喷射加砂分段压裂和泵送桥塞分段压裂。

3.3　压裂施工配套技术——裂缝监测技术

煤层气压裂裂缝监测技术主要应用大地电位法、井温法、微地震法、放射性示踪法。地面微地震法裂缝监测技术目前使用较多，其原理是利用压裂施工中地层岩石破裂产生的微地震波，测定裂缝方位及几何形态等重要参数，即对微地震信息经过叠加和成图处理形成反映水力压裂缝大小的图像，它是时间、总翼长、翼不对称性、裂缝高度和裂缝方位的函数。但该方法目前存在争议较多。通过压后试井分析评价裂缝半长和导流能力，从而来分析压裂效果。

4　煤层气井压裂技术发展趋势

4.1　超低密度支撑剂的研制与推广应用

现有支撑剂主要分为陶粒、石英砂两大类，其中石英砂颗粒相对密度约在 2.65 左右，陶粒相对密度较高，达 2.7~3.6，而压裂液的相对密度一般在 1.0~1.1 之间。要实现这些支撑剂在缝内的有效铺置，必须保证压裂液的携砂性能（如黏度、流变性等）和施工泵送条件（如排量、设备功率）。

研发出相对密度接近甚至等于压裂液密度的超低密度支撑剂，且价格相对低廉，根本上解除目前支撑剂密度对携砂液性能和泵送条件的制约而且还节约的支撑剂的用量。

4.2　多重功效的压裂工作液体系的研发

总体上看，现有煤层气压裂液研究致力于提高悬砂性能和降低储层伤害，但尚未系统全面地研究煤层压裂液降滤、增能、解吸和低伤害等综合问题的研究。

多重功效的压裂工作液体系主要包括①低伤害暂堵转向剂，用于降滤；②粉煤稳定剂，减少粉煤聚集，提高裂缝导流；③助解吸剂，减少煤对压裂液的吸附并促进煤层气解吸的添加剂；④泡沫稳定剂，增能助排剂。

4.3　缝网压裂技术试验与推广

理论和实践证明，在裂缝系统复杂的煤层中形成具有一定长度和导流能力的规整人工裂缝，非常困难。

近年来，在页岩气压裂改造时应用缝网压裂技术，其主要目的是在基质渗透率极低而微裂缝发育的储层中形成网状裂缝，进而增加油气渗流通道。

煤层不仅基质渗透率低，而且本身就发育有复杂的裂缝系统，具备实施缝网压裂的条件。因此，把发挥煤层天然裂缝系统对煤层气开采的有利作用作为压裂主攻方向，通过多井多段同步压裂增加煤层改造体积，进而提高水力压裂波及体积，充分发挥水力裂缝和天然裂缝的综合作用。

参 考 文 献

［1］张国华，本煤层水力压裂致裂机理及裂隙发展过程研究［D］. 辽宁工程技术大学，2001.
［2］杜春志，煤层水压致裂理论及应用研究［D］. 中国矿业大学，2008.
［3］从连铸，煤层气井用高效低伤害压裂液研究［D］，中国地质大学，2002.
［4］张国华 . 本煤层水力压裂致裂机理及裂隙发展过程研究［D］. 阜新：辽宁工程技术大学，2001.
［5］张亚蒲，杨正明，鲜保安 . 煤层气增产技术［J］. 特种油气藏，2006，13(1)：95-98.

CYS-2耐高温植物胶压裂液交联剂研制

张大年　赵梦云　张锁兵　刘　松　苏长明

（中国石化石油勘探开发研究院）

摘要：本文介绍新研制的耐高温有机交联剂CYS-2，通过在合成有机硼交联剂过程中，引入少量锆离子，增强有机硼胶态粒子络合键强度，提高压裂体系耐温性能，同时保持硼交联的优势。以羟丙基胍胶为稠化剂用量（0.4%～0.65%）、交联剂CYS-2用量（0.45%～0.65%）及助剂，满足140～170℃储层需要。在170℃，$1000s^{-1}$高速剪切后具有剪切恢复能力，$170s^{-1}$剪切120min保持黏度120mPa·s以上；体系破胶剂为过硫酸铵，破胶彻底，破胶液黏度低。

关键词：有机硼锆交联剂　压裂液　耐高温　耐剪切　羟丙基胍胶

随着勘探技术不断深入，完钻井深不断增加，150℃以上高温致密储层越来越多，对压裂液体系耐高温、耐剪切性能提出了更高的要求。现阶段以硼交联植物胶压裂液体系成为水基压裂液主要体系，耐温性能大多限于150℃内储层；金属交联剂锆、钛耐高温性能强，但剪切恢复能力差，破胶困难。本文研制耐高温有机交联剂CYS-2，通过在合成有机硼交联剂过程中，引入少量锆离子，增强有机硼胶态粒子络合键强度，提高交联键热稳定性，达到增强压裂体系耐温性能的目的，同时保持硼交联自身优势。以羟丙基胍胶为稠化剂用量（0.4%～0.65%）、交联剂CYS-2用量（0.45%～0.65%）及助剂，满足140～170℃储层需要。

1　实验部分

1.1　实验仪器和试剂

1.1.1　实验仪器

Haake RS 6000旋转流变仪（德国Haake公司），冷凝管，三口瓶，温度计，水浴锅（金坛市医疗仪器厂DF-101S），搅拌器，乌氏黏度计（上海申立玻璃仪器有限公司），高温高压滤失仪（青岛海通达GGS42-2A），吴茵混调器

1.1.2　实验试剂和配方

羟丙基胍胶（山东东营大成Ⅰ级），氯化钾，甲醛，助排剂DL 12，硼砂，碳酸钠，过硫酸铵均为工业品，硫代硫酸钠，多元醇，有机酸和氧氯化锆为分析纯。

1.2　实验方法

1.2.1　耐高温交联剂CYS-2合成

按一定比例称取少量氧氯化锆和水，放入装有回流冷凝的三口反应瓶中，搅拌至全溶，倒入有机酸，升温至65～70℃，恒温搅拌1～2h，加入一定比例硼砂搅拌均匀后加入适量的多元醇，溶液颜色淡黄色，用20%NaOH水溶液调节pH值7～8，加热至75℃，络合反应3

~5h。得到浅黄色透明液体，密度为 1.09g/cm³。反应过程中要严格控制反应温度和酸碱度，温度或 pH 不佳会产生白色锆沉淀。

1.2.2 基液配置

干粉羟丙基胍胶配置：按石油天然气行业标准 SY/T5107-2005"水基压裂液性能评价方法"配置基液。

1.2.3 耐高温压裂液体系基本配方

配方如下：（0.4%~0.65%）羟丙基胍胶+1.0%氯化钾+0.15%甲醛+0.15%助排剂 DL-12+（0.05%~0.2%）NaOH+（0.45%~0.7%）有机硼锆交联剂 CSY-2+0.5%高温稳定剂。

1.3 性能评价方法

压裂液耐温耐剪切性能、破胶和残渣含量依据石油天然气行业标准 SY/T 5107—2005"水基压裂液性能评价方法"测试。

1.3.1 交联时间确定

采用漩涡法测定交联时间，在 400mL，0.4%基液放置吴茵混调器以 1800r/min 转速搅拌见漩涡底，加入交联剂后观察增稠情况，漩涡封闭时间为终止交联时间。

1.3.2 耐温耐剪切性能测试

配置胍胶基液，按照基本配方加入其他添加剂，用德国 Haake 公司 RS6000 旋转黏度计分别在 140℃、150℃、160℃、170℃，四个温度 170s⁻¹ 连续剪切 2h 测定压裂体系耐温耐剪切性能。在 170s⁻¹ 连续 2h 剪切过程中进行 2min、1000s⁻¹ 高速剪切测试体系剪切恢复性。

1.3.3 破胶性能

取 100mL 基液，按 170℃配方制备冻胶，加入不同浓度过硫酸铵放置于 95℃恒温水浴锅中，取不同时间段破胶液，温度降至室温用乌氏黏度计测定黏度，并且破胶完成后测定残渣量。

1.3.4 压裂液静态滤失性实验

按基本配方配置压裂液体系，倒入滤筒中待温度升值温度 120℃，设定压差 3.5MPa，开始收集滤液，实验持续 36min。

2 结果与讨论

2.1 交联作用时间

用旋涡法测定察压裂液交联增稠的情况，以压裂液旋涡发生封闭的时间为延迟交联作用时间。压裂液配方为 0.4%HPG、0.45%CYS-2 和其他添加剂，NaOH 调节 pH。旋涡封闭时间观测值见表1。

表1 CYS-2 交联作用时间

pH	漩涡封闭时间	pH	漩涡封闭时间
8	98	11	267
9	132	12	281
10	195		

由表1明显看出 CYS-2 交联剂具有延迟交联作用，压裂过程中可合理的调节交联时间，

有效的降低摩阻。

2.2 体系耐温耐剪切性能：

针对不同温度，设计完成 140~170℃四组体系配方。图 1~图 4 为体系耐温耐剪切性能测试曲线，表 2 列出四组体系性能。

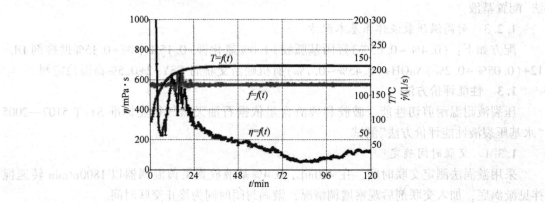

图 1　140℃，170s⁻¹剪切 120min，流变曲线

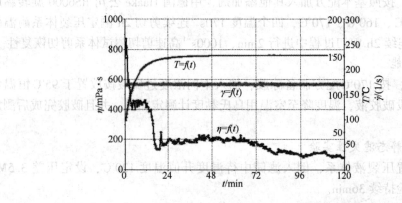

图 2　150℃，170 s⁻¹剪切 120min，流变曲线

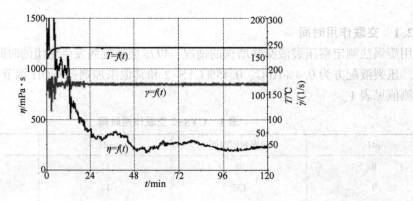

图 3　160℃，170s⁻¹剪切 120min，流变曲线

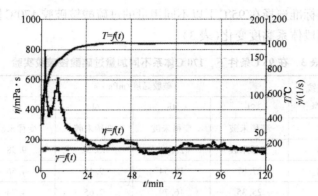

图 4　170℃，170s^{-1}剪切 120min，流变曲线

表 2　配方组成和体系剪切完成后保留黏度

配方	适用温度/℃	稠化剂	交联剂	剪切条件/170s^{-1}	保留黏度/mPa·s
1	140	0.4%	0.45%	120min	114.70
2	150	0.5%	0.55%	120min	80.93
3	160	0.65%	0.65%	120min	226.7
4	170	0.65%	0.70%	120min	111.80

注：配方中均添加助排剂 1.0%氯化钾，0.15%甲醛+DL-12 0.15%助排剂，用 NaOH 调节 pH。

　　四组配方在 140~170℃、170 s^{-1}下，用 Haake-RS6000 流变仪得到的压裂液高温流变曲线见图 1~图 4。

　　由图可见，配方剪切时间大于 30 min 后体系整体趋于稳定，60 min 后的黏度均大于 100 mPa·s，剪切时间大于 90 min 后的黏度略下降或保持，连续剪切 120 min 后的黏度可保持在 100 mPa·s 左右。

　　耐剪切性能测试中，在 170℃，170 s^{-1}剪切 90min 过程中进行 1000 s^{-1}变剪切测试后黏度能够恢复(图 5)，最终黏度保持 132mPa·s。

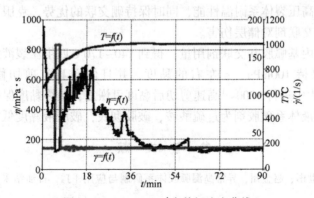

图 5　170℃，170 s^{-1}变剪切流变曲线

　　以上实验说明以 CYS-2 为交联剂的压裂液体系具有很好的耐温、耐剪切和剪切恢复性，可满足压裂施工造缝和携砂要求。

2.3　体系破胶性和残渣含量

　　彻底的破胶决定了压裂液在施工结束后是否能彻底返排，同时可以减小储层伤害，提高压裂施工效果。根据标准选择在95℃下以不同用量的过硫酸铵破胶170℃体系配方,用乌氏黏度计测定不同时间段体系黏度变化(表3)。

表3 在95℃条件下,170℃体系不同加量过硫酸铵破胶实验

破胶温度	过硫酸铵加量/%	破胶黏度/mPa·s				破胶残渣/(mg/L)
		2h	4h	6h	8h	
95℃	0.02	变稀未破	变稀未破	变稀未破	变稀未破	—
	0.05	变稀未破	23.21	15.32	9.98	770
	0.08	27.87	18.54	9.45	4.56	594
	0.1	25.35	16.79	7.65	4.74	585

实验表明,用量0.08%的过硫酸铵,体系8h内可完全破胶。

2.4 抗滤失性

170℃配方体系在170℃滤失性能测定结果见表4。

表4 压裂液体系降滤失性对比

稠化剂 HPG	CYS-2	温度/℃	$V_{sp}/(m^3/m^2)$	$C_w/(m/min^{1/2})$	$V_{cm}/(m^3/m^2 \times min)$
0.65%	0.7%	170	4.48×10^{-4}	2.554×10^{-4}	1.038×10^{-4}

由表4可知,该体系高温滤失量少,滤失系数较低,可以形成有效的滤饼控制液体滤失量。

3 结论

(1)通过交联剂合成工艺的改进,在合成有机硼过程中,加入少量的锆离子,可以有效增强有机硼胶态

络合键强度,提高压裂体系耐温性能,同时保持硼交联的优势,克服了有机锆交联剂破胶困难,减少有机锆交联剂对储层伤害。

(2)通过调整羟丙基胍胶和交联剂用量,得到140~170℃四组压裂液配方,在此温度下170s⁻¹剪切120min保持100mPa·s左右的黏度,并且体系具有剪切修复特性,170℃、170s⁻¹剪切90min过程中进行1000s⁻¹高速剪切后黏度可恢复,最终黏度保持132mPa·s。

(3)该4个压裂液体系破胶剂为过硫酸铵,破胶彻底,破胶液黏度低、残渣量少。

参 考 文 献

[1] 郭建春、辛军、王世彬、赵金州,异常高温胍胶体系研制与应用 [J]. 石油钻采工艺,2010,32(3):64-67.

[2] 张文胜、任占春、秦利平等,水基植物胶压裂液用交联剂类型及性能[J]. 钻井液与完井液,1997,14(4):20-22.

[3] 中华人民共和国石油天然气行业标准 SY/T 5107—2005"水基压裂液性能评价方法"[S],2005.

羟丙基瓜胶压裂液替代技术研究进展

赵崇镇[1] 赵梦云[2] 苏建政[2] 张汝生[2] 龙秋莲[2] 张锁兵[2]

(1 中国石化油田勘探开发事业部；2 中国石化石油勘探开发研究院)

摘要：本文介绍了水基压裂液发展历程和近期羟丙基瓜胶压裂液供应紧缺、价格暴涨的情况，对主要的羟丙基瓜胶压裂液替代技术进行了介绍，分析了香豆胶压裂液、清洁压裂液和合成聚合物压裂液的性能、试验应用和成本情况，对羟丙基瓜胶压裂液替代技术的研究提出方向，对今后的相关工作开展具有指导意义。

关键词：羟丙基瓜胶 压裂液 替代技术 进展 国产化

引言

1947 年，压裂技术首先在美国出现。经过数十年发展，压裂技术在提高油气产量和可采储量方面的重要性与日俱增，已成为标准的采油技术。中国陆上油气田开发，特别是低渗油气藏、致密油气藏和页岩油气等资源开发中，水平井多分段压裂技术已成为常规的产能建设措施，导致压裂施工数量和施工强度大幅增加。

早期压裂施工使用的压裂液为油基压裂液，由于安全和成本等因素，水基压裂液取代了油基压裂液而成为主导技术。目前，以羟丙基瓜胶为稠化剂的水基压裂液体系已在国内外压裂液市场中居于垄断地位，例如，中国石油和中国石化的压裂施工中所使用压裂液类型98%以上均为羟丙基瓜胶压裂液。

1 羟丙基瓜胶替代技术研究意义

羟丙基瓜胶是瓜儿豆的胚乳经过羟丙基化改性而得。瓜儿豆是主产于印度和巴基斯坦的一年生草本植物，每年 6、7 月播种，11 月收获。每季瓜儿豆收获后，印、巴等地的加工商将瓜儿豆除去种皮、胚芽等部分，粗加工成瓜胶片后销售到国内。国内企业购入瓜胶片进行羟丙基化改性，制成羟丙基瓜胶，供应国内压裂施工使用。瓜儿豆在我国多地进行过试种，但都不成功，现在国内生产羟丙基瓜胶所需的原料—瓜胶片完全依赖进口。

这种压裂液稠化剂选择单一、原料完全依赖进口的情况，在现今国内、国际经济环境中，容易导致价格受制约、采购困难的情况。多年以来，羟丙基瓜胶的国内价格一直稳定在 2 万元/t 左右。但在各种因素作用下，自 2011 年 11 月起，印度市场的瓜胶片价格暴涨，导致国内羟丙基瓜胶市场价格从 2011 年 11 月的 24385 元/t，一路暴涨到 2012 年 5 月初的158000 元/t，6 个月内价格上涨 6.5 倍。如果按 1 口水平井分段压裂 10 段需 2000m³ 压裂液计算，仅压裂液稠化剂涨价一项就导致我国水平井单井压裂成本增加 70 万元。

在国际市场瓜胶原料价格大幅上涨且不能保证供应的情况下，研究开发非羟丙基瓜胶稠化剂的新型压裂液体系，提高我国压裂用稠化剂的国产化率，对于满足压裂施工需求、支撑油气资源开发、保障我国能源供给和降低能源成本都具有重要意义。因此，中国石化组织科研力量，对羟丙基瓜胶压裂液的替代技术开展攻关，目前已取得多项进展。

2 主要替代技术的研究进展

水基压裂液技术在近五十年中发展迅速，现已形成植物胶压裂液、植物胶泡沫压裂液、黏弹性表面活性剂压裂液和合成聚合物压裂液等多种类型。羟丙基瓜胶压裂液替代技术的研究方向也主要集中于这些类型。

2.1 香豆胶压裂液

植物胶压裂液是以植物胶作为稠化剂，与硼、锆等离子发生交联反应后形成的具有良好耐温耐剪切性能的冻胶体系。我国水力压裂施工曾经规模使用的植物胶包括：瓜胶原粉、羟丙基瓜胶、香豆胶、田菁胶、魔芋胶等。20世纪八九十年代，由于香豆胶压裂液具有悬砂能力强、耐温耐剪切、低摩阻和低残渣等优势，中石油廊坊压裂酸化技术服务中心就开展了香豆胶压裂液体系的推广应用工作。至1995年，香豆胶压裂液体系已在大庆、吉林、长庆等油田施工了上千井次，年用量2000t以上，取得了良好的综合效益。1995年，香豆胶-硼锆交联剂压裂液体系在塔里木东河塘油田成功地进行了三口超深井压裂施工，井深5800~5910m，井温157℃，平均砂比21%，施工摩阻为清水的35.8%，施工成功率100%，创造了当时的国内超深井压裂记录。

香豆系豆科胡芦巴属一年生园栽植物，在我国安徽、江苏、河北等地皆可种植。其种子的胚乳部分进行物理改性加工后即为香豆胶。与羟丙基瓜胶相比，香豆胶的原料产地立足国内，供应得到有效保障，由于仅长庆、延长油田在压裂中少量使用，市场规模小，过去香豆胶的价格一般略高于羟丙基瓜胶。近期羟丙基瓜胶大幅涨价后，香豆胶的价格优势凸显，当前工业一级品价格为羟丙基瓜胶的50%左右。

中国石化石油勘探开发研究院采油工程研究所对香豆胶压裂液的各项性能进行了评价，评价结果表明：香豆胶压裂液使用的交联剂、破胶剂等添加剂和配液程序、方法都与羟丙基瓜胶压裂液相同；同等用量下，香豆胶压裂液的耐温耐剪切性能、悬砂性能、降阻率和破胶等各项性能与羟丙基瓜胶体系相当。同时，针对香豆胶压裂液的残渣清洁技术重点攻关，研制了残渣清洁剂CF-100，在使用浓度为10ppm时，可将香豆胶压裂液的残渣浓度降至等同或低于羟丙基瓜胶(工业一级品)压裂液的水平。目前，香豆胶压裂液正在中石化各分公司开展现场试验，成功后将大规模推广。

2.2 黏弹性表面活性剂压裂液

1997年在江苏无锡召开的全国压裂酸化工作会议上，Schlumberger(斯伦贝谢)公司介绍了黏弹性表面活性剂(商品名：ClearFRAC)压裂液的研究与应用情况。这种新型压裂液摆脱了常规水基裂液的交联-破胶技术，以表面活性剂为稠化剂，依靠表面活性剂分子的自组装效应，形成缠结棒状胶束结构而成为有良好黏弹性的冻胶。该体系破胶主要依靠油相进入后，棒状胶束的自行解除效应。黏弹性表面活性剂压裂液简化了压裂工艺，有很强的防膨能力和自破胶性能，可降低压裂液对储层的伤害。国内有关科研单位和油田企业对该技术极为关注，2000 年后相继开发了多种产品，其中部分体系在国内油田进行了压裂试验，也取得了一定的增产效果。

目前，黏弹性表面活性剂压裂液的推广应用存在两个瓶颈：即提升耐温性能和降低成本。国内研制和试验的黏弹性表面活性剂压裂液耐温能力在 60~100℃之间，同时，每方表面活性剂压裂液的成本与羟丙基瓜胶涨价后的压裂液成本相当甚至更高，这些都限制了该技术的推广应用。

2012 年 5 月，中石化东北分公司使用中石化石油勘探开发研究院采油工程研究所研发的耐高温清洁压裂液体系成功进行了压裂施工，压裂层段为变质岩，深度 2083~2099m，温度 90℃，入井液量 430m³，平均砂比 23%。

2.3 合成聚合物压裂液

聚丙烯酰胺及其衍生物作为压裂液稠化剂，在 20 世纪 70 年代就进行过试验与使用。2000 年后，合成技术的进步使聚合物性能有所提升，中石油的长庆、吉林油田都试验过合成聚合物压裂体系，也取得了一定增产效果。

合成聚合物压裂液的主要优势在于稠化剂、交联剂均为化学合成产品，供应能力充足且价格较稳定。国内各油田和企业均在开展研究与现场试验（表1），随着技术的进步和规模的扩大，成本还有大幅降低的空间。

表 1 合成聚合物压裂液在中国石化部分油田的试验情况

	合成聚合物压裂液	疏水缔合聚合物压裂液
试验油田	中石化华北分公司	中石化东北分公司
试验井数	已完成 6 井次的压裂试验	2011 年试验 2 井次 2012 年已完成 3 井次
施工情况	施工顺利，增产效果待评估	探井，施工顺利

3 主要替代技术的成本对比

在保障压裂效果的同时，最大程度降低成本，是羟丙基瓜胶压裂液替代技术研究的工作目标。羟丙基瓜胶压裂液和主要替代技术不同温度下的压裂液成本对比见表2，结合对羟丙基瓜胶压裂液和主要替代压裂液体系的性能检测与油田现场试验情况，得出以下结论和工作建议。

表 2 羟丙基瓜胶压裂液主要替代技术的成本分析

压裂液体系	60℃体系/(元/m³)	90℃体系/(元/m³)	120℃体系/(元/m³)
羟丙基瓜胶压裂液	840	950	1050
香豆胶压裂液	450	550	600
清洁压裂液	650~750	830~110	1700~2000
FRK 合成聚合物压裂液	550	800	—
超支化聚合物压裂液	750	—	—
疏水缔合聚合物压裂液	800~900		

注："—"表示未形成适用该温度的配方体系。

（1）主要替代技术中，香豆胶压裂液体系的成本最低，综合性价比最高，建议加大推广力度，并通过中国石化的规模采购，在现有基础上大幅降低成本。

（2）清洁压裂液成本较高，可在稠油井或特殊储层使用，下一步重点开展技术攻关，实现关键原料的自主生产，降低成本。

（3）合成聚合物压裂液成本较高，高温性能有待提高，应开展聚合物稠化剂的合成技术研究，加大试验规模，降低成本并提升性能。

4 结论

压裂液稠化剂—羟丙基瓜胶的紧缺与价格暴涨，短期内将大幅增加压裂成本，压低压裂施工数量，影响中石化油气产能建设；长期而言，目前这种压裂液稠化剂完全依赖进口原料的局面，将对中国国内油气田稳产和非常规资源开发产生深远影响。因此，广泛试验和推广应用羟丙基瓜胶压裂液替代技术，提升压裂液体系的国产化率，不仅是中国石化降低生产成本的要求，对于保障我国能源的低成本和稳定供给也具有重要意义。

参 考 文 献

[1] John L. Gidley. 水力压裂技术新发展[C]. 北京：石油工业出版社，1995.

[2] 孟卫东，胡春花，王效宁. 一种新型的经济作物—瓜尔豆[J]. 海南农业科技，2002，（2）：19-20.

[3] 萧正春，吴素玲. 我国三种半乳甘露聚糖胶粉比较研究[J]. 中国野生植物资源，1994，（3）：18-21.

[4] 崔明月. 硼交联香豆胶压裂液流变性的表征[J]. 油田化学，1997，14(3)：218-223.

[5] 宋兴福，江休乾. 香豆胶有机硼 BCL-61 交联反应动力学研究[J]. 石油与天然气化工，1999，28(4)：292-296.

[6] 卢拥军. 香豆胶水基压裂液研究与应用[J]. 钻井液与完井液，1996，13(1)：13-16.

[7] 赵梦云，赵忠扬，赵青等. 中高温 VES 压裂液用表面活性剂 NTX-100[J]. 油田化学，2004，21(3)：224-226.

[8] 卢拥军，方波，房鼎业等. 粘弹性表面活性剂压裂液 VES-70 工艺性能研究[J]. 油田化学，2004，21(2)：120-123.

[9] 娄平均，牛华，朱红军等. 新型吉米奇季铵盐在 VES 清洁压裂中的应用研究[J]. 天然气与石油，2011，29(1)：45-47，53.

[10] 卢拥军，方波，房鼎业等. 粘弹性胶束压裂液的形成与流变性质[J]. 油田化学，2003，20(4)：325-330.

[11] 刘新全，易明新，赵金钰等. 粘弹性表面活性剂(VES)压裂液[J]. 油田化学，2001，18(3)：273-277.

[12] 管保山，薛小佳，何治武等. 低分子量合成聚合物压裂液研究[J]. 油田化学，2006，23(1)：36-38，62.

[13] 张汝生，卢拥军，舒玉华等. 一种新型低伤害合成聚合物冻胶压裂液体系[J]. 油田化学，2005，22(1)：44-47.

一种耐高温弱酸性聚合物压裂液的研制

高媛萍[1]　林蔚然[2]　尨秋莲[1]　张汝生[1]　伊卓[2]

(1. 中国石化石油勘探开发研究院；2. 中国石化北京化工研究院)

摘要：采用自由基水溶液聚合法成功制备了丙烯酰胺(AM)多元共聚物。所设计共聚物的结构不同于传统的丙烯酰胺聚合物，而是引入了抗温基团、易水化基团和可交联基团，所得共聚物作为压裂液稠化剂，具有化学和热稳定性好、水溶性高、成胶性能好的特点。成功制备了一种复合交联剂，交联时间可调，所得聚合物压裂液在稠化剂浓度为 0.4% 时，在 120℃、170L/s 条件下连续剪切 120min，黏度可保持在 100mPa·s 以上，耐温耐剪切性能良好。同时，该聚合物压裂液 pH 值为 3~5，可用于碱敏地层；破胶彻底，破胶液黏度小于 3mPa·s，表面张力低于 22mN/m；稠化剂中不含水不溶物、破胶液中无残渣，具有对地层伤害小的特点。改变稠化剂和交联剂用量，还可形成用于地层温度为 80℃、100℃、140℃ 等的压裂液体系，以满足不同压裂井需求，实验结果表明，研究所得压裂液配方与现场压裂用水配伍性好。

关键词：压裂液　合成聚合物　复合交联剂

水力压裂是油气井增产、注水井增注的一项重要技术措施。压裂液性能好坏是影响压裂效果的重要因素。按照压裂液配制材料和液体性状可将压裂液分为水基压裂液、油基压裂液、乳状压裂液、泡沫压裂液、酸基压裂液、醇基压裂液等。按照使用稠化剂成分的不同可分为天然植物胶及其改性物压裂液、合成聚合物压裂液、表面活性剂压裂液等。水基天然植物胶及其改性物压裂液是目前使用最多的压裂液，其耐温耐剪切性能突出，但一般存在水不溶物含量高、残渣多、对地层伤害大的缺陷，如，优选的羟丙基瓜胶压裂液稠化剂浓度一般为 0.35%~0.40%，其水不溶物含量一般为 8%。同时，大多数植物胶属于半乳甘露聚糖，普遍使用的是瓜胶及其羟丙基化或羧甲基化的衍生物，由于近年来瓜胶价格上涨快、波动大、供求不稳定，使天然植物胶及其改性物压裂液成本上升，因此，很有必要开发出替代压裂液。表面活性剂压裂液不需要破胶剂且基本无残渣，但其成本较高、耐温性能较差。合成聚合物压裂液具有成本较低且价格稳定、水不溶物含量低、无残渣(低残渣)、以及对地层伤害小的优点，但其通常存在以下缺点：耐温耐剪切能力较差，延迟交联时间不足，破胶时间大于 4 h 且破胶不完全导致吸附伤害显著等。然而，经过分子设计，可赋予聚合物分子多重功能。通过改进稠化剂性能、开展延迟交联剂合成及高效复合破胶剂研究等，目前合成聚合物压裂液存在的缺点可以被克服。

张汝生等合成的聚合物稠化剂 FA-200 不含水不溶物，水溶液呈中性，被能造成酸性环境(pH 值 4~6)的交联剂 AC-12 交联而形成冻胶，交联时间为 60s 左右。依次增加稠化剂用量(0.25%~0.6%)和交联剂用量(0.5%~0.8%)，加入 1.0%乳化剂和 1.0%助排剂，得到了适用温度为 50 ℃、80℃、100℃、120℃、140℃的 5 个配方,在相应温度下剪切 50～90min 保留黏度分别大于 150mPa·s、88mPa·s、98mPa·s、94mPa·s、53mPa·s。

赵建华等合成的锆冻胶体系(稠化剂浓度为 0.5%)在 170L/s、90℃条件下剪切两小时后黏度大于 100mPa·s,破胶后黏度低于 5mPa·s。

本文成功开发了一种综合性能优良的聚合物压裂液体系。其中,稠化剂为采用自由基水溶液聚合法制备的丙烯酰胺(AM)多元共聚物,采用自制的复合交联剂交联,交联时间可调,所得聚合物压裂液耐温耐剪切性能良好(耐温达到 140 ℃)、可用于碱敏地层、破胶彻底。

1 实验部分

1.1 化学试剂

稠化剂 BHY9-6:自制,采用自由基水溶液共聚法合成。称取一定量的丙烯酸(AA,工业品)、丙烯酰胺(AM,工业品)和 2-丙烯酰胺-2-甲基丙磺酸(AMPS,工业品)配制成水溶液,并转移到四口瓶中,搅拌至完全溶解。用氢氧化钠水溶液进行中和,并把体系浓度用去离子水调至 25%。通氮气 30min,60℃水浴加热,350r/min 搅拌 35min。然后加入一定量的引发剂过硫酸铵(纯度 99%,分析纯),恒温反应 9h。冷却至室温。把聚合物凝胶配置成 1.5%的水溶液,用无水乙醇沉淀,45℃真空干燥至恒重,得到纯共聚物,即稠化剂 BHY9-6 样品。

复合交联剂 QI-23,液态,自制,采用一定比例的铝盐、锆盐、延缓剂和 pH 值调节剂制成。其中,铝盐由硫酸铝钾、三氯化铝和硫酸铝优化而成;锆盐由四氯化锆和氧氯化锆优化而成;延缓剂为 EDTA;pH 值调节剂为柠檬酸或冰醋酸等。称取或量取一定量的铝盐、锆盐、延缓剂和 pH 值调节剂分别配置成溶液,先将 pH 值调节剂溶液和延缓剂溶液混合,然后在该混合液中先后加入锆盐溶液和铝盐溶液,混合均匀后得到复合交联剂 QI-23。

黏土稳定剂,工业品;助排剂,工业品;破乳剂,工业品;破胶剂,工业品。

1.2 压裂液配置

量取一定量的水倒入烧杯中,安装搅拌器,加入一定量的稠化剂 BHY9-6、黏土稳定剂、助排剂、破乳剂,30 min 后停止搅拌,等待 30 min,稠化剂完全溶胀,加入一定量的复合交联剂 QI-23,即得到压裂液冻胶。

1.3 测试方法

依据石油天然气行业标准 SY/T 5107-2005《水基压裂液性能评价方法》进行性能评价。

2 结果与讨论

2.1 稠化剂 BHY9-6 的 FTIR 表征

图 1 为 AM/AA/AMPS 三元共聚物的红外光谱图。

由图 1 可知,伯酰胺 NH_2 和仲酰胺 NH 的伸缩振动吸收峰在 3345cm^{-1} 处,1662cm^{-1} 是酰胺基 C $=$ O 伸缩振动,1548cm^{-1} 处伸缩振动吸收峰为丙烯酸中羧酸盐,1451cm^{-1} 是酰胺基 NH_2 弯曲振动,1184cm^{-1} 是 S $=$ O 伸缩振动,1040cm^{-1} 是 S $=$ O 吸收峰,CH $=$ CH$_2$ 的特征吸

收 989.0cm⁻¹和 961.3cm⁻¹已经消失。红外光谱的数据表明，单体 AM、AA 和 AMPS 发生了共聚合反应，生成了 P(AM/AA/AMPS)三元共聚物。

2.2 压裂液稠化剂 BHY9-6 的水不溶物含量

用北京自来水配置的压裂液稠化剂 BHY9-6 溶液无色透明，目测无固体颗粒，用离心分离方法检测不出固态物质，说明稠化剂 BHY9-6 不含水不溶物。

2.3 压裂液基液黏度

用自来水配置不同浓度的压裂液稠化剂 BHY9-6 溶液，用六速旋转黏度计(室温，170L/s)测试其黏度，结果如图 2 所示。基液黏度随着稠化剂浓度增加而增加，且大致为线性关系，考虑压裂液成本，一般选择稠化剂浓度 0.3% ~ 0.6%。

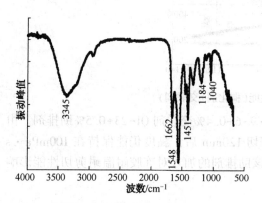

图 1　三元共聚物的红外光谱图

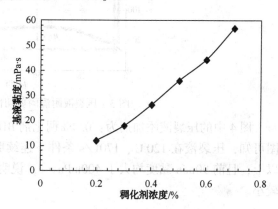

图 2　基液黏度与稠化剂浓度的关系

2.4 压裂液的交联性能

一般情况下，锆盐单独作为交联剂时，存在交联时间过快，甚至出现瞬间交联并产生沉淀的问题。本文的复合交联剂在配置过程中各组分先后添加顺序为 pH 值调节剂、延缓剂溶液、锆盐溶液和铝盐溶液，其中延缓剂和 pH 值调节剂均可作为配位体，先后与锆离子、铝离子反应生成复合多核配合物，再与稠化剂分子交联，由于交联剂溶液中含有过量的配位体，这些配位体对锆离子、铝离子产生亲合力，和稠化剂上的交联基团产生竞争，延迟了交联时间。在实验中，可以通过控制复合交联剂的反应时间(即各组分添加完之后的放置时间)去改变铝、锆离子复合多核配合物的生成情况，最终控制交联时间。表 1 列出了稠化剂浓度为 0.4%、交联剂用量为 0.4%时不同交联剂反应时间条件下的交联时间。由表 1 可知，可以根据需求，通过改变反应时间将交联时间控制在合适的范围内，如 40 ~ 120s。

表 1　复合交联剂反应时间与交联时间的关系

复合交联剂反应时间/s	交联时间/s	复合交联剂反应时间/s	交联时间/s
30	20	300	55
180	37	600	120

实验中交联形成的冻胶无色透明、弹性好，可用玻璃棒挑挂。

2.5 压裂液的耐温耐剪切性能

一般情况下，合成聚合物压裂液中的主要添加剂包括稠化剂、交联剂、助排剂、破乳剂、黏土稳定剂、破胶剂等，每一种添加剂的加入都会对压裂液的耐温耐剪切性能产生一定的影响。首先利用北京自来水配置压裂液进行配方优选和性能测试。图 3 中的压裂液添加剂为：0.4%稠化剂 BHY9-6+0.4%交联剂 QI-23。结果表明，压裂液在 120℃、170L/s 条件下剪切 120min 后，黏度能保持在 200mPa·s 以上，且经过 1000L/s 高剪切后黏度可以恢复，耐温耐剪切性能非常好。

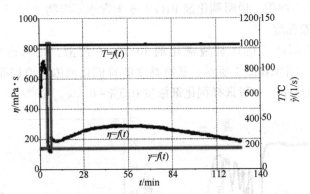

图 3　压裂液耐温耐剪切性能(稠化剂+交联剂)

图 4 中的压裂液添加剂为：0.4%稠化剂 BHY9-6+0.4%交联剂 QI-23+0.5%助排剂。由图可知，压裂液在 120℃、170L/s 条件下连续剪切 120min 后，黏度仍能保持在 100mPa·s 以上，且前 90min 黏度均大于 400mPa·s，说明该助排剂的加入对冻胶耐温耐剪切性能影响较小。

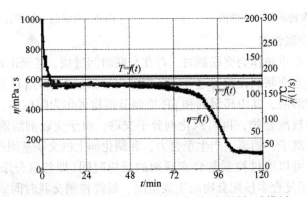

图 4　压裂液耐温耐剪切性能(稠化剂+交联剂+助排剂)

图 5 中的压裂液添加剂为：0.4%稠化剂 BHY9-6+0.4%交联剂 QI-23+0.5%助排剂+0.1%破乳剂。与图 4 对比可知，该破乳剂的加入对冻胶耐温耐剪切性能影响也较小。剪切 100min 后，黏度仍能在 100mPa·s 以上。

图 6 中压裂液配方为：0.4%稠化剂 BHY9-6+0.4%交联剂 QI-23+0.5%助排剂+0.1%破乳剂+1%黏土稳定剂。压裂液冻胶在 120℃、170L/s 条件下连续剪切 120min 后，黏度仍能在 100mPa·s 以上，耐温耐剪切性能良好。此时压裂液中的各添加剂之间配伍性好，助排剂、破乳剂和黏土稳定剂对交联时间及挑挂性能基本不影响，对耐温耐剪切性能影响较小。该压裂液体系配方可用于温度为 120℃地层的压裂改造。

通过改变压裂液中各添加剂的浓度，还可形成适合不同的地层温度(如 80℃、100℃、120℃、140℃等)的压裂液配方。例如，地层温度为 140℃时的压裂液配方为：0.6%稠化剂

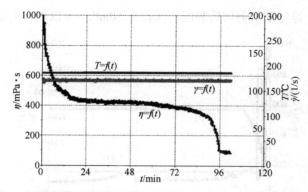

图5　压裂液耐温耐剪切性能(稠化剂+交联剂+助排剂+破乳剂)

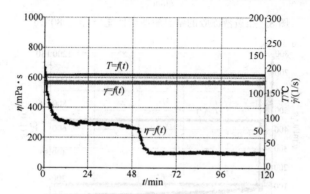

图6　120℃时压裂液冻胶的耐温耐剪切性能

BHY9-6+0.6%交联剂 QI-23+0.5%助排剂+0.1%破乳剂+1%黏土稳定剂。图7为此时压裂液冻胶的耐温耐剪切性能曲线，在140℃、170L/s条件下连续剪切120min后，黏度保持在50mPa·s以上，满足标准要求，且前60min黏度均在500mPa·s以上，携砂能力强、耐温耐剪切性能好。

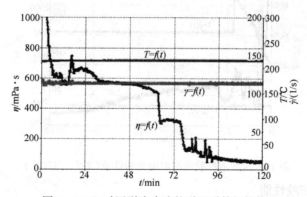

图7　140℃时压裂液冻胶的耐温耐剪切性能

　　研究所得压裂液配方与华北、东北、胜利等油田压裂用水配伍性好。图8、图9分别为用华北红河压裂用水、东北压裂用水配置的压裂液冻胶在其地层温度下(80℃)的耐温耐剪切性能曲线，配方均为：0.4%稠化剂 BHY9-6+0.4%交联剂 QI-23+0.5%助排剂+0.1%破乳剂+1%黏土稳定剂。图10为用胜利压裂用水配置的压裂液冻胶在其地层温度下(120℃)的耐温耐剪切性能曲线，配方为：0.5%稠化剂 BHY9-6+0.5%交联剂 QI-23+0.5%助排剂+

0.1%破乳剂+1%黏土稳定剂。剪切后黏度均保持在50mPa·s以上，满足现场压裂需求。

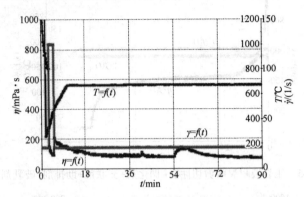

图8　压裂液冻胶的耐温耐剪切性能(红河，80℃)

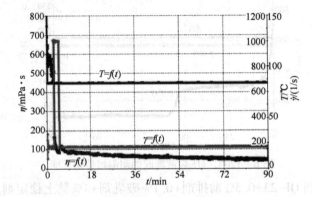

图9　压裂液冻胶的耐温耐剪切性能(东北，80℃)

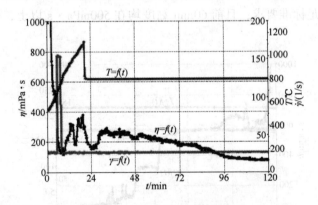

图10　压裂液冻胶的耐温耐剪切性能(胜利，120℃)

2.6　压裂液的破胶性能

表2为用北京自来水配置的压裂液冻胶在不同条件下的破胶液黏度、表面张力和残渣含量。破胶时间均为3h，由表2可知，压裂液破胶彻底，破胶液黏度均小于2mPa·s，破胶液表面张力均低于22mN/m，无残渣，破胶性能良好。而植物胶压裂液冻胶一般破胶后残渣含量在300mg/L以上，这些残渣不易从裂缝中排出，会大大降低裂缝的导流能力，并对地层造成永久伤害。破胶性能好是本文中聚合物压裂液的优点之一。

表2 压裂液的破胶性能(北京自来水配置)

恒温温度/℃	破胶剂浓度/%	时间/h	破胶液黏度/mPa·s	破胶液表面张力/(mN/m)	残渣含量/(mg/L)
100	0.10	3	1.52	20.1	0
120	0.10	3	1.37	21.2	0
140	0.10	3	1.71	20.5	0

用华北、东北、胜利等油田压裂用水配置的压裂液冻胶破胶性能也很好,破胶液黏度均小于3mPa·s,结果如表3所示。

表3 压裂液的破胶性能(现场压裂用水配置)

压裂用水	恒温温度/℃	破胶剂浓度/%	时间/h	破胶液黏度/mPa·s
华北红河	80	0.10	3	2.21
东北	80	0.10	3	2.86
胜利	120	0.10	3	2.09

3 结论

(1)合成了一种聚合物压裂液稠化剂BHY9-6,制备了一种复合交联剂QI-23,筛选出了与之配伍的助排剂、破乳剂和黏土稳定剂,形成了压裂液配方。

(2)该压裂液交联时间可调(如40~120s),冻胶耐温耐剪切性能良好,耐温可达140℃,稠化剂浓度为0.4%时交联冻胶在120℃、170L/s条件下连续剪切120min,黏度可保持在100mPa·s以上。

(3)该压裂液破胶性能良好,破胶彻底,破胶液黏度小于3mPa·s,表面张力低于22mN/m;稠化剂中不含水不溶物、破胶液中无残渣,具有对地层伤害小的特点。

(4)该压裂液pH值为3~5,可用于碱敏地层。

(5)该压裂液配方与华北、东北、胜利等油田压裂用水配伍性好,所得压裂液冻胶性能优良,可用于这些油田的现场施工。

参 考 文 献

[1] 蒋建方,陆红军. 新型羧甲基压裂液的研究与应用[J]. 石油钻采工艺,2009,31(5):65-68.

[2] 陈紫薇,张胜传,张平,唐秀群,王娟. 无残渣压裂液研制与应用[J]. 石油钻采工艺,2009,27(增刊):57-60.

[3] 张汝生,卢拥军,舒玉华,邱晓慧,杨艳丽. 一种新型低伤害合成聚合物冻胶压裂液体系[J]. 油田化学,2005,22(1):44-47.

[4] 赵建华,柯耀斌,游成凤,刘炜. 压裂稠化剂的合成及性能评价[J]. 广州化工,2012,40(10):83-85.

液化石油气压裂技术

张汝生　李凤霞　柴国兴　刘长印

（中国石化石油勘探开发研究院）

摘要：页岩储层和致密砂岩储层等需通过水平井分段压裂和大型压裂才能实现经济开发。压裂液的性能和成本决定压裂效果。本文论述和分析了压裂液的现状、液化石油气的理化性能、国外公司新近开发的比较适合于水敏性页岩储层以及低压致密储层的无水压裂液和施工技术。

关键词：液化石油气　压裂　压裂液

水平井分段压裂是开发页岩油气和致密砂岩油气的一项重要技术措施，用于水力压裂的压裂液性能对压裂过程起着重要的作用。压裂液的发展方向为高性能、低伤害、低成本、安全、可重复使用、环境友好。国内外针对不同储层特点开发了相对应的压裂液体系。压裂液体系按介质分为水基压裂液、泡沫压裂液、油水乳化压裂液和无水压裂液。水基压裂液按稠化剂类型包括植物胶压裂液、合成聚合物压裂液、表面活性剂清洁压裂液等。植物胶压裂液又包括瓜胶类压裂液、香豆胶压裂液、魔芋压裂液等。水基压裂液按用途和性能分为清水压裂液、线性胶压裂液、冻胶压裂液和泡沫压裂液。无水压裂液主要包括油基压裂液和纯二氧化碳压裂液等。油基压裂液按油品分为原油压裂液、柴油压裂液、LPG 压裂液等。

1　水基压裂液技术现状

1.1　瓜胶压裂液体系

瓜胶压裂液体系因具有较好的耐温性能、携砂性能和低摩阻性能，而且对配液水的水质要求不高，而成为应用较广的压裂液体系。为了进一步提高瓜胶的性能，逐渐对其进行改性而开发了羟丙基瓜胶、羧甲基羟丙基瓜胶、低分子可重复使用瓜胶、低水不溶物瓜胶（也称超级瓜胶）、大分子瓜胶等。

1.2　香豆胶压裂液体系

香豆胶产于我国安徽。经过加工技术的改进，现在的香豆胶压裂液体系也具有较好的耐温性能、携砂性能和低摩阻性能，对储层的伤害较低。香豆胶的水不溶物小于 5%，溶胀时间在 20min 内。为了进一步提高香豆胶的性能，逐渐对其进行改性而开发了羟丙基香豆胶和羧甲基香豆胶等。

1.3　合成聚合物压裂液

聚合物压裂液经过 30 多年的发展逐渐成熟。在耐温耐剪切性、不同水质适应性方面都取得了长足进展。从最初的单一丙烯酰胺类单体一元共聚，到为提高抗剪切性而引入甲叉基丙烯酰胺等进行多元共聚，再到引入耐温和抗盐性能较好 2–丙烯酰胺基–甲基丙磺酸

（AMPS）类单体进行多元共聚。合成聚合物稠化剂从初期的胶体、发展到粉剂和乳液类，以实现连续混配。合成聚合物压裂液的耐温已达180℃。合成聚合物压裂液一般以金属作为交联剂，交联时的 pH 值一般在 3~6 之间，比较适合于二氧化碳泡沫压裂和碱敏储层的压裂施工。

降阻水压裂液，也称作滑溜水压裂液和清水压裂液，主要也以合成聚合物为降阻剂，降阻率一般在 70%~78%，黏度一般小于 5mPa·s。对于致密砂岩储层和页岩储层，大规模分段压裂为了节省施工时间和场地，逐渐使用连续混配技术，要求降阻剂具有快速溶胀的功能，以降低施工摩阻，提交携砂能力和实现体积压裂。

1.4 表面活性剂（VES）清洁压裂液

为降低外来固体颗粒以及高分子压裂液破胶后产生的固体颗粒对地层的伤害，开发了以长链的疏水基团和亲水基团为基础的能形成网络胶束结构的压裂液体系。黏弹性表面活性剂压裂液的特点是黏度低、黏弹性好、无固相残渣和无滤饼、不需交联剂和破胶剂、遇水或油自动破胶。目前已形成不同温度系列，耐温可达140℃。表面活性剂（VES）清洁压裂液的主要缺点为成本高。

油基压裂液是使用很早的压裂液体系。之后由于水基压裂液体系的出现而较少使用，目前主要应用于强水敏储层。介质油主要为原油和柴油。体系使用的添加剂主要包括磷酸酯胶凝剂、交联剂、表面活性剂、激活剂和破胶剂等。进入21世纪，国外公司开发了液化石油气为基质的液化石油气压裂液和配套施工设备和施工技术。

2 液化石油气压裂技术

2.1 LPG 压裂液组成和性能

2.1.1 液化石油气组分的优化

液化石油气压裂液（LPG 压裂液）以液化石油气为介质。储层温度低于96℃时，使用的液化石油气主要为工业丙烷。温度高于96℃则主要使用丁烷混合丙烷，100%的丁烷的临界温度为151.9℃，临界压力为3.79 MPa，可以应用的温度为150℃。按照改造储层的温度差异，对 LPG 的液体配方进行优化设计。在常温、2MPa 时丙烷为液体，因此为了确保与砂混合后也为液态和砂能从密闭砂罐进入管线，LPG 压裂时砂罐内压需用氮气维持在 2MPa以上。

2.1.2 丙烷的理化性质

丙烷分子量为44.10，沸点为-42.1℃。常压室温下为无色气体，相对空气密度1.56。纯品无臭。微溶于水，溶于乙醇和乙醚等。有单纯性窒息及麻醉作用。人短暂接触1%丙烷，不引起症状；10%以下的浓度，只引起轻度头晕；高浓度时可出现麻醉状态、意识丧失；极高浓度时可致窒息。

丙烷为易燃气体。与空气混合能形成爆炸性混合物，遇热源和明火有燃烧爆炸的危险。与氧化剂接触会猛烈反应。气体比空气重，能在较低处扩散到相当远的地方，遇明火会引着回燃。需储存于阴凉、通风的库房。远离火种、热源。库温不宜超过30℃。应与氧化剂分开存放，切忌混储。储区应备有泄漏应急处理设备。

2.1.3 LPG 压裂液的流变性能

LPG 压裂液也需加入稠化剂、交联剂、活化剂和破胶剂等。据文献介绍，国外公司研发的 LPG 压裂液在 90min 内，黏度仍大于 100mPa·s，具有较好的携砂能力，在现场已应用较多的井，并取得了较好的效果。黏温曲线如图 1 所示。

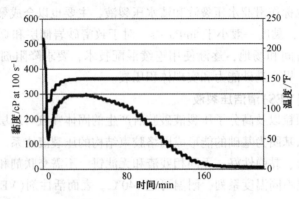

图 1　LPG 冻胶的黏温曲线

2.1.4 LPG 压裂液的其他性能

LPG 压裂液及其他体系的表面张力、黏度及密度见表 1。由表 1 可知 LPG 压裂液的密度 $0.51g/cm^3$；表面张力 $7.6mN/m$；返排液黏度 $0.083mPa·s$ 远低于同温度下水的黏度。

因此，以丙烷作为介质的 LPG 压裂液，其表面张力、黏度、密度等特性均较为突出，能够满足高效返排，降低压裂伤害的需求。LPG 低密度的特性减少了静液柱的压力，利于后期的返排，并可减少施工时的管柱摩阻，LPG 压裂液在压裂过程中(相对低温、高压)保持液态，而在压裂结束后地层条件下和井筒中(高温、相对低压)，恢复为气态，其返排效率远远高于水基压裂液；同时基于 LPG 液体与油气完全互溶、不与黏土反应、不发生"贾敏效应"，其对地层伤害也远小于水基压裂液。

表 1　不同压裂液的介质的物性

流体	表面张力/(dyn/cm)20℃	黏度/cP 40℃	密度/(g/cm³)
水	72.8	0.657	1.0
裂解油	25.2	1.93	0.82
40%甲醇-水	40.1	—	0.95
甲醇	22.7	1.09	0.79
丁烷	12.4	0.397	0.58
丙烷	7.6	0.083	0.51
天然气		0.0116	—

2.2　LPG 压裂施工技术

2.2.1　施工设备

LPG 压裂必须实行自动化施工模式，远程监控。设备组成主要包括压裂车、添加剂运载和泵送系统、LPG 罐车、液氮罐车、砂罐、管汇车、仪表车等。不需要混砂车，支撑剂和液体在低压管线中混合输送。

1）压裂泵车

据介绍，LPG 压裂用压裂车主要是对所购置的水基压裂用压裂车的泵注系统的密封原件进行改进，以提高其耐磨能力，确保密封性。

2）砂罐与液罐

砂罐为高压密闭系统，砂罐可装陶粒已达 100t。在下部安装绞龙，与低压 LPG 管线连接。通过控制绞龙转速调整加砂砂比。LPG 液罐通过密封管汇组合连接至砂罐下的蛟龙，形成供液系统。

3）添加剂运载和泵送系统

添加剂运载和泵送系统中分类储存各种添加剂，通过比例泵泵出，连接至供液系统中，泵出控制系统与仪表车相连，由仪表车直接控制。

2.2.2 施工安全监测

由于 LPG 为易燃液体，并且易挥发，变为易燃易爆气体。现场压裂施工时 LPG 的量也较多，同时施工为高压施工，施工的安全监测和控制尤为重要。需要建立施工警戒区域，并通过安装灵敏摄像头监测低压端压力变化以及设备附近的温度，监测 LPG 是否泄漏。

3 结论

压裂液技术随着改造储层的变化和工艺技术的要求一直在不断发展。水基压裂液的种类较多，但仍以瓜胶压裂液为主，但其他压裂液也具有自身的优点，适合于一定的储层和工艺技术要求，也是瓜胶压裂液的有力补充。液化石油气压裂技术今年得到了快速发展，具有低伤害、返排快、介质可重复使用等优点，特别适合于页岩储层和低压储层，可加快发展；但施工时存在燃爆风险，必须引起重视。

参 考 文 献

[1] 郭为，熊伟，高树生．页岩气藏应力敏感效应实验研究．特种油气藏，2012，19（1），95-97.

[2] 周登洪，孙雷，严文德，陈华．页岩气产能影响因素及动态分析，油气藏评价与开发，2012，2（1），64-69.

[3] 薛承瑾．页岩气压裂技术现状及发展建议．石油钻探技术，2011，39（3），24-29.

[4] 王海柱，沈忠厚，李根生．超临界 CO_2 开发页岩气技术．石油钻探技术，2011，39（3），30-35.

[5] 周福建，熊春明，刘敏，李向东，马白林，汤郑达，程林，熊健．新型原油基压裂液研制．油田化学，2002，19（4），328-330.

[6] 章跃，张俊，许卫，初振森．LHPG-2000 型油基压裂液室内实验研究．2001，8（5），93-104.

[7] 杜索尔特，麦克力兰，蒋恕．大规模多级水力压裂技术在页岩油气藏开发中的应用．石油钻探技术，2011，39（3），6-16.

[8] SPE124495，100％gelled LPG fracturing process：an alternative to water-based fracturing techniques.

[9] SPE 144093-MS-P，Application of Propane（LPG）Based Hydraulic Fracturing in the McCully Gas Field，New Brunswick.

浅层油藏压裂堵水措施影响因素优化研究

杨科峰[1] 马新仿[2] 贺甲元[1] 刘天宇[3]

(1 中国石化石油勘探开发研究院;
2 中国石油大学(北京)石油工程教育部重点实验室;3 中国石油勘探开发研究院)

摘要: 开发浅层正韵律厚油层,后期会形成"次生底水"。浅层油藏压裂裂缝容易呈水平缝,因此在压裂过程中注入堵剂,形成水平人工隔板。但利用压裂人工隔板措施进行后期挖潜,有必要对其影响因素进行优化研究。本文从隔板参数和地层参数两个方面研究了各个因素对人工隔板措施的影响,并对各个因素进行了优化。研究发现,隔板形状、隔板半径、隔板位置、隔板渗透率、隔板时机、隔板垂向水平渗透率比值、地层垂向水平渗透率比值Kv/Kh、油水黏度比、井距等都会对隔板效果有不同程度的影响。各个因素的影响程度为浅层油藏压裂堵水作业提供了指导意义。

关键词: 压裂堵水 浅层油藏 人工隔板 剩余油

前言

厚油层经过长时间的注水开发,进入高含水期,但受地质、开采等因素的共同影响,虽然油井进入了高含水或者超高含水期,仍有相当程度的剩余油。利用人工隔板措施来开采这部分剩余油,并有效地控制无效的水循环,就需要优化隔板措施的影响因素。研究发现,流动隔板是影响底水油藏水平井产能和水脊特征的关键因素,夹层能很好的阻止底水锥进。隔板在早期能有效地控水,而油水界面突破隔板后不能控制产水量,隔板措施后隔板下面的油不会损失,油水垂直移动到隔板基面然后沿隔板表面水平移出。正韵律厚油层开发中,注水井在油层下部射孔和采油井在油层上部射孔是最佳的射孔方案。

前期对于人工隔板影响因素的研究,主要集中在对隔板本身部分参数的优化,没有考虑地层物性和生产参数的影响。表征隔板效果的参数,仅考虑了隔板初期含水率的降低幅度,但初期的降水不能代表隔板有效期内隔板措施的效果。

对于厚油层后期的开采,人工隔板作为一种堵水的工艺措施,可以从增油和降水两方面来表征。本文针对五点井网,考察各个因素对采出程度增加幅度的影响,对人工隔板措施的适应性进行了评价。

1 数值模拟计算及处理

1.1 地质模型与参数选择

在实际油藏中,所开发的油层通常都是不同渗透率小层交互分布的储层,根据所研究的厚层油藏分析可以看出，基本地质模型是层状非均质砂岩油层。选取大庆高台子油田某井葡萄花 P1 油层的实际数据，根据研究的问题需要做相应的调整，建立正韵律厚油层概念模型。为了研究问题的方便，简化成渗透率不同的相邻的五个小层，层之间具有以下特点：

（1）油层的小层之间有水动力联系；

（2）所研究的一段油层的长度与其厚度的比值很大；

（3）水和油的黏度和弹性系数，对模型的各个小层来说是相同的。

（4）根据实际地层，拟合储层的渗透率和孔隙度，然后插值得到油藏概念模型各层的孔隙度。对于同一小层来说，渗透率值和孔隙度值相等。

模型由高渗、中高渗、中渗、中低渗、低渗五个渗透层组成，每个渗透层又划分成 9 个小层，每层的厚度与由水平裂缝隔板和滤失带组成的隔板系统的厚度相同。取五点井网作为模拟单元，模型中采用块中心网格，考虑到人工隔板厚度，网格大小采用 5m×5m×0.25m，模型的网格数为：$NX=61$，$NY=61$，$NZ=45$。如图 1 所示。

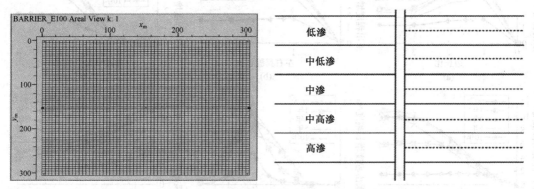

图 1　五点井网单元平面和纵向划分图

1.2　人工隔板在模型中的实现

在数值模拟研究的过程中，隔板是建立在以下假设条件基础上的。

（1）假设油藏压力能够满足井的任何生产速度，溶解气在油藏条件下仍呈溶入状态，忽略毛管压力的影响。

（2）实际的人工隔板是由裂缝中的堵剂连同滤失在裂缝上下壁面地层的堵剂所形成的滤失带共同组成的隔板系统。模型中隔板呈水平方向，沿水平方向划分隔板网格与油藏网格。

（3）隔板厚度保持不变，纵向细分网格，细分后网格大小接近隔板系统的实际厚度。

（4）隔板是均质的，水平方向渗透率相同，并且远远小于地层渗透率。隔板系统渗透率大小根据裂缝中隔板材料的渗透率与滤失带的渗透率取调和平均值。

1.3　数值模拟方案

选取完整的五点井网单元，生产井以 80m³/d 定液量生产，注水井以 13MPa 定压注水，底部有底水，底水 30m³/d 浸入油层。对于底水油藏，为防止油井过早的见水，生产井射开顶部三个油层，而注水井全井段射开。

为了方便研究各因素对人工隔板效果的影响程度，根据单因子变量原则来优化相应参数。选取一组隔板参数作为基础方案，在优化后面的参数时，选取前面参数优化值，并根据研究内容的不同变化相应参数，模拟基础方案设为：水浸量达 0.67PV，油井含水率达到 80%，此时在油层中部加入人工隔板。隔板面积为 105m×105m，地层与隔板渗透率比值取为500，加入人工隔板后油井只射开隔板顶部的油层。

2 结果与讨论

本文分三个方面来研究隔板效果的影响因素：如图1所示，一是隔板参数：（a）隔板水平缝椭圆的长宽比；（b）隔板水平缝沿井轴的不对称性；（c）地层隔板渗透率比值；（d）隔板半径；（e）隔板位置；（f）隔板垂向水平渗透率比值 K_v/K_h；（g）隔板时机。二是地层参数：（h）井距；（i）油水黏度比；（j）地层垂向水平渗透率比值 K_v/K_h。在表征隔板效果的参数上，分别考虑了加隔板后90天、1年、3年、5年和10年的采出程度增加幅度。

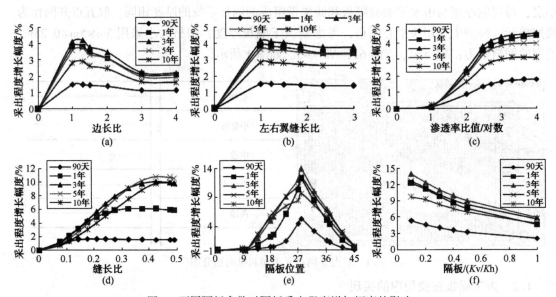

图 2　不同隔板参数对隔板采出程度增加幅度的影响

2.1 隔板参数对隔板效果的影响

由图 2 中各图依次可以看出：

与不加隔板相比，加入相同面积不同形状的隔板后，采出程度都有所提高。加隔板后生产相同的时间，随着边长比的增加，采出程度增加幅度变小，但减小的幅度不同。边长比在 1~1.3 之间变化时，随着边长比的增加其增加幅度下降缓慢，而边长比大于 2 时，随着边长比的增加其增加幅度下降显著增加。因此理想的隔板形状是长轴与短轴之比在 1~1.3。

隔板的不对称性将会降低隔板的控水增油效果，但影响效果不明显。

渗透率比值由 10 增大到 1000 时，采出程度的增加幅度显著增加。而渗透率比值大于 1000 后，随着渗透率比值的增加采出程度增加幅度趋于平缓。渗透率比值在 1000 左右时最为理想，能比较明显的改善厚油层开发后期的降水增油的效果。

加隔板后生产不同的时间，隔板半径的最优值也在变化。生产 90 天时，缝长比的最优值是 0.175，生产 1 年时变为 0.225，生产 3 年时则为 0.325，生产 5 年时增长为 0.375，生产 10 年时是 0.425。结合施工实际，隔板缝长比的理想取值为 0.325。

隔板位置由厚油层顶部移到底部后，相同生产时间采出程度增加幅度先增大后减小。隔板位置在低渗层时，并没有改善水洗剖面，反而由于隔板的作用，采出程度增加幅度出现负值。隔板位置在中低渗层和中渗层，随着隔板位置的降低采出程度增加幅度显著的增加，隔板位置约在中高渗层顶部时采出程度增加幅度出现峰值。而后随着隔板位置的下移，采出程度增加幅度逐渐变小。由此可得隔板的优化位置是在中渗层底部或者中高渗层顶部。

不同隔板垂向水平渗透率之比 Kv/Kh 采出程度有显著的差别。在 Kv/Kh 为 0.1 时，采出程度最大。随着 Kv/Kh 的增加，加隔板后采出程度增加显著减少。加隔板后生产相同时间，随着 Kv/Kh 由 0.1 变成 1.0，采出程度增加幅度增加一倍多。因此隔板 Kv/Kh 越小，隔板效果越好。

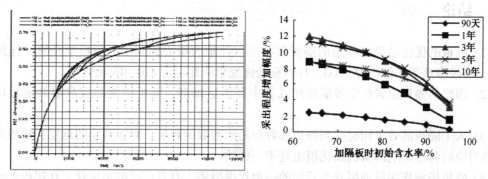

图 3　隔板时机对隔板采出程度（左）和采出程度增加幅度的影响（右）

由图 3 可知，生产一定时间，隔板措施对剩余油的动用程度趋于一致，即无论何时加入隔板，最后都能达到相同的动用程度；随着加隔板时油井含水率的增加，即加隔板时机越晚，采出程度增加幅度显著下降。考虑到隔板措施的经济效益和成本回收期，应在含水率达到 80% 之前就考虑加入隔板措施。

2.2　地层参数对隔板效果的影响

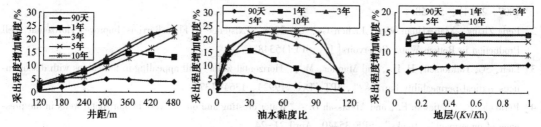

图 4　不同地层参数对隔板采出程度增加幅度的影响

由图 4 可以看出：

随着井距的增大，采出程度增加幅度先快速增加，达到一定井距时出现拐点，而后增加平缓。出现拐点的井距随着隔板后生产时间的增加而增大。拐点处的井距在隔板后 90 天时为 300m，隔板后 1 年时变为 360m，隔板后 3 年时涨至 420m。考虑到井距越大，总的采出程度越小，五点井网打隔板的理想井距是 420~480m 之间。

随着油水黏度比的增加，加隔板后采出程度增加幅度有先增加后减小的趋势；隔板后生产时间越长，可维持在相对较高的采出程度增加幅度的油水黏度比的范围越广。油水黏度比过大或者过小时，隔板后采出程度增加幅度都会明显的下降。油水黏度比为 110 时，采出程度增加幅度最大不超过 10%，油水黏度比为 1 时，采出程度增加幅度最大不超过 5%。随着油水黏度比的变化，采出程度增加幅度相差 5 倍左右。一般认为，地层原油黏度为

50mPa·s 是稠油和常规油藏的界限值。对于黏度比在 50~90 之间变化时，采出程度增加幅度最大能达到 25%。所以，隔板措施对于稠油油藏厚油层的开发也有着挖潜前景。

加隔板后生产不同的时间采出程度增加幅度随地层 Kv/Kh 的变化趋势相同。地层 Kv/Kh 由 0.1 增大到 0.2 时，加隔板后的采出程度增加幅度随着地层 Kv/Kh 的增大而增加。而地层 Kv/Kh 大于 0.2 以后，增加变得平缓；但采出程度增加幅度变化最大不超过 2%。隔板措施对各向异性油藏和均质油藏都有很好的适用性。

3 结论

（1）隔板的优化结果：理想的隔板形状是以井轴为中心的圆形，隔板半径缝长比约为 0.325，隔板渗透率比值约为 1000，打隔板措施理想的井距是 420~480m 之间。

（2）理想的隔板位置在中渗层底部或者中高渗层顶部，隔板措施后应只射开隔板以上层位。

（3）人工隔板的效果同时受到隔板参数和地层参数的影响，对于特定的地层，隔板效果最优值对应的各个影响因素的最优值也是不一样的。

（4）隔板措施作为厚油层开发后期的一种挖潜措施，有着广泛的适应性。在层内各向异性和均质油藏，稠油油藏和常规油藏都有着很好的控水增油效果。

（5）隔板后生产不同的时间，采出程度增加幅度的变化趋势并不一致。因此，不能用隔板后的初期效果作为优化隔板效果参数的标准。

参 考 文 献

[1] 付志国，石成方，赵翰卿等．喇萨杏油田河道砂岩厚油层夹层分布特征[J]．大庆石油地质与开发，2007，26(4)：55-58.

[2] Peng Zhang, Xian-Huan Wen, Lizhen Ge, etc. 2008, Existence of Flow Barriers Improves Horizontal Well Production in Bottom Water Reservoirs[J], SPE115348.

[3] Lien, SC, Haldorsen, H. H., and Manner, M.: "Horizontal wells: Still appealing in formations with discontinuous vertical permeability barriers?", JPT (Dec. 1992), 1364-1370.

[4] Permadi, P, Gustiawan E., and Abdassah D.: "Water cresting and oil recovery by horizontal wells in the presence of impermeable streaks", SPE 35440. April 21-24.

[5] Strickland, R. F. and Morse, R. A.: "Artificial Barriers May Control Water Coning," Oil and Gas Journal, October 4&7, 1974.

[6] 1990，第八期，油气田开发工程译丛，厚油层的注水开发，B. Ca3OHoB 等著，赵有芳译，张克有校，译自苏联《HeT. x-bo) 1989, No8, 38-43.

[7] J. C. Karp, D. K. Lowe, N. Marusov. Horizontal Barriers For Controlling Water Coning [R]. SPE153, 1962.

[8] 汪秀一，张士诚，王秀娟等．人工隔板抑制"次生底水"锥进影响因素[J]．大庆石油地质与开发，2009，28(6)：115-118.

[9] 刘均荣，冯其红，韩松．浅层正韵律厚油层高含水期挖潜方法探讨[J]．石油天然气学报，2007，29(3)：128-130.

[10] 杨科峰，马新仿，张士诚等．凝胶作为压裂人工隔板材料的实验研究[J]．油田化学，2010.

一种低伤害合成高分子压裂液体系性能研究

张锁兵　赵梦云　张大年　郑承纲　苏长明

（中国石化石油勘探开发研究院）

摘要： 针对植物胶压裂液存在的问题，开发出中高温低浓度合成聚合物压裂液。该压裂液体系采用的稠化剂 SKY-C100A 为无水不溶物的合成聚合物；使用交联剂 SKY-J100B 可完成瞬时交联，通过添加交联调节剂 SKY-Y100C，体系交联时间可在 $15\sim180s$ 可调。室内研究表明，该体系形成的冻胶具有良好的耐温耐剪切性能，在 $80\sim100℃$ 范围内，SKY-C100A 用量为 0.35%，经 $170s^{-1}$（其中包括 2min $1000s^{-1}$ 高剪切）剪切 2h 后，体系黏度仍然大于 $100mPa\cdot s$；120℃，0.45% 用量时，黏度可保持在 $200mPa\cdot s$ 以上；140℃，0.5% 用量时，黏度可保持在 $70mPa\cdot s$；体系还具有破胶水化快、残渣含量少的特点，与植物胶压裂液相比，该体系不需要添加 pH 值调节剂及杀菌剂。

关键词： 中高温　低浓度　合成聚合物　压裂液

水力压裂是油气井增产、水井增注的主要手段，目前在低渗、致密油气开发中应用广泛。压裂液是水力压裂的工作液，起着传递压力、创造裂缝和携带支撑剂进入裂缝的作用，其性能优劣同压裂施工的成功和增产效果关系紧密。

瓜胶及其改性产物具有增稠能力强、交联能力好和性能容易调节等特点，是目前广泛使用的压裂液体系，但在应用中也表现出破胶残渣浓度高、湿体积大和质量不稳定等缺陷，而其价格自 2012 年大幅上涨后，一直保持在较高范围，显著推高了我国石油企业的采油气成本。因此，开发成本低廉、性能优良的替代瓜胶压裂液体系是油田化学领域的研究热点之一。合成聚合物压裂液体系以其无残渣、成本低廉和性能稳定的特点而成为瓜胶压裂液体系的重要替代技术之一。但现有聚合物压裂液体系还存在很多不足，如：耐温耐剪切能力不足、高剪切下机械降解严重、交联时间可调性差和破胶不彻底等，需要开展研究加以克服。

中国石化石油勘探开发研究院采油所对聚合物分子结构的构效关系、羧基体系的延缓交联技术进行了深入研究，取得系列成果，并开发出能满足不同温度油藏压裂需求的低浓度合成聚合物压裂液体系，该体系由稠化剂 SKY-C100A 、交联剂 SKY-J100B 及交联调节剂 SKY-Y100C 构成，具有良好的耐温耐盐、耐剪切和延迟交联性能，目前已在中石化东北分公司、华北分公司开展现场实验与推广应用。

1　实验部分

1.1　实验仪器及原料

RS6000 高温高压流变仪，转子 PZ38（德国 HAAKE 公司）；六速旋转黏度计（青岛海通达专用仪器有限公司)、高温高压滤失仪(青岛海通达专用仪器有限公司);毛细管黏度计(0.2~0.8mm)。

稠化剂 SKY-C100A、交联剂 SKY-J100B、交联调节剂 SKY-Y100C 均为实验室自制;黏土稳定剂 LYC-1、助排剂 ZL-1、破乳剂 KCB-1、破胶剂(APS)均为工业品。

1.2 实验方法

1.2.1 实验用压裂液配制

实验用压裂液体系采用自来水配制,首先向烧杯中加入一定量的自来水,然后在中速搅拌状体下加入一定量的稠化剂 SKY-C100A,配制一定浓度的合成聚合物压裂液。

1.2.2 实验方法

合成聚合物压裂液的性能,依据石油天然气行业标准 SY/T 5107—2005《水基压裂液性能评价方法》评价,并最终确定如下实验配方:

合成聚合物压裂液体系的基本配方:

100℃:0.35%稠化剂+0.5%交联液+0.3%防膨剂+0.6%助排剂+0.5%破乳剂

120℃:0.45%稠化剂+0.6%~0.7%交联液+0.3%防膨剂+0.6%助排剂+0.5%破乳剂

140℃:0.5%稠化剂+0.7%交联液+0.3%防膨剂+0.6%助排剂+0.5%破乳剂

在上述配方的基础上,研究了合成聚合物压裂液体系的耐温耐剪切性能、破胶性能、静态滤失性能及破胶后残渣含量。

2 结果与讨论

2.1 合成聚合物压裂液基本性能

将一定量合成聚合物稠化剂 SKY-C100A 溶解在自来水中,其水溶液 pH 是中性,外观为无色透明液体,目测无固体颗粒,按 SY/T 5764—2007 中 4.8 测定水不溶物含量为零。

配制不同浓度的合成聚合物压裂液基液,测试放置不同时间后的表观黏度,并考察在不同交联液加量下的延迟时间,见表1。

表 1 合成聚合物压裂液黏度及交联情况

SKY-C100A 浓度/(m/V)		0.35%	0.4%	0.6%
黏度/mPa·s	配制后 1h	23	32	56
	配制后 3h	24	33	54
交联时间/s		20~60	20~120	20~180

从表1中可以看出,合成聚合物 SKY-C100A 基液黏度较低,溶液配制,摩阻低;针对不同含量的基液,交联时间可调,可以满足不同温度的油藏使用。

2.2 合成聚合物压裂液耐温耐剪切性能

压裂施工时,地层的温度较高,施工排量大,压裂液需经受高速剪切作用,因此要求压裂液应具备耐温耐剪切性能。在地层条件下,压裂液的黏度变化情况与烧杯中的挑挂有很大不同。在地层温度下压裂液的表观黏度随时间的变化是施工设计和现场指挥的重要依据。因此,考察了合成聚合物胶裂液在 80℃、90℃、100℃、120℃、140℃时的耐温、耐剪切性能,剪切条件均为 $5min170s^{-1}+2min1000s^{-1}+113min170s^{-1}$,结果如图1~图5所示。

（1）80℃，0.25%稠化剂+0.5%交联液+0.3%防膨剂+0.6%助排剂+0.5%破乳剂。

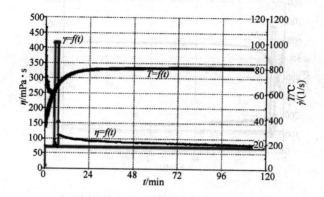

图1　0.25%稠化剂压裂液耐温耐剪切性能

（2）80℃，0.35%稠化剂+0.5%交联液+0.3%防膨剂+0.6%助排剂+0.5%破乳剂。

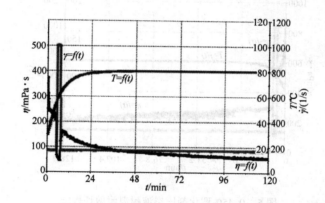

图2　0.35%稠化剂压裂液耐温耐剪切性能

（3）90℃，0.35%稠化剂+0.6%交联液+0.3%防膨剂+0.6%助排剂+0.5%破乳剂。

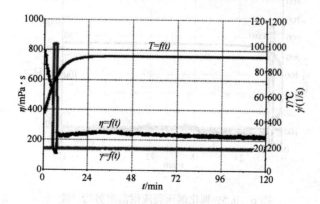

图3　0.35%稠化剂压裂液耐温耐剪切性能

（4）100℃，0.35%稠化剂+0.7%交联液+0.3%防膨剂+0.6%助排剂+0.5%破乳剂。

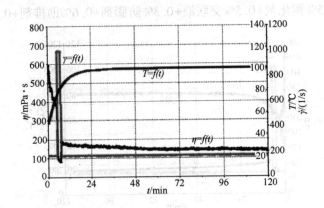

图4　0.35%稠化剂压裂液耐温耐剪切性能

（5）120℃，0.45%稠化剂+0.6%交联液+0.3%防膨剂+0.6%助排剂+0.5%破乳剂。

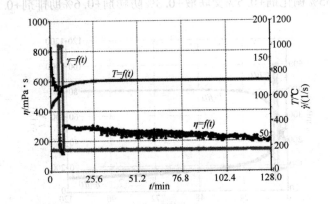

图5　0.45%稠化剂压裂液耐温耐剪切性能

（6）140℃，0.5%稠化剂+0.7%交联液+0.3%防膨剂+0.6%助排剂+0.5%破乳剂。

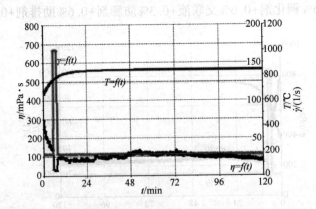

图6　0.5%稠化剂压裂液耐温耐剪切性能

从图1~图4可以看出，0.25%用量时，经170s^{-1}，120min（其中包括含2min、1000s^{-1}的高剪切阶段）剪切后，体系黏度大于50mPa·s；在稠化剂SKY-C100A用量为0.35%时，通过调整交联液加量，80℃配方剪切后体系黏度大于70mPa·s，90℃配方剪切后体系黏度大于200mPa·s，100℃配方，剪切后黏度大于130mPa·s，说明在稠化剂用量较低情况下，通过调整交联液加量，体系具有良好的耐温、抗剪切性能。

从图5和图6可以看出，增加稠化剂用量，即在120℃，稠化剂用量为0.45%，经剪切后，体系黏度大于200 mPa·s；140℃，用量为0.5%，剪切120min后，压裂液黏度大于70 mPa·s。

同时，在实验中发现，压裂液体系经耐温耐剪切试验后，从量杯中倒出时，压裂液仍为高黏状态，倾倒时为悬舌状态，这也说明该体系具有良好的耐温、抗剪切性能。

从图中也可以看出，在经历持续2min的高速剪切（$1000s^{-1}$）时，体系具有剪切变稀特性，这对克服由于压裂液冻胶黏度大而引起施工摩阻高这一缺点有积极作用；但当剪切力变小后，体系交联结构迅速恢复，黏度变大，这一特点有利于压裂液冻胶从油管进入裂缝时的造壁和携砂。可见，合成聚合物压裂液体系具有良好的耐温、耐剪切性能，能满足现场施工中造缝和携砂时对压裂液流变性能的要求。

2.3　合成聚合物压裂液的静态破胶性能

压裂施工结束后，均要求压裂液快速破胶后及时返排，从而有利于最大程度的减少对地层和裂缝的伤害。

配制稠化剂用量0.35%和0.5%的压裂液冻胶，在温度80 ℃下进行静态破胶实验，结果见表2。从表2中可见，两种浓度的压裂液冻胶，通过调整破胶剂用量，均能在2h内快速破胶水化。

表2　合成聚合物压裂液冻胶静态破胶性能

稠化剂浓度/%	破胶剂浓度/ppm	破胶液黏度（2h后，毛细管黏度计）/mPa·s		
		平行1	平行2	平均值
0.35	200	3.782	3.637	3.709
	500	2.518	2.488	2.503
0.5	200	4.015	4.127	4.071
	500	1.835	1.861	1.848

2.4　合成聚合物压裂液静态滤失性能

滤失性能是评价压裂液性能参数的重要指标，以滤失系数表征。滤失系数愈小，不仅压裂液效率愈高，且易形成长而宽的裂缝，提高裂缝导流能力，同时较易返排，减少地层伤害。

按SY5107-2005标准规定的压裂液静态滤失测定方法，采用高温高压滤失仪，双层滤纸，滤失压差3.5MPa，对压裂液80℃、100℃、120℃下的滤失性能进行了测定，结果见表3。

表3　合成聚合物压裂液冻胶滤失性能

聚合物浓度/%	实验温度/℃	初滤失量/（m^3/m^2）	滤失系数/（$m/min^{1/2}$）
0.35	80	2.78×10^{-4}	1.57×10^{-4}
	100	3.22×10^{-4}	2.24×10^{-4}
0.5	100	1.75×10^{-4}	1.13×10^{-4}
	120	4.15×10^{-4}	3.62×10^{-4}

从表3可以看出，在80℃、100℃及120℃下合成聚合物压裂液体系初滤失量较低，滤失系数比远小于标准规定的指标，说明其能够有效控制滤失。

2.5 合成聚合物压裂液的破胶残渣量

压裂液残渣是指压裂液破胶水化液中残存的水不溶物，其主要来源是稠化剂及压裂液未破胶物质、防膨剂等添加剂中的水不溶物。压裂液残渣会堵塞岩石孔隙和裂缝，降低填砂裂缝支撑带的导流能力和油气层的渗透率，最终降低压裂效果。

按100℃和120℃配方配制稠化剂用量0.35%、0.45%压裂液冻胶，在APS加量为500ppm、温度80℃下进行静态破胶实验，并测定破胶后的残渣含量，破胶后的残渣含量测定值为25mg/L和29mg/L，这远小于植物胶压裂液破胶后的残渣含量，亦远小于标准规定的600mg/L。

3 结论

综上所述，适合中高温油藏的低浓度合成聚合物压裂液体系，由无水不溶物的稠化剂SKY-C100A，交联剂SKY-J100B及交联调节剂SKY-Y100C组成(其他助剂视具体情况而定)，在无需额外的pH值调节剂及杀菌剂条件下，在80~140℃范围内，形成的低浓度压裂液冻胶具有良好的耐温、抗剪切性能，同时具有易破胶，滤失系数低等特点，与植物胶压裂液体系相比，该体系不使用杀菌剂，破胶后的残渣大幅度降低，具有良好的应用前景。

参 考 文 献

[1] 李波，李璐，黄勇，等. 树脂包裹坚果壳超低密度支撑剂的研制[J]. 油田化学，2009，26(3)：256-259.

[2] 刘让杰，张建涛，银本才，等. 水力压裂支撑剂现状及展望[J]. 钻采工艺，2003，26(4)：31-34.

[3] 温庆志，罗明良，李加娜，等. 压裂支撑剂在裂缝中的沉降规律[J]. 油气地质与采收率，2009，16(3)：100-103.

[4] 李圣涛，陈馥，李圣勇，等. O/W型交联乳化压裂液配方研究[J]. 钻井液与完井液，2005，22(2)：38-40.

[5] 万仁溥，罗英俊. 采油技术手册[M]. 北京：石油工业出版社，1998.

[6] 张汝生，卢拥军，汪永利，等. 低损害高弹性聚合物压裂液体系研究[J]. 钻井液与完井液，2006，23(6)：12-14.

[7] 侯晓晖，王煦，王玉斌. 水基压裂液聚合物增稠剂的应用状况及展望[J]. 西南石油学院学报，2006，26(5)：60-62.

pH 响应型变黏酸液体系的性能实验研究

林　鑫[1, 2]　张士诚[1]　张汝生[2]　李　萍[2]

(1. 中国石油大学(北京)，2. 中国石化石油勘探开发研究院)

摘要：塔河油田奥陶系属于缝洞型碳酸盐岩油藏，埋藏深(5400~7200m)温度高(120~140℃)致使酸压时酸岩反应速度过快，酸液有效作用距离过短。为降低酸岩反应速度，研发了一种耐温性能较好，无水不溶物，且伤害较小的 pH 响应型变黏酸体系。该变黏酸体系包括主剂—pH 响应型聚合物以及通过优化与之配套的其他酸液添加剂。优化后的酸液体系与碳酸钙反应后黏度超过200mPa·s，在120℃无破胶剂条件下剪切90min后黏度仍大于90mPa·s；在50MPa闭合压力下 HCl 浓度15%的长效酸刻蚀裂缝导流能力为 16.49μm² · cm，高于浓度20%和25%的配方，酸压时可有效地节约工业盐酸的用量。

关键词：pH 响应型酸液　变粘　高温　反应速率

引言

在塔河油田进行酸压时，过高的温度往往使酸岩反应活性大大增加，酸液过快地消耗在了近井地带，改造后的人工裂缝有效部分过短，延缓酸岩反应速度是改善酸压效果的关键手段。现在常规的缓速酸液体系虽然都能延缓酸岩反应速度，但都存在一些局限性：①有机酸：反应速度慢、腐蚀性较弱，在高温下易于缓速和缓蚀，但溶蚀能力小且价格昂贵，如果完全与碳酸盐反应，其溶蚀能力较同浓度盐酸小 1.5~2 倍。②胶凝酸：具有缓速、降滤失和易排等优点，但对剪切很敏感，高温稳定性差。③乳化酸：黏度较高，缓速性能较好，能形成较宽的裂缝，但摩阻较大，排量受限制，乳化的稳定性以及破乳性能也有待提高。④变黏酸：现主要使用的为温度控制变黏体系，在黏度升高后缓速性能较好，但目前价格较为昂贵。⑤黏弹性表面活性剂自转向酸：具有无残渣，黏度高，缓速性能好，摩阻低，易破胶返排，但同样存在价格过高的问题。本实验研发了一种适合高温的 pH 响应型变黏酸体系，考察了酸液在高温下的缓速性能、酸浓度以及酸压效果等。

1　pH 响应型长效酸配方

pH 响应型长效酸属于聚合物类就地变黏酸，它通过降低反应速度和滤失速度，延长酸液的有效作用时间，实现深度酸压。该长效酸体系包括主剂—pH 响应型聚合物以及通过优化与之配套的其他酸液添加剂。对聚合物的要求为耐酸、耐高温而且溶胀在酸中具有一定的黏度，且能起缓速作用，同时随着酸与地层发生反应，能实现交联，形成网状结构，增加乏酸的黏度，起到降低滤失的效果。最后在破胶剂以及高温长时间作用下破胶降黏。较彻底地从地层中返排出来，降低对地层的二次伤害。通过优化形成的酸液配方为：20%HCl+0.9%聚合物稠化剂+2.5%缓蚀剂+1.0%助排剂+1.0%破乳剂+0.3%铁离子稳定剂。将所配酸液置于常温和120℃条件下观察，常温下放置2天体系无絮凝无沉淀。120℃放置4h无絮凝无沉淀产生，说明各类添加剂与改性聚合物配伍性良好。

2　pH响应型长效酸性能评价

2.1　pH响应型长效酸与碳酸钙反应后的高温流变性

pH响应型长效酸主要是通过与地层岩石里的碳酸钙反应后，pH值升高而导致酸液黏度升高来降低酸岩的反应速度，达到缓速延长作用距离的目的。所以首先需要测试酸液的变黏性能以及变黏后的高温稳定性。为此，测试了pH响应酸与碳酸钙反应后的高温流变性。

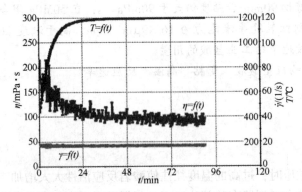

图1　20%HCl+0.9%聚合物与碳酸钙反应后流变曲线

由图1可看出，由20%HCl+0.9%聚合物所形成的长效酸与碳酸钙反应后在10min内黏度迅速升高至200mPa·s，并且在120℃无破胶剂条件下以170s^{-1}速率剪切90min后黏度仍大于90mPa·s。

2.2　酸岩反应动力学研究

根据现场提供的碳酸盐岩岩心，制成直径为2.5cm的圆盘，利用旋转岩盘试验仪进行试验，确定储层岩心与长效酸液的反应动力学方程和H+有效传质系数。试验采用的酸液为长效酸配方。

2.2.1　酸-岩反应动力学参数的测定

酸岩反应动力学实验条件见表1。

表1　酸岩反应动力学实验条件

试验温度/℃	试验压力	反应时间	反应转速
140	8MPa	300s	500r/min
岩样面积/cm²		酸液配方	
4.9087		20%HCl+0.9%聚合物+添加剂	

采用预先加入 CaCO₃进行预反应制得不同浓度的余酸，模拟其同离子效应的影响，然后测定不同浓度余酸与储层岩芯反应的反应速度关系数据，确定反应动力学方程。试验结果见表 2 和图 2。由结果可见，其反应速度与浓度的关系在对数坐标上为一直线。

表 2　长效酸酸–岩反应动力学试验结果

测点	温度/℃	酸浓度/（mol/L）	反应时间/s	酸液体积/L	岩石直径/cm	反应速度/[mol/(cm² · s)]
1	140	6.3003	300	0.72	2.5	3.0802×10^{-5}
2		4.6778	300	0.72		2.0095×10^{-5}
3		3.2974	300	0.72		1.3249×10^{-5}
4		2.2373	300	0.72		1.0658×10^{-5}

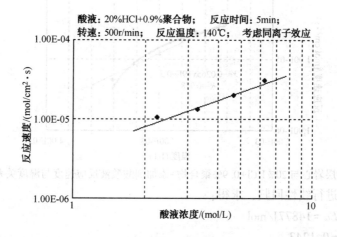

图 2　储层岩心与 20%HCl+0.9%聚合物+添加剂酸液反应动力学关系曲线

根据表 4 中数据，采用最小二乘法线性回归得酸岩反应动力学参数：

反应级数：$m = 1.0712$

反应速度常数：$K = 4.1947 \times 10^{-6}$

求得 140℃时胶凝酸的反应动力学方程为：

$$J = 4.1947 \times 10^{-6} \cdot C^{1.0712}$$

2.2.2　酸–岩反应活化能的测定

在一定的酸液浓度和反应条件下，测定不同温度时的酸岩反应速度(表 3)。利用阿累尼乌斯方程求出酸岩反应活化能。

表 3　酸岩反应动力学实验条件

试验温度/℃	试验压力	反应时间	反应转速
20、60、100、140	8MPa	300s	500r/min
岩样面积 cm²		酸液配方	
4.9087		20%HCl+0.9%聚合物+添加剂	

实验结果如表4和图3所示。

表4 长效酸液-岩反应活化能测定结果

测点	实验温度/ ℃	酸浓度/ (mol/L)	酸液体积/ L	反应速度/ [mol/(cm²·s)]	反应活化能/ (J/mol)
1	20	7.0023	0.69	5.2009×10^{-6}	
2	60	6.9153	0.735	1.2228×10^{-5}	14877
3	100	6.8278	0.59	2.3718×10^{-5}	
4	140	6.3003	0.72	3.0803×10^{-5}	

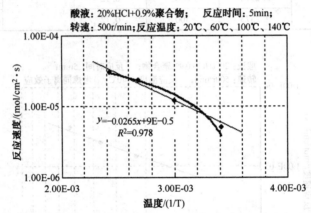

酸液: 20%HCl+0.9%聚合物; 反应时间: 5min;
转速: 500r/min;反应温度: 20℃、60℃、100℃、140℃

$y = -0.0265x + 9E-0.5$
$R^2 = 0.978$

图3 储层岩心与20%HCl+0.9%聚合物+添加剂酸酸液反应速度与温度关系曲线

根据实验结果进行线性回归,求得:

反应活化能: $Ea = 14877 \text{J/mol}$

频率因子: $k_0 = 0.1243$

变温度下的反应动力学方程为:

$$J = 0.1243 \exp(-14877/RT) \cdot C^{1.0712}$$

2.2.3 氢离子传质速度测定

在不同转速条件下,岩心与20%HCl+0.9%聚合物+添加剂酸液反应,氢离子有效传质系数 De 的试验结果见表5。旋转雷诺数与氢离子传质系数的关系曲线如图4所示。

表5 长效酸酸液氢离子有效传质系数测定结果(140℃)

转速/ (r/min)	旋转雷诺数 Re	酸浓度/ (mol/L)	酸液体积/ L	反应时间/ s	H⁺有效传质系数 De/ (cm²/s)
0		7.2217			
200	421	7.2067	0.75	180	8.4519×10^{-6}
400	843	7.1875	0.73	180	7.0104×10^{-6}
600	1265	7.1635	0.71	180	6.9612×10^{-6}
800	1687	7.1322	0.69	180	8.0453×10^{-6}
1000	2108	7.0836	0.67	180	1.2682×10^{-5}
1200	2530	7.0100	0.65	180	1.9901×10^{-5}

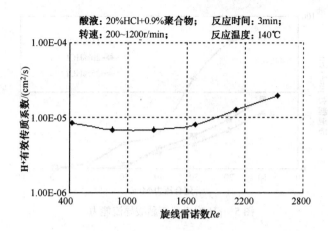

图 4   储层岩心与20%HCl+0.9%聚合物+添加剂酸液反应旋转雷诺数与氢离子传质系数关系曲线

由表 5 数据可以看出氢离子有效传质系数随着旋转雷诺数增大先减小后增大。当转速达到 1200r/min 时，H^+ 有效传质系数 De 为 $1.9901×10^{-5}\,cm^2/s$。

2.3   酸蚀裂缝导流能力评价（表6）

表 6   长效酸酸蚀裂缝导流能力评价测验结果

测量介质	蒸馏水	实验温度/℃	85
测量方式	线性流	实验仪器	酸蚀裂缝导流仪
酸量/L	4	实验缝宽/mm	1
过酸类型	长效酸(HCl+0.9%聚合物+2.5%缓蚀剂+1.0%助排剂+1.0%破乳剂)		
闭合压力/MPa	导流能力/μm² · cm		
	15%HCl	20%HCl	25%HCl
10	85.3	45.64	37.11
20	82.47	32.23	25.16
30	58.93	21.35	16.47
40	23.71	12.97	10.97
50	16.49	2.24	1.86
60	4.16	0	0
70	0	0	0

由上述实验数据可以看出，随着闭合应力的增加，渗透率逐渐降低，导流能力下降，闭合应力对导流能力影响较大。通过反应后的岩板可以看出反应后出现明显的非均匀刻蚀。

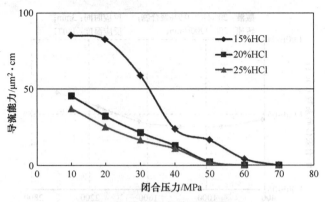

图5 pH响应型变黏酸导流能力

图6 与15%HCl变黏酸反应前后的岩板

3 结论

（1）优选的聚合物所与HCl所形成的变黏酸与碳酸钙反应后在10min内黏度迅速升高至200mPa·s，并且在120℃无破胶剂条件下以170s^{-1}速率剪切90min后黏度仍大于90mPa·s。该体系的流变特性能够满足塔河油田120℃高温下缓速的要求。

（2）140℃、8MPa条件下的反应动力学方程为$J = 4.1947 \times 10^{-6} \cdot C1.0712$，变温度条件下的反应动力学方程为$J = 0.1243\exp(-14877/RT) \cdot C1.0712$，当转速达到1200r/min时，$H^+$有效传质系数De为$1.9901 \times 10^{-5} cm^2/s$。

（3）在50MPa闭合压力下HCl浓度15%的酸蚀裂缝导流能力为16.49$\mu m^2 \cdot cm$，能满足生产需求。且15%HCl浓度的酸蚀裂缝导流能力高于浓度20%和25%的同配方变黏酸，酸压时可有效地节约工业盐酸的用量。

参 考 文 献

[1] 唐立杰. 酸液体系的研究现状分析和现场应用[J]. 广东化工，2010，11(37)：221-226.

[2] 李峰. 固体有机酸-潜伏酸酸化用于稠油井解堵[J]. 油田化学, 1999, 16(2)：113-114.

[3] 刘炜, 张斌, 常启新等. 胶凝酸体系的性能研究及应用[J]. 精细石油化工进展, 2013, 1(14)：12-14.

[4] 张杰. 乳化酸酸液体系配方研究进展[J]. 应用化工, 2012, 4(41)：685-696.

[5] 石永忠. 乳化酸配方及其工艺技术的研究与应用[J]. 石油与天然气化工, 1996, 25(4)：222-225.

[6] 张烨, 赵文娜. 塔河油田变粘酸酸压工艺应用研究[J]. 新疆石油天然气, 2008, 1(4)：71-73.

[7] 邱小庆, 杨文波, 付振永等. 清洁转向酸在塔河油田储层改造中的应用[J]. 新疆石油天然气, 2013, 2(9)：51-55.

水平井多级脉冲爆炸压裂
裂缝延伸及产能评价

孙志宇　刘长印　黄志文　李凤霞

(中国石化石油勘探开发研究院)

摘要： 基于在三向地应力和气体压力作用下水平井筒周围围岩的受力特点，通过引入加权函数，并采用与时间相关的爆生气体压力分布方程，应用弹性力学、断裂力学理论给出了多级脉冲气体加载压裂水平井裂缝尖端应力强度因子计算式，建立了多裂缝起裂扩展准静态方程，该方程可以模拟爆生气体驱动下缝长、缝宽的变化过程。最后根据产能方程分析了不同裂缝参数对产能的影响。结果表明，多级脉冲爆炸压裂可沿着水平井筒轴线产生多条径向裂缝，裂缝沿着与射孔相位一致的方向延伸直到止裂，止裂后裂缝会发生一定程度的闭合形成残余缝宽；不同的裂缝条数会产生不同的最终缝长；多级脉冲爆炸压裂水平井能够显著增加油井产量，裂缝的长度对油井产量的增加起决定作用，在现场施工中应对此压裂工艺进行优化设计与控制，增加裂缝长度，减少裂缝条数。

关键词： 爆炸压裂　水平井　裂缝延伸　产能评价

　　水平井多级脉冲爆炸压裂技术是在单脉冲高能气体压裂技术的基础上发展起来的，是一种复杂岩层地应力松弛的新方法。由于它可以克服单脉冲高能气体压裂对地层作用时间短、压裂缝长不足的缺点使油井增产、水井增注，该技术受到了越来越广泛的重视。目前，直井多级脉冲气体加载压裂施工工艺已基本成熟，但在水平井上进行多级脉冲气体加载压裂技术在我国却并不多见，相关的研究也仅仅停留在试验阶。水平井技术已成为油田增加产量，提高采收率的一项重要手段，但水平井井身结构的特点决定了其不同于直井的压裂特征。本文通过分析三向地应力和气体压力作用下水平井筒周围围岩的受力特点，根据弹性力学、断裂力学理论建立了多级脉冲爆炸压裂水平井裂缝起裂扩展准静态方程并进行了求解，分析了相应裂缝参数对油井产能的影响，对多级脉冲气体加载压裂水平井工艺参数优化设计具有重要指导意义。

1　裂缝扩展模型

　　多级脉冲爆炸压裂裂缝延伸是射孔弹爆轰与推进剂爆燃共同作用的结果。在射孔弹作用下，井眼周围岩体中形成初始裂缝，随后在爆燃气体的作用下裂纹进一步延伸，裂缝延伸过程中不受地应力控制，而是沿着射孔相位的方向。裂缝延伸过程中其形状可被看成高度相同的楔形径向裂缝(图1)。对比应力波的作用特点裂缝内气体劈裂作用时间相对较长，而归为准静态过程。设水平井井眼的垂深为 h，受 3 个原地主应力分量控制，它们分别是上覆岩层压力 σ_v，最大水平地应力 σ_H，最小水平地应力 σ_h，井眼轴线沿着最大水平地应力方向。

根据弹性力学理论，裂缝的张开位移可由下式计算：

$$W_f(x) = \frac{4(1 - \nu_r)}{\pi G_r} \int_x^{L_f} \left[\int_0^{\eta} \frac{(P_f(x, t) - \sigma_0)}{\sqrt{\eta^2 - \xi^2}} d\xi \right] \frac{\eta d\eta}{\sqrt{\eta^2 - x^2}} \qquad (1)$$

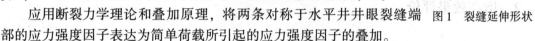

图 1 裂缝延伸形状

式中，ν_r——泊松比，G_r——杨氏模量，GPa；$P_f(x, t)$——裂缝中气体压力，MPa；σ_0——地应力（取 σ_h、σ_v 两个主应力的平均值），MPa；ξ，η——裂纹扩展过程的瞬间长度和该瞬间裂纹的微段长度，m。

应用断裂力学理论和叠加原理，将两条对称于水平井井眼裂缝端部的应力强度因子表达为简单荷载所引起的应力强度因子的叠加。

水平井井眼周围裂缝中有气体压力 $P_f(x, t)$ 时的应力强度因子为：

$$K_1[p(x, t)] = \frac{1}{\sqrt{\pi(L_f + r_w)}} \times \int_{-(l_f+r_w)}^{(L_f+r_w)} \sqrt{\frac{L_f + r_w + x}{L_f + r_w - x}} dx \qquad (2)$$

无限大地层中的一口水平井受远场应力（σ_h，σ_H，σ_v）作用，把岩石看作小变形多孔弹性体，极坐标下井眼周围围岩的切向应力 σ_θ 在不考虑裂纹存在的情况下可用 σ_h、σ_v 分别引起的切向应力叠加表示：

$$\sigma_\theta = \frac{\sigma_v + \sigma_h}{2} \left[1 + \left(\frac{r_w}{r} \right)^2 \right] + \frac{\sigma_v - \sigma_h}{2} \left[1 + 3 \left(\frac{r_w}{r} \right)^4 \right] \cos 2\theta \qquad (3)$$

式中，θ 为井壁上任意一点与 x 轴之间夹角；r 为井眼围岩裂缝延伸方向上的一点与井眼轴心的距离，$r = r_w + L_f$，m。

由垂直于裂缝面的 σ_θ 引起的水平井裂缝尖端应力强度因子为：

$$K_1(\sigma_h, \sigma_v) = -\frac{\sigma_h}{\sqrt{\pi(r_w + L_f)}} \times \int_{-(L_f+r_w)}^{L_f+r_w} \sigma_\theta \sqrt{\frac{L_f + r_w + x}{L_f + r_w - x}} dx \qquad (4)$$

所以由式（4）、式（2）可知，水平井裂缝尖端的应力强度因子可表示为：

$$K_1 = K_1(\sigma_h, \sigma_v) + K_1[p(x, t)] \qquad (5)$$

当裂缝尖端应力强度因子超过裂缝断裂韧性 K_{IC}，裂缝就会继续延伸，所以裂缝的延伸条件为：

$$K_1 \geqslant K_{IC} \qquad (6)$$

多极脉冲高能气体压裂通常产生多于两条的径向裂缝，它们对于裂缝宽度和裂缝尖端应力强度因子的影响可以通过设定一个与裂缝条数有关的加权函数 f_N 表示：

$$f_N = f_{Nx} \frac{1 + \frac{N_f L_f}{\pi r_w}}{f_{Nx} + \frac{N_f L_f}{\pi r_w}} \qquad (7)$$

式中，N_f 为裂缝条数；r_w 为井眼半径，m；f_{Nx} 可通过下式计算：

$$f_{Nx} = 1 + \frac{\pi}{2} \left(\frac{2\sqrt{N_f - 1}}{N_f} - 1 \right) \left(1 - \frac{x^2}{L_f^2} \right) \qquad (8)$$

由于受流动速度的限制及受裂缝表面粗糙度、裂缝周围渗透性等因素的影响,气体在缝内流动过程中沿裂缝向裂缝尖端方向必然存在压力梯度。本文参考 Nilson 等对气体在缝内流动特性的研究成果,考虑到裂缝内不同位置压力衰减特点用下式表示缝内的压力分布:

$$p_f(x, t) = p_0(t)(1 - \lambda') \tag{9}$$

式中,$p_0(t)$ 为井眼 t 时刻气体压力,MPa;t 为时间,s;λ 为相对位置变量,$\lambda = x/L_f$,式(9)同样反映了裂缝内气体压力与时间相关的分布特点。

2 增产效果评价

多级脉冲爆炸压裂形成的裂缝长度往往远低于一口井的供油半径,本文对于产量增加的分析是建立在处理一口新井的基础上的。由裂缝延伸分析得到径向多裂缝体系的范围后,在不影响工程应用的前提下,为简化计算作以下假设:①储层是均质的且具有定压边界;②油井位于圆形供油面积中心;③储层中流体流动是单相稳定流动;④所有径向裂缝的导流能力相同;⑤多极脉冲气体加载压裂处理措施前近井地带无污染。

则措施前后增产比可由产能公式积分得到:

$$\psi = \frac{\ln \dfrac{r_e}{r_w}}{\ln \dfrac{r_e}{L_f} + \ln \dfrac{1 + N_f F_{CD}}{\dfrac{r_w}{L_f} + N_f F_{CD}}} \tag{10}$$

式中,r_e 为供油半径,m;F_{CD} 为无因次裂缝导流能力。F_{CD} 的求取可参考水力压裂裂缝导流能力做如下计算:

$$F_{CD} = \frac{W_f}{\alpha \pi L_f}\left(\frac{K_f}{r_w} - 1\right) \tag{11}$$

式中,K_f 为裂缝渗透率,μm^2;$K_f = C_f W_f^2$,α,C_f 为与多级脉冲气体加载压裂裂缝相关的系数。

3 实例数值分析

中石化华北某水平井的计算用参数见表1,裂缝入口处的初始压力 $p_0(t)$ 采用图2所示的压力曲线,将各参数代入式(1)~式(9)进行离散时间域内的数值积分运算,计算结果如图3、图4所示:

表1 油井实例基本参数

杨氏模量/GPa	最小水平应力/MPa	最大水平应力/MPa	上覆岩层压力/MPa	裂缝断裂韧性/Pa·cm$^{1/2}$	泊松比	井眼直径/m	初始缝长/m
7.8	20	30	40	4.5×10^6	0.26	0.128	0.08

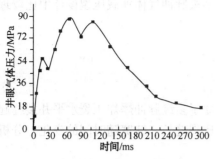

图 2 井眼裂缝入口处气体压力

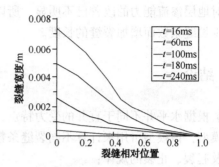

图 3 裂缝条数为 3 时不同时刻的
裂缝宽度沿裂缝长度的变化

在取裂缝条数为 3 的情况下，不同时刻的水平井径向裂缝宽度沿裂缝长度的变化如图 3 所示，从图中可以看出，在裂缝开始延伸的早期，高能气体并未进入裂缝前缘，裂缝不断向前延伸，裂缝宽度不断扩大。随着时间的延长，经过两次高峰后气体压力不断的下降，直到应力强度因子小于裂缝断裂韧性，裂缝才停止传播，继而得到裂缝的最终缝长。这个时候裂缝中的气体分布逐渐均匀，由于地应力的作用，裂缝还要进行闭合，从而造成裂缝宽度的减少。

图 4 给出的的是不同裂缝条数下裂缝长度与时间的关系，从图中可以看出，随着井眼中气体压力的不断升高，在 $t=14ms$ 时初始裂缝开始起裂，并不断向前延伸。比较图 2 与图 4 可以发现，$0\sim30ms$ 时间段多级脉冲高能气体出现第一个峰值，因井眼压力较低故起裂后裂缝传播速度较慢；$30\sim180ms$ 时间段井眼出现两次峰值压力，伴随着升压速率的加快，裂缝传播速度增大；到了 210ms 之后裂缝内气体压力趋向均匀，裂缝止裂，止裂时产生的裂缝条数越少裂缝就越长。由已知条件，在裂缝条数取为 3 的情况下计算可得经多级脉冲气体加载压裂后裂缝的最终长度为 7.25m。

根据计算所得的缝长、缝宽，通过式(10)、式(11)可以比较不同裂缝条数、长度与增产倍数的关系(图 5)。

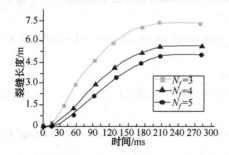

图 4 不同裂缝条数下裂缝长度与时间的关系

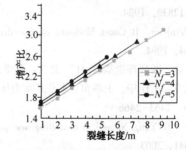

图 5 不同裂缝条数下裂缝长度与增产倍数关系

图 5 为裂缝条数、裂缝长度与增产效果之间的关系，计算过程中取无因次的裂缝导流能力为 1。从图中可以看出，水平井裂缝长度显著影响裂缝的增产效果。当裂缝条数为 3 时，裂缝长度从 1m 变化到 9m 时，油井产量的增加倍数从 1.53 变化到 3.18；从图中还可以看出，裂缝条数对增产效果的影响不大，当裂缝条数从 3 条增加到 5 条时，长度为 3m 的裂缝，增产倍数仅仅从 2.05 变化到 2.12，仅仅增加 4.6%，出现这种情况的原因主要是裂缝的导流能力要显著大于储层基质的导流能力，三条裂缝已经足够改善地层的渗流效果，再多

的裂缝对地层渗流能力的改善已不明显,所以在多极脉冲气体加载压裂设计中比较理想的结果是减少裂缝条数而增加裂缝的长度。

4 结论

(1) 根据水平井不同于直井的受力特点,建立了多级脉冲爆炸压裂水平井裂缝起裂、扩展数学模型,该模型可用来计算不同裂缝条数下压裂缝长、缝宽随时间的变化,分析裂缝传播速度及起裂、止裂的规律;

(2) 多级脉冲爆炸压裂水平井产生的裂缝不受地应力控制,裂缝沿着与射孔相位一致的方向延伸直到止裂,产生的裂缝条数越少,裂缝的扩展长度就越长;

(3) 多级脉冲爆炸压裂水平井产生的裂缝切割近井地带污染并降低近井地带流动阻力,能够显著增加油井产量;裂缝的长度对油井产量的增加起决定作用,在现场压裂施工中应进行设计优化,增加裂缝长度,减少缝条数,这对多极脉冲气体加载压裂技术工艺参数的设计具有一定的指导意义。

参 考 文 献

[1] 王树强,陈琼,张树森等. 多级脉冲深穿透射孔技术[J]. 石油钻采工艺,2005,27(3):42-44.

[2] 雷雨田,吴晋军,樊旭文. 多级强脉冲加载压裂技术的推广应用[J]. 石油矿场机械,2005,34(5):74-76

[3] 张锋,赵开良,宋留群等. 多级脉冲增效射孔技术[J]. 火工品,2006,(5):41-44.

[4] 吴晋军,廖红伟,张杰. 水平井液体药高能气体压裂技术试验应用研究[J]. 钻采工艺,2007,30(1):50-53.

[5] J. F. Schatz,B. J. Zeigler,J. M. Hanson,et al. Laboratory,Computer modeling,and field studies of the pulse fracturing process. The SPE Production Operation Symposium held in Oklahoma City[C]. SPE 18866,1989.

[6] J. M. Hanson,R. A. Schmidt,J. F. Schatz. Multiple fracture stimulation casing controlled pulse pressurization. The 1984 SPE/DOE/GRI Unconventional Gas Recovery Symposium held in Pittsburgh[C],SPE/DOE/GRI 12839,1984.

[7] L. Petitjean,B. Couet. Modeling of gas-driven fracture propagation for oil and gas well stimulation[C]. SPE 28084,1994.

[8] 范天佑. 断裂理论基础[M]. 北京:科学出版社,2003.

[9] 程远方,王桂华,王瑞和. 水平井水力压裂增产技术中的岩石力学问题[J]. 岩石力学与土程学报,23(14):2463-2466.

[10] David W Yang. Numerical modelling and parametric analysis for designing propellant gas fracturing[C]. SPE 71641,2003.

[11] NILSON R H,PROFFER W J,DUFF R E. Modeling of gas-driven fractures induced by propellant combustion within a borehole[J]. Int J Rock Mech Min Sci & Geomech Abstr,1985,22(1):3-19.

[12] 李宁,陈莉静,张平. 爆生气体驱动岩石裂缝动态扩展分析[J]. 岩土工程学报,2006,28(4):460-463.

油页岩原位开采技术现状及展望

孟祥龙[1,2]　王益维[2]　汪友平[2]　龙秋莲[2]　高媛萍[2]

(1 中国石油大学(北京)；2 中国石化石油勘探开发研究院)

摘要：油页岩作为一种可行的石油替代资源对于我国的能源安全具有重要的意义。地面干馏对环境破坏严重，开采深层油页岩没有经济效益，因此油页岩原位开采技术是未来油页岩开发技术的必然趋势。本文介绍了燃烧加热技术、壳牌的 ICP 技术、埃克森美孚的 Electrofrac™ 技术以及 AMSO 公司的 CCR 技术的原理和现场试验情况，分析了不同加热方式的优势及存在的问题，提出了未来油页岩原位开采技术的发展方向。

关键词：油页岩　原位开采　技术现状　发展方向

引言

近年来，随着国际油价的一路走高，油页岩这种已经有几百年应用历史的固体矿物资源越来越受到各国的重视。作为一种经低温干馏能够生成液体燃料的矿物，油页岩是一种比较现实的石油替代资源。我国油页岩资源丰富，根据 2006 年全国新一轮油气资源评价结果，我国的油页岩资源折算成油页岩油为 $476×10^8 t$，约为国内常规石油资源量的 62%，合理开发利用油页岩资源生产页岩油对于我国的能源安全具有非常重要的意义。

我国利用油页岩炼油已经有近百年的历史，采用的地面干馏技术相对成熟，加热周期短，可以进行商业化开采，2013 年全国油页岩油产量接近 $100×10^8 t$。但地面干馏存在着很大的局限性，露天开采对生态及水质破坏非常严重，干馏后剩余的灰渣堆放困难污染大，对于占资源量绝大多数的中深层油页岩的开发由于挖掘成本过高没有经济效益。许多世界知名大公司以及相关科研机构针对传统油页岩炼油方式的不足，都在积极研发更为经济、环保的油页岩开发利用技术，地下干馏技术是其中最重要的一种。地下干馏是指埋藏于地下的油页岩不经开采，直接在地下被加热裂解，生成的页岩油气经生产井被开采至地面。由于油页岩不需开采到地面处理，故地下干馏技术也被称为油页岩原位开采技术。

1　油页岩原位开采技术现状

油页岩原位开采研究最早出现在上世纪 40 年代的瑞典，瑞典人 F. Ljungstrom1947 年提出热注入井技术，也是最早出现的电加热原位开采技术。发展至今在世界范围内被提出的油页岩原位开采技术主要有十几种，如表 1 所示。按加热方式可分为电加热、流体加热、辐射加热和燃烧加热四类。这些技术中有公开报道开展过现场试验并取得了一定进展的主要是燃烧加热技术、壳牌的 ICP 技术、埃克森美孚的 Electrofrac™ 技术以及 AMSO 公司的 CCR 技术。流体加热技术受储层改造程度的制约，加热过程中流体不容易控制，易形成串流导致流体与油页岩换热前就流出地层；微波加热虽然加热效率高、加热速度较快，但地层中缺少稳定的吸波物质，微波穿透力较弱，加热效率低，微波发生装置也相对复杂，因此流体加热和辐射加热技术目前没有较大规模现场试验的报道。

表 1   目前主要的见到报道的原位开采技术

加热方式	技术研发单位或公司	工艺技术	现场试验
燃烧加热	U. S. Bureau of Mines	In-situ Combustion 技术	是
	Occidental Petroleum Corporation	In-situ Combustion 技术	是
电加热	Shell 公司	ICP 技术	是
	ExxonMobil 公司	Electrofrac™ 技术	是
	AMSO 公司	CCR 技术	是
	IEP 公司	GFC(燃料电池技术)	否
流体加热	Chevron 公司	Crush 技术	否
	Mountain West Energy 公司	IGE 技术	否
	Petro Probe 公司	Petro Probe 技术	否
	太原理工大学	注蒸汽加热技术	否
辐射加热	LLNL	LLNL 的射频工艺	否
	Phoenix Wyoming, Inc 公司	Microwave 技术	否
	Raytheon 公司	RF/CF 技术	否

1.1   原位燃烧技术

原位燃烧技术类似于火烧油层技术，其原理是通过储层改造使油页岩层破裂，将空气注入到产生的裂缝中引燃油页岩，使油页岩热裂解，燃烧生成的热烟气锋面向前接触新的油页岩层，从而使地下干馏过程不断推进。1970 年美国矿业局在美国怀俄明州的罗克斯普林斯(Rock Springs)的绿河地层进行了火烧油层的现场试验。油页岩埋深为 20.4~26.4m，平均油页岩厚度为 6m，含油率为 73.6~101.6L/t。试验持续时间为 6 周，整个先导试验期间，累积产油量为 190 桶。美国西方石油公司于 20 世纪 70 年代在科罗拉多州中试的基础上，进行了多次工业试验，1978 年的地下干馏试验区尺寸为 54m×54m 的面积、90m 深。研究表明，试验区放大后收油率降低，该试验项目于 90 年代终止。原位燃烧技术受限于当时的储层改造技术，气体注入困难，燃烧过程很难控制，实际油收率过低，因此在当时并没有达到商业开发的要求。

1.2   壳牌 ICP 技术

壳牌自 1981 年就开始进行 ICP 技术的研究，利用电阻加热器加热地下油页岩层，热量以热传导的方式非常缓慢地径向传入到岩层内部，如图 1 所示。当岩层被加热到一定温度时，其中的有机质(主要为干酪根)热解生成油气，然后，用常规采油工艺将产出的油气输送到地面。

该技术共实施了 8 次现场试验，如表 2 所示。从中可以看出其开展现场试验的理念，即

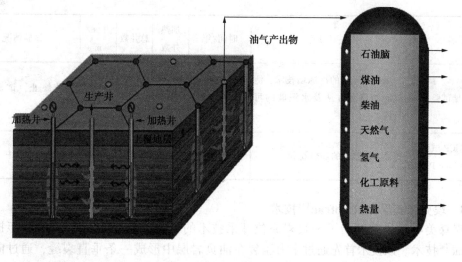

图 1 壳牌 ICP 技术示意图

从浅层到深层，从薄油层到厚油层，规模从小到大，逐渐将试验规模向商业开发方向发展；MDP［S］示范项目加热井数 16 口，总井数 27 口，加热井段 34.4m，产出 1860 桶原油，是壳牌最成功的一次现场试验。通过这些现场试验壳牌公司研发并测试了一系列的电加热器，测试了冷冻墙技术。

表 2 壳牌自 1981 年至今实施的现场试验情况

项目名称	主要目的	时间/年	加热井数	总井数	井深/m	试验情况
Red Pinnacle 热传导试验 RP	测试加热器：加热油页岩至热解温度，生产并分析产出物	1981~1982	3	14	6	0.11m³ 油，56.6m³ 气和 0.07m³ 水
Mahogany 现场试验 MFE	增加地层深度、增大规模的电加热试验	1996~1998	6	26	40	36.6m³ 油，36812m³ 气
Mahogany 示范项目（原始）MDP［O］	进一步增加地层深度、增大规模，确定 ICP 技术采收率，评价油页岩项目的商业开采价值	1998~2005	38	101	183	加热器设计缺陷导致项目无法完成，总产油少于 76m³
Mahogany 示范项目（南部）MDP［S］	减小规模、降低深度，确保试验的成功，降低采收率的不确定性，产油大于 1000 桶	2003~2005	16	27	123	规模较大较成功的一次现场试验，产出 295.7m³ 油
深层加热器试验 DHT	研制并测试适用于商业开采条件下的加热器	2001~2006	21	45	213	研制了一系列电加热器
Mahogany 隔离试验	研究新技术，防止水侵导致热量损失，捕集产出的油气提高采收率，防止地下水资源被污染	2002~2004	2	53	427	建立起了冷冻墙，采集了产出的油气，并对冷冻墙内的地下水进行了处理和监测

项目名称	主要目的	时间/年	加热井数	总井数	井深/m	试验情况
冷冻墙试验	测试大规模的冷冻墙技术，测试墙的修理方法及水泥墙的可行性	2005~2013	0	233	518	已经终止，试验情况未知
改进的 ICP 试验 EastRD&D Pilot Project	提高 ICP 技术的加热效率	2011 至今	13	21	689	正在试验过程中

1.3 埃克森美孚 Electrofrac™技术

埃克森美孚很早就开始了油页岩原位开采技术的研究，经过反复论证 1999 年提出了 Electrofrac™技术。该技术首先通过水力压裂在油页岩层中形成一条垂直裂缝，通过向形成的裂缝中注入导电导热介质，在地层中形成了一个巨大的平面加热电阻，利用相互垂直的水平井作为供电电极，加热平面电阻形成一个非常大的供热面向油页岩层传热，将其中的有机质(主要为干酪根)热解生成油气，如图 2 所示。与直井加热时热量径向传播形成面积很小的环形井筒供热面相比，单井传热面积大幅度增加，四口水平井的传热面积相当于几十口直井的传热面积，可以大量减少钻井的数量和加热器的数量，大大提高加热井的利用效率，降低油页岩原位开采的成本。

图 2 埃克森美孚 Electrofrac 技术示意图

该技术在美国科罗拉多州西北部以露头为对象进行的小规模试验。试验结果表明，施工形成了可以导电的水力裂缝，能使裂缝接通电并控制电流的大小，使裂缝在 150℃ 的加热状态下保持了 6 个月时间。试验并没能够将油页岩层加热到油页岩热解需要的 350℃ 的温度，因此并没有油气的产出。

1.4 AMSO 公司 CCR 技术

该技术需要钻两口水平井：1 口加热井和 1 口生产井，加热井在生产井下面，如图 3 所示。热量通过一个井下加热器供给。随着干酪根的分解，轻质产品（蒸气）上升，然后流回地层，热量通过回流油被分散到地层中；通过热机械压裂方式形成了一定的渗透能力，从而使对流热传递成为可能。

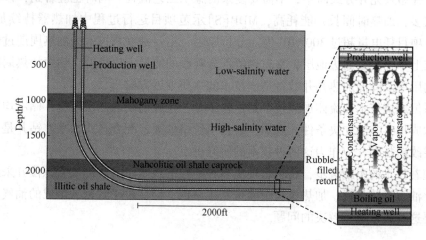

图 3 AMSO 公司的 CCR 技术工作原理图

在初次试验时，AMSO 公司简化了最初的 CCR 技术设计方案，采用直井作为生产井，斜井作为加热井对储层进行加热，如图 4 所示。即便进行了简化处理，由于井下加热器故障，导致项目进展中断 1 年多，目前现场试验正在进行中。

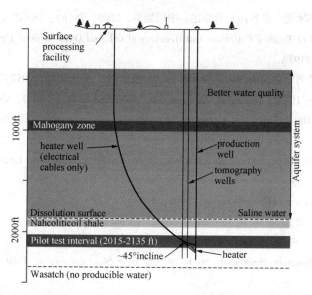

图 4 AMSO 公司的 CCR 技术现场试验示意图

2 油页岩原位开采技术展望

（1）至今为止被提出来的众多种油页岩原位开采技术还没有一种能够真正意义上商业化开发油页岩资源。这项技术难度巨大，还有相当长的路要走。

（2）壳牌的 ICP 技术可操作性强，工艺成熟度相对较高，现场设备简单，无需大型地面配套设备，井型及完井方式简单，不需要复杂的施工工艺流程。同时也应看到，该技术需要的加热井数多，加热时间长，能耗高，MDP[S]示范项目运行过程中加热器持续加热了 15个月，整个项目耗电量超过 300×10^4 度。分析原因，主要是 ICP 技术的加热周期过长，热量大量损失在上下隔层及周边地层，真正热解部分吸收的能量占比很低。缩短加热周期、提高能量有效利用率及降低加热井井数将是该技术的主要发展方向。

（3）原位燃烧技术和流体加热技术都依赖于工艺实施前期的储层改造，储层均匀破碎是这两种技术成功实施的先决条件。爆炸压裂技术价格低廉，配合丛式水平井钻井是一种相对合适的储层改造技术，应作为这两种技术的研究重点。

（4）随着技术的不断进步，将会出现更多种新颖的技术来解决油页岩原位开采过程中遇到的问题。油页岩传热慢、加热过程中能量利用率低、储层过于致密、生成的油气采出率低等将是需要这些技术重点解决的问题。

参 考 文 献

［1］刘招君，董清水，叶松青等．中国油页岩资源现状[J]．吉林大学学报，2006，36(6)：569-576.

［2］钱家麟，王剑秋，李术元．世界油页岩资源利用和发展趋势．吉林大学学报（地球科学报）．2006，36(6)：877-887.

［3］钱家麟，王剑秋，李术元．世界油页岩综述．中国能源，2006，28(8)：16-19.

［4］F. Ljungstrom. Method of Treating Oil Shale And Recovery of Oil And Other Mineral Products Therefrom. 美国专利公开号：US2732195A.

［5］朱杰，车长波，张道勇．中国油页岩勘查开发现状与展望[J]．中国矿业，2012，21(7)：1-4.

［6］Cha C. Y., Mc Carthy H. E., In situ oil shale retorting, In Allred V. D., (ed.), Oil shale processing technology, Chapter11, 189 ~ 216, The Center for professional advancement, East Brunswick, New Jersey, USA, 1982.

［7］Baughman G. L., Synthetic fuels data handbook, second edition, Cameron Engineering Inc., Denver, USA, 1978.

［8］Sinor J. E., The Sinor synthetic fuels report, 2001, 8(1)：2.22.

［9］E. L. Burwell, Shale Oil Recovery by In-Situ Retorting-A Pilot Study, SPE2915.

［10］Thomas D. Fowler. Oil Shale ICP-Colorado Field Pilot. SPE121164.

［11］Chonghui Shen. Reservoir Simulation Study of an In-Situ Conversion Pilot of Green-River Oil Shale. SPE123142.

［12］Pat Janicek, Harry H. Posey. East RDD Pilot Project Status Update. 31st Oil Shale Symposium, Colorado School of Mines, 17-19 October, 2011.

［13］Pat Janicek, Mark Wallis et al. East RDD Pilot Project Status Update. 32nd Oil Shale Symposium, Colorado

School of Mines, 15-17 October, 2012.

[14] William A. Symington, David L. Olgaard, Glenn A. Otten and et al. ExxonMobil's Electrofrac Process for In Situ Oil Shale Conversion. AAPG Annual Convention, San Antonio, TX, April 20-23, 2008.

[15] Paul L. Tanaka, Jesse D. Yeakel et al. Plan to Test ExxonMobil's In Situ Oil Shale Technology on a Proposed RD&D Lease. 31st Oil Shale Symposium, Colorado School of Mines, 17-19 October, 2011.

[16] Roger L. Day, Alan Burnham et al. Pilot Test of AMSO's In-Situ Oil Shale Process. 31st Oil Shale Symposium, Colorado School of Mines, 17-19 October, 2011.

[17] Alan Burnham, Len Switzer et al. Initial Results from the AMSO RD&D Pilot Test Program. 32nd Oil Shale Symposium, Golden, CO, 15-17 October, 2012.

"井工厂"开发流程与关键技术

贺甲元[1]　李宗田[1]　杨科峰[1]　杨　鹏[2]

(1. 中国石化石油勘探开发研究院；2. 中国石油集团长城钻探工程有限公司)

摘要：通过对"井工厂"开发的各个环节进行流程分析，划分出基于作业设备的流水作业模式和基于单井环节的流水作业模式两种不同的"井工厂"开发流程，并对两种流程下的特点进行分析。在"井工厂"开发流程特点剖析基础上，结合中国非常规油气"井工厂"现场试验现状，提出了"井工厂"开发亟需解决的技术和问题。针对亟需解决的各项技术或问题提出针对性的发展方向。并对"井工厂"开发的前景进行了展望。寄希望本文研究成果能够为中国非常规油气"井工厂"开发提供借鉴。

关键词："井工厂"水平井　流程　水力压裂　管理

前言

"井工厂"开发模式源于北美页岩气的开发，通过多年的应用实践，主要通过两个方面的进展成功降低了开发成本。第一个方面，减少征地面积。北美页岩气开发时，在同一个井场上布局多口水平井进行开发，井场面积根据钻井以及后续压裂作业等环节需求来进行征地，实际井场征地面积远小于常规单口水平井单独作业所需井场面积之和。例如，2011 年 Devon 能源公司在 Barnett 页岩气区采用"井工厂"开发模式在一个 $48562m^2$ 的单个井场内开发了 36 口水平井，从而大幅减少了占地面积。第二个方面，缩短作业时间。基于在同一井场进行多口水平井的开发，利用合理的布局、先进的设备及智能的管理技术实现了"井工厂"开发的流水作业。以美国西南能源公司为例，该公司 2013 年一季度在 Fayetteville 页岩气产区投产 102 口水平井，有 53 口井的"造斜段+水平段"钻井用时不超过 5d，其中 25 口井的"造斜段+水平段"钻井用时只有 2.5d，单井平均钻井周期大约 5d(平均井深约 2800m，平均水平段长度约 1500m)。

目前，"井工厂"开发技术在国内致密砂岩油气、页岩气等开发上得到初步的实践应用，并取得一定效果。同时，"井工厂"开发技术在国内应用中也出现了流程衔接不清、作业不够协调等情况。因此，本文从"井工厂"开发的典型流程及优劣势进行比较，分析出"井工厂"开发在国内进一步应用需亟需解决的关键技术，并最终对"井工厂"开发技术的应用进行了前景展望，从而为我国非常规油气"井工厂"开发提供借鉴。

基金项目：国家科技重大专项：大型油气田及煤层气开发项目"中西部地区碎屑岩储层预测、保护与改造技术，项目编号：2011ZX05002-005。

1. "井工厂"开发典型流程及特点

根据"井工厂"开发理念和现场实际作业环节,"井工厂"开发典型流程可分为两种模式:一种基于作业设备的流水作业模式,一种是基于单井环节的流水作业模式。

基于作业设备的流水作业模式是保障进入井场作业的设备处于不停待的状态,进行流水作业形式,其主要流程如图1所示。基于作业设备的"井工厂"开发流程主要在前一口井完成一开后,钻井设备移至相邻的未钻井,这样可以减少固井等待时间,同时,提高钻井效率。待所有井完成一开后,再移回至最早钻入的井,按照一开流程进行二开、造斜和水平段的钻井工作。所有井完成后,进行完井、压裂等后续作业过程。这样设计有几个特点:一是提高了钻井过程的工作效率;二是有利于后续施工过程,如有利于开展多井的同步压裂或"拉链式"压裂等施工,同时,由于钻完井后不占用井场面积和相关设施设备资源,这样有利于后续环节的作业,可以进一步减少井场征地面积。

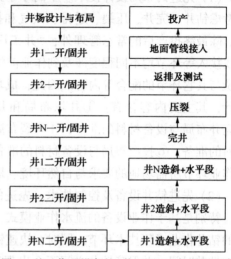

图1 基于作业设备的"井工厂"开发流程设计

基于单井环节的"井工厂"开发典型流程(图2)则是以单井位目标,以施工环节为模块的流水线型开发模式。针对一口井钻井全部结束后,在钻井设备移至下一口井进行钻井时,已完钻井同步开展完井、压裂、返排测试、地面管线接入等后续流程。这样的开发流程可以实现钻井、完井、压裂等多环节同步开展作业,但同时对井场设计要求更高,各环节设备设施应用和配合程度要求更高。

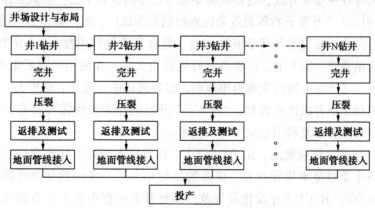

图2 基于单井环节的"井工厂"开发流程设计

2. "井工厂"开发亟需解决的关键技术

"井工厂"开发已经初步的进入中国致密砂岩气、页岩气的开发应用中。在实际的现场实践应用过程中，取得了一些比较好的效果，但同时也反映出一些"井工厂"开发技术进入中国市场的不适应的地方，因此，通过针对这些问题的分析，认为，主要需要在以下五个方面开展攻关，才能使"井工厂"开发技术在 获得更大的成功和经济效益。这五个方面为：

（1）先进的布局设计技术。不同于单井的钻前设计，"井工厂"开发的布局设计需要统筹考虑钻井、完井、压裂、返排、试气和投产各个环节每一项作业对井场的要求和相互影响。除最终投产后的常态管理外，"井工厂"开发的钻井、完井、压裂、返排及测试、地面管线接入等环节均不同程度涉及到作业前的设计、作业设备和材料的准备、作业过程的管理以及与其它环节的配合等内容。因此，成功的"井工厂"开发作业需要非常合理的前期布局设计，其主要内容含有：①井场布局和井数设计；②钻（测）井布局与设备材料的准备；③完井布局与设备材料的准备；④压裂布局与设备材料的准备；⑤返排及测试的布局与设备材料的准备；⑥投产布局与设备材料的准备。以上不同布局设计和材料的准备需同时考虑不同作业环节所需场地的要求与自然环境、地形地貌的条件的匹配。

（2）先进钻井设备及控制技术。先进的钻井设备及控制技术是"井工厂"开发的必备条件。特别是基于作业设备的流水作业模式，钻机设备的快速移动和作业机制是实现快速流水线的钻井作业必须技术环节。同时，快速钻入技术、井眼轨迹的严格控制技术等有利于降低单井钻井时间，并保障钻井之间不会出现连通情况的发生。目前，国内的"井工厂"现场试验时钻井作业模拟均采用单井环节的"井工厂"开发流程。主要原因是基于作业设备的流水作业模式的"井工厂"开发流程对钻机的自动化程度和快速移动技术等要求高，而国内的钻机在这些方面仍有待提高。

（3）先进的压裂设备及压裂优化设计技术。针对"井工厂"开发的特征，压裂的大排量、大规模、大强度已成为显著特征。因此，压裂作业的成功需要先进的压裂设备提供支持。同时，不同于单井的顺序压裂，"井工厂"开发的压裂环节存在两口水平井的"拉链式"压裂、多井的同步压裂等各种压裂方式，这样就需要优选适用的压裂工艺，并从整体上进行压裂优化设计，使得"井工厂"开发下的压裂效果达到控制范围最广，增产幅度最大的效果。

（4）钻井、完井、压裂等各环节液体回收、处理和重复利用技术。"井工厂"开发在作业流程内需要的钻井液、完井液、压裂液具有规模量大的，在使用时需要集中、有序调配。每个作业结束后，又产生大量的废液返出地面，这些液体的处理具有规模大、处理时间短的要求。因此，相对于单井的作业流程，"井工厂"开发的作业流程需要具有快速、高强度处理各环节废液以及能够重复利用返出液体的技术。

（5）"井工厂"开发作业规范。由于"井工厂"开发技术尚处于初步现场实践阶段，没有科学的和标准的作业规范来指导开发，更多的是凭单井的开发经验和国外的技术学习。因此，需要建立标准的"井工厂"开发作业规范，指导开发过程中各个环节的规范作业，保障安全、有序开发。

以上五个亟需提升的方面包括"井工厂"开发的设计技术、作业设备和控制技术、液体处理和重复利用技术和作业规范。有理由相信，通过以上技术和规范的建立，可以使得"井工厂"开发技术更加科学、规范和合理的运用。

3. "井工厂"开发前景展望

中国的油气资源需求也日益快速增长，这对油气资源的开发提出了加快速度的要求。中国的非常规油气作为重要的开发对象，市场已迫切需要加速非常规油气的规模化的快速开发。"井工厂"开发技术正是以流水线型的作业模式规模化的快速开发非常规油气。因此，由于市场需求和促进，"井工厂"开发技术将从以目前的现场试验为起点，全面发展"井工厂"布局设计技术，升级作业设备和相应的控制技术，建立起规范的作业程序，并真正形成流水线型的"井工厂"开发模式。

参 考 文 献

[1] Aaron Padila. Social responsibility & management systems: elevating performance for shale gas development [R]. SPE156728, 2012.

[2] Devon. http://www.mineralweb.com/news/devon-energy-drills-36-wells-single-pad/

[3] R. C. Tolman, J. W. Simons. Method and Apparatus for Simultaneous Simulation of Multi-Well Pads [R]. SPE119757, 2009.

[4] 王敏生，光新军. 页岩气"井工厂"开发关键技术[J]. 钻采工艺，2013，36(5): 1-4.

[5] 赵明宸. 井工厂高效开发技术在盐227块致密砂砾岩油藏的应用[J]. 石油天然气学报(江汉石油学院学报)，2013，35(9): 149-153.

[6] 杨恒昌. "井工厂"模式下非常规油气井轨迹优化控制技术[J]. 内蒙古化工，2013，21: 114-115.

[7] 赵文彬. 大牛地气田 DP43 水平井组的井工厂钻井实践[J]. 天然气工业，2013，33(6): 60-65.

[8] 路保平. 中国石化页岩气工程技术进步及展望[J]. 石油钻探技术，2013，41(5): 1-8.

[9] Codesal, Pablo Ariel, Schlumberger Oilfield ServicesSalgado, Luis Fernando, Schlumberger. Real Time Factory Drilling in Mexico: A New Approach to Well Construction in Mature Fields. 150470-MS SPE Conference Paper-2012.

[10] Hummes, Olof, Baker Hughes Intl Inc. Bond, Paul Richard, INTEQ Symons, Wayne, Baker Hughes Inteq Jones, Anthony, Baker Hughes Inc. Serdy, Andrew Michael, Baker Hughes - SSI Bishop, Manitou K., Baker Hughes Inc. Pokrovsky, Sergei, Baker Hughes Polito, Nicholas Andrew, Pennsylvania General Energy-Using Advanced Drilling Technology to Enable Well Factory Concept in the Marcellus Shale. 151466-MS SPE Conference Paper-2012

[11] 龙志平，沈建中等. 煤层气"井工厂"钻井完井技术探讨[J]. 油气藏评价与开发，2013，4(3): 73-76.

[12] 周贤海. 涪陵焦石坝区块页岩气水平井钻井完井技术[J]. 石油钻探技术，2013，41(5): 26-30.

[13] 曾雨辰，杨保军. 页岩气水平井大型压裂设备配套及应用[J]. 石油钻采工艺，2013，35(6): 78-82.

[14] 夏玉磊，端木晓亮等. 水平井、丛式井"工厂化"压裂配套技术研究[J]. 中国石油和化工标准与质量，2013(17): 65.

低伤害聚合物压裂液在高温深层
砂砾岩油藏的应用

王宝峰[1]　封卫强[1]　蒋廷学[1]赵崇镇[2]

(1. 中国石化石油工程技术研究院储层改造研究所；2. 中国石化油田勘探开发事业部)

摘要：胜利油田义104块深层砂砾岩油藏具有岩性复杂(砂砾岩体)、埋藏深(3450~4800m)、温度高(140~160℃)、厚度大、物性差、非均质性强等特点，压裂改造时裂缝起裂和延伸复杂、易形成多裂缝、缝高不易控制、施工摩阻高、常规压裂液二次伤害高等。本文在对储层特征评估基础上，优化形成耐温180℃的SRCF低伤害聚合物压裂液体系。实验评价了该体系的综合性能：①耐高温耐剪切：180℃、170s^{-1}下连续剪切2h后的黏度保持50mPa·s以上，具有良好的高温携砂性能；②黏弹性好，悬砂性能好，具有独特的控制裂缝垂向延伸功能；③破胶性能好，常规破胶剂过硫酸铵即可使其有效破胶，破胶液黏度低于5mPa·s，有利于压后液体快速返排；④低伤害：对储层岩心的伤害率低于15%。

本文优化形成低伤害聚合物压裂液的现场配制和应用技术，为高温巨厚砂砾岩油藏的大型压裂改造提供了技术支撑。所优化的压裂液在胜利油田义104块150℃储层成功施工2口井，现场检测的压裂液性能满足施工设计要求，施工成功率和有效率均为100%，返排液破胶彻底。压后效果显著，义104-A2井自喷生产，日产油24t/d，产量为周围压裂井的4~10倍。

关键词：高温　砂砾岩　聚合物压裂液　低伤害

前言

胜利油田义104块为深层砂砾岩油藏，位于渤南油田中北部，构造位于沾化凹陷渤南洼陷北部埕南断层下降盘。主要目的层为沙四段砂砾岩体，埋深3450~4800m，储层温度140~160℃，该区块储层具有岩性复杂、物性差、油层埋藏深、温度高、厚度大、非均质性强等特点。水力压裂为该区块有效动用和提高采收率的主要措施，但压裂改造难点为裂缝起裂和延伸复杂、易形成多裂缝、缝高不易控制、施工摩阻高、常规压裂液二次伤害高等。针对压裂难点开展了复合压裂工艺评价与试验，形成了控制裂缝形态(射孔与压裂规模的匹配优化——避射、定点射孔和施工参数调整)特别是控制裂缝垂向延伸的技术措施，建立了巨厚层砂砾岩油藏压裂设计方法；优选评价了耐高温聚合物压裂液体系，综合评价了压裂液的耐温耐剪切流变性能、携砂性能、破胶性能及对储层岩心的伤害性能等。

1. 聚合物压裂液配方优化及性能评价

1.1 压裂液配方确定

1.1.1 储层特征对压裂液要求

① 高温(140~160℃)：高温压裂液体系，耐温耐剪切性能好，交联、携砂能力强。

② 埋藏深(3450~4800m)：压裂液具有低摩阻性能，降低施工摩阻。

③ 储层低孔($\phi=12\%$)、特低渗($K=0.23\times10^{-3}\mu m^2$)：压裂液具有低伤害特性，优化高温清洁压裂液体系。

④ 储层岩石强水敏或极强水敏：优化压裂液体系，减少储层伤害。

⑤ 压力系数高(1.15~1.28)：施工后要求压裂液快速、彻底破胶，及时返排。

⑥ 黏土矿物中伊/蒙混层和伊利石含量高：伊/蒙混层占45%~61%，伊利石占17%~40%，应优选优质高效黏土稳定剂，防止黏土膨胀与微粒运移，降低储层伤害。

⑦ 配伍性：压裂液添加剂之间、与地层流体和岩石配伍。

1.1.2 压裂工艺对压裂液要求

① 降滤、造长缝：压裂液冻胶黏度高、携砂能力强。

② 大排量：剪切速率高，压裂液耐剪切性能好。

③ 降低施工摩阻：低摩阻特性。

④ 高导流裂缝：破胶彻底、低残渣。

⑤ 压裂液综合性能好，成本低、现场可操作性强。

本研究依据储层特征优化的压裂液为聚合物压裂液体系，由稠化剂、流变助剂和耐温助剂组成，按照配制过程溶解后得到的均匀黏稠液体，具有无不溶物残渣、无需交联、破胶彻底、悬浮携砂能力强、抗温抗盐、低摩阻等特性。

1.1.3 压裂液配方

1) 中温配方(60~120℃)

(0.30~0.45)%聚合物稠化剂 SRCF-1+(0.15~0.20)%流变助剂 SRCF-1B+1%KCl

2) 高温配方(120~180℃)

(0.40~0.80)%聚合物稠化剂 SRCF-1+(0.20~0.35)%流变助剂 SRCF-1B+(0.10~0.30)%耐温助剂 SRCF-1C+2%KCl

1.2 聚合物压裂液性能评价

1.2.1 压裂液配制

1) 基液制备

(1) 加入自来水：室温下，量取一定量自来水至烧杯中，调整搅拌速度至 400~500r/min，使水形成漩涡；

(2) 加入 KCl 固体粉末：缓慢而均匀地加入已按比例称好的氯化钾，搅拌使其完全溶解；

(3) 加入耐温助剂 SRCF-1C(本步骤适用于高温配方)：缓慢而均匀地加入已按比例称好的耐温助剂 SRCF-1C，搅拌使其完全溶解；

(4) 加入增稠剂 SRCF-1：缓慢而均匀地加入已按比例称好的增稠剂 SRCF-1，搅拌

30min 使其完全溶解;

(5) 熟化:将已配好的基液倒入烧杯中加盖,室温下静置恒温 2h 熟化,使基液黏度趋于稳定。

2) 交联液制备

(1) 量取一定量的已熟化基液倒入烧杯中,调整搅拌速度至 400~500r/min,使液体形成漩涡,按比例缓慢滴加流变助剂至搅拌杆与烧杯壁的中心液面,避免产生气泡,搅拌使其混合均匀;

(2) 将已配好的基液倒入烧杯中加盖,室温下静置熟化 1h 以上,使基液黏度趋于稳定。

1.2.2 压裂液性能评价

1) 耐温耐剪切性能评价

评价方法参照标准 SY/T 5107—2005"水基压裂液性能评价方法"和 SY/T 6307—2008"压裂液通用技术条件"执行。实验用仪器为 MARS Ⅲ 型高温高压耐酸流变仪。实验结果见图1和图2。

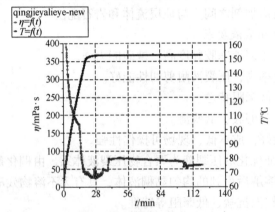

图1 聚合物压裂液耐温耐剪切性能($170s^{-1}$、150℃)

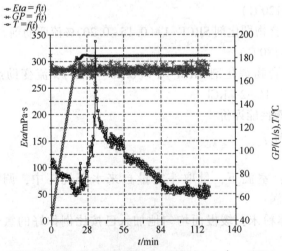

图2 聚合物压裂液耐温耐剪切性能($170s^{-1}$、180℃)

耐温耐剪切性能实验结果表明:在 $170s^{-1}$、150℃下剪切 120min 和 $170s^{-1}$、180℃下剪切 120min 后,表观黏度均高于 50mPa·s,表明压裂液具有很好的携砂性能,可以满足高温储层压裂施工携砂的要求。

2）破胶性能评价

为了考察所优化压裂液体系适宜的破胶剂浓度和破胶时间，配制了含有不同浓度破胶剂的压裂液冻胶，考虑温度剖面后分别在150℃、120℃、90℃下破胶，测定其黏度随时间的变化，实验结果见表1。

表1　聚合物压裂液在不同浓度破胶剂下的破胶性能

温度/℃	过硫酸铵浓度/%	不同时间/hr 的破胶液黏度/mPa·s			
		1	2	4	6
150	0.01	8.51	3.14	/	/
	0.03	3.57	/	/	/
120	0.02	变稀	4.25	/	/
	0.05	7.92	2.68	/	/
	0.08	3.09	/	/	/
90	0.03	变稀	变稀	3.27	/
	0.06	变稀	2.57	/	/
	0.09	4.36	/	/	/

不同温度下破胶实验结果表明：压裂液体系具有很好的破胶性能；随温度场变化，温度的降低，适当追加破胶剂，可以实现压裂液冻胶快速彻底破胶，满足压后快速返排要求，降低地层伤害。

3）压裂液伤害实验评价

为考察聚合物压裂液对目的储层岩心的伤害程度，开展了压裂液破胶液的岩心伤害实验，所用岩心为义104块储层岩心。

实验前对岩心进行切割、标记、洗油、烘干及称量。岩心抽真空24h，加入煤油，继续抽真空24h，常压下浸于煤油中48h。实验流动介质选用煤油。按标准SY/T 5107—2005《水基压裂液性能评价方法》中压裂液滤液对岩心基质渗透率损害实验进行。实验结果见表2。

表2　压裂液伤害实验结果

压裂液破胶液	岩心编号	伤害前渗透率 K_1/ $10^{-3} \mu m^2$	伤害后渗透率 K_2/ $10^{-3} \mu m^2$	伤害率/%	平均伤害率/%
羟丙基胍胶	109-V-3/4	0.00315	0.00171	43.68	51.66
	104-H-1/6	0.00139	0.000562	59.63	
羧甲基胍胶	109-H-3/3	0.00303	0.00186	38.72	34.19
	104-H-2/6	0.00420	0.00296	29.66	
聚合物压裂液	109-H-5/6	0.00316	0.00270	14.71	14.71

表2为不同种类压裂液破胶液对岩心基质渗透率伤害实验结果。结果可看出：所优选的聚合物压裂液因不存在残渣伤害而对岩心的伤害较小，为14.71%。羧甲基胍胶压裂液体系的伤害率为34.19%。以往所用羟丙基胍胶压裂液对岩心的伤害率为51.66%，伤害程度明显高于聚合物压裂液和羧甲基胍胶压裂液。

2. 聚合物压裂液现场应用

在室内实验基础上优化形成聚合物压裂液的现场配制技术。现场应用前取配液用水配制压裂液，对体系的各项性能指标进行评价，与室内自来水的配液性能进行对比，适当调整配方，形成压裂液现场应用配方。分别在义104块深层砂砾岩油藏进行2口井的现场先导性试验，施工顺利，压后效果显著，这也是首次在该地区实施聚合物压裂液的高温试验。

义104-A1井压后日产油10t/d，不含水，产量为周围压裂井的2~5倍。

义104-A2井进行了连续油管喷砂射孔环空逐级分5段压裂，五段压裂均按设计要求完成加砂，压裂液性能稳定，保证了高砂比的顺利加入，破胶彻底，破胶液黏度低于5 mPa·s。压后3mm油嘴自喷生产，日产液26t/d，日产油24t/d，产量为周围单层压裂井的4~10倍。义104-A2井分五段压裂施工数据统计见表3，第一段和第五段的压裂施工曲线见图3和图4。

表3　义104-A2井分五段压裂施工数据统计

段数	施工排量/(m³/min)	最高压力/MPa	压裂液用量/m³	加砂量/m³
第一段	2.3~5.3	67.5	655	67.2
第二段	3~5.3	57	530	62.7
第三段	2~4.5	52	642	70.6
第四段	2~5.1	57	697	84.2
第五段	2~5.4	65	582	69.2

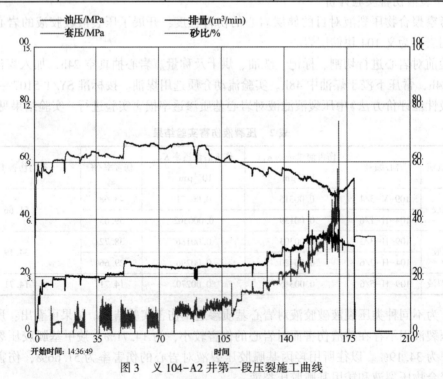

图3　义104-A2井第一段压裂施工曲线

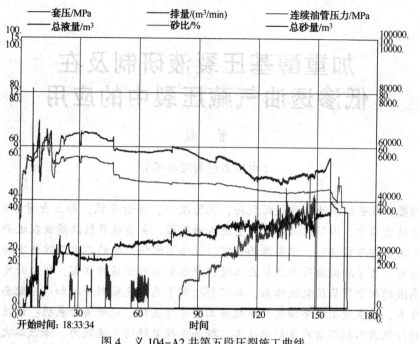

图4 义104-A2井第五段压裂施工曲线

3. 结论与认识

（1）优选形成适应高温深层砂砾岩油藏特征的聚合物压裂液体系，具有现场溶解速度快、无不溶物残渣、无需交联、破胶彻底、悬浮携砂能力强、抗温抗盐、低摩阻等特性。在180℃、$170s^{-1}$下剪切2h后黏度保持50mPa·s以上；使用常规破胶剂即可使压裂液冻胶2h内有效破胶，破胶液黏度低于5 mPa·s；压裂液破胶液对储层岩心的伤害率小于15%。

（2）聚合物压裂液是胍胶大幅涨价后发展起来的一种新型压裂液体系，兼具良好的黏弹性、携砂性、低摩阻和低伤害的优点。现场先导性试验表明：与胍胶压裂液相比，聚合物压裂液体系的基液配制、交联、破胶等技术可靠性强，产品性能稳定。

参 考 文 献

［1］JIANG Yang. Viscoelastic wormlike micelles and their applica-tions［J］. Current Opinionin Colloid & Interface Science，2002，7.

［2］陈馥，王安培，李凤霞，等. 国外清洁压裂液的研究进展. 西南石油学院学报，2002，24（05）：65-68.

［3］张平，张胜传，等. 无残渣压裂液的研制与应用，钻井液与完井液，2005，22（1）：44-49.

［4］罗平亚，郭拥军，刘通义. 一种新型压裂液. 石油与天然气地质，2007，28（4）.511-515.

［5］丛连铸，李治平，周焕顺. 缔合压裂液在低渗气田的应用. 钻采工艺. 2007，30（3）.152-153.

［6］周成裕，陈馥，黄磊光. 一种疏水缔合物压裂液稠化剂的室内研究. 石油与天然气化工，2008，37（1）. 62-64，76.

［7］王均，何兴贵，张朝举. 清洁压裂液技术研究与应用. 中外能源，2009，14（5）：52-55.

加重醇基压裂液研制及在
低渗透油气藏压裂中的应用

曾 毅

（中国石化新星公司）

摘要： 致密低渗油气藏胶结致密，孔隙度小、渗透率低，黏土含量相对较高，压裂改造过程中，因压裂液滤液大量进入油气藏，会造成压裂液滤液在近井地带和储层中的水相滞留伤害、水不溶物伤害、流体不配伍产生的二次沉淀伤害和气藏敏感性伤害。为了降低油气井压裂施工过程中压裂液对储层的伤害，研制开发了新型的耐高温的加重醇基压裂液体系，并配套研制了高温交联剂等添加剂，配套了压裂工艺技术，并在致密深层油气井压裂施工中获得成功。现场实验表明：该技术可以有效的降低因水相滞留产生的水伤害，提高支撑裂缝的导流能力、降低二次沉淀伤害。本文系统的介绍了加重醇基压裂液的研制和性能评价指标，并详细的介绍了现场的应用情况。该技术将为深层致密油气藏的压裂改造工作，做出积极的贡献。

关键词： 加重醇基压裂液　高温交联剂　水相滞留　水伤害　低渗透油气藏压裂

1. 概述

在我国油气产量构成中，低渗透油气产量的比例逐年上升，地位越来越重要，我国未来油气产量稳产、增产将更多的依靠低渗透油气藏。胜利油田低渗透储量占有较大比例，特别是近三年来每年新增的低渗透石油探明储量均超过总探明储量的三分之一。

压裂是开发低渗透油气藏的主导工艺，但压裂液在近井地带的水相滞留、压裂液中的残渣和水不溶物均会对地层造成伤害。近年来发现，水相滞留等原因引起的水锁伤害是低渗油气藏最主要的、最严重的伤害类型之一，其伤害率一般在 70%～90% 之间，尤其对于低压、低渗油气藏。为了达到增产和稳产，耐温性能好、低伤害压裂液体系成为这类油气藏压裂技术发展的关键。性能良好的压裂液体系在保证压裂工艺成功的同时，更能有效增加裂缝的穿透深度和导流能力，是低渗透油气井压裂获得高产的必需条件。加重醇基压裂液能有效降低水相滞留伤害，补充地层能量，具有返排能力强、低伤害等特点，能有效改善裂缝导流能力，提高压裂效果。

2. 加重醇基压裂液优点

20℃时甲醇相对密度为 0.7914g/cm³，表面张力仅为清水的三分之一，返排时毛管阻力低；沸点是 65℃，易汽化，甲醇蒸汽可与天然气完全混相，有利于返排；醇在压裂液中还能起氧清除剂的作用，可用作温度稳定剂。加上合适的加重剂，可以使得压裂液的密度达到 1.35g/cm³。

甲醇压裂液在现场中使用的主要优点有：①降低基液的表面张力，易返排；②解除水锁伤害，降低水对地层的伤害；③易汽化，补充地层能量。

20 世纪 80 年代初，国外发明了含 80% 甲醇，20% 水的压裂液，并可与液态 CO_2 配伍；之后发展了纯甲醇压裂液并工业化，并在美国、加拿大和阿根廷得到广泛应用，其主要用于水敏性地层和易产生伤害的致密气藏和低压气层等。国外的应用经验表明使用甲醇作业的井效果要好于 CO_2 泡沫作业的井。

国内的多家油田和科研院校也开展了加重醇基压裂液研究与探索，但报道的产品并未进行工业化生产和现场应用。国内周小平等人对甲醇解除水锁伤害进行了实验，实验表明随着甲醇浓度和驱替时间的增加，岩心气体渗透率得到恢复；李学康等人认为加重醇基压裂液具有无水敏、解水锁、密度低、表面张力低、容易快速返排等特点，提出了蜀南地区须家河组致密砂岩储层采用加重醇基压裂液压裂改善压裂效果的建议。因此加重醇基压裂液的研制与开发具有十分重要的意义。

3. 加重醇基压裂液体系研究

3.1 稠化剂合成

鉴于甲醇具有价格低，性能优良的特点，因此选用甲醇作为加重醇基压裂液添加的有机溶剂。在此基础上研制开发与之相适应的稠化剂等添加剂。

由于普通的胍胶原粉水不溶物含量较高，目前现场应用的均为改性的胍胶，但其在加入甲醇的条件下溶解性和稳定性变差，通过对现有合成工艺和原材料性能深入调研的基础上，通过改变普通胍胶亲水基团，使其在甲醇和水中均能很好溶解，研制开发出新型加重醇基胍胶稠化剂。合成步骤如下：

第一步：在装有温度计、回流冷凝器和电动搅拌器的 500mL 三口瓶中按比例加入原料 H、原料 E 和催化剂 I，搅拌均匀后升温开始反应。反应产生的副产物可分离除去。整个反应的时间一般在 4~6h。然后降温至室温，减压抽出粗产品中的低沸点组份，得到中间体(图 1)。

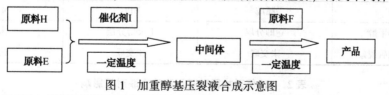

图 1　加重醇基压裂液合成示意图

第二步：在一定温度下向中间体中加入原料 F，进一步反应制得产品 B，之后进行沉淀，过滤干燥，粉碎，得到外观呈浅黄色的加重醇基瓜胶产品 MAG-1。

3.2 交联剂的合成

加重醇基压裂液高温交联剂的合成主要由硼酸、钛酸四异丙酯、碱和其它添加剂反应合成而成。在反应釜中，依次按百分比加入清水、硼酸、钛酸四异丙酯、及相应的化学添加剂，在一定温度下，反应 1~3h，然后，调节 pH 值至 9~10。交联剂外观特征：浅棕红色液体或红褐色液体；密度为 1.15~1.25g/cm³；与水以任意比混溶；pH 值为 9~10。

3.3 加重醇基压裂液综合性能测试

3.3.1 醇溶性实验

为了检验合成的稠化剂在醇与水混合溶液中的溶解性能，室内分别测定不同粉比压裂液黏度，并且与胍胶、HPG 进行对比。加入 10%的甲醇后的 HPG 压裂液很快分层，并有絮状物出现，分析认为甲醇的加入促使了 HPG 胍胶析出，不能稳定分散，难以满足需要。当甲醇比例达 20%时，对基液黏度有明显的影响。随着甲醇浓度的增加其黏度下降，并有絮状物产生。图 2 是不同粉比 HPG 胍胶在甲醇水溶液中的黏度，在 10%体积甲醇水溶液中，0.6%粉比 170s⁻¹下黏度为 84mPa·s，在 25%体积甲醇水溶液中黏度为 60mPa·s。

对合成的 MAG-1 稠化剂进行黏度测试，在 40%体积甲醇水溶液中，0.8%粉比 170s⁻¹下黏度为 156mPa·s，与相同条件下的胍胶水溶液黏度基本相同；在 50%体积甲醇水溶液中黏度为 138mPa·s，一周内没有出现分层，说明合成的稠化剂在甲醇水溶液中具有良好的稳定性，可以满足现场施工 20%~50%甲醇浓度的需求，实验结果见图 3。

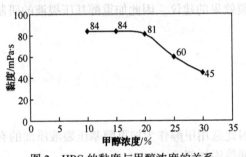

图 2　HPG 的黏度与甲醇浓度的关系　　　图 3　合成样品黏度与甲醇浓度的关系

3.3.2 交联实验

对合成的加重醇基胍胶 MAG-1 和交联剂体系进行交联实验，该体系交联后挑挂性能良好见表 1。加重醇基压裂液具有延迟交联作用，其延迟时间 pH 值确定，压裂液的 pH 值越高，延迟时间越长。表 2 为样品基液的 pH 值与交联时间的对应关系，pH 值的调节可用适量的碳酸钠或氢氧化钠溶液进行调节。

表 1　不同产品的交联性能

标号	胍胶	HPG	MAG-1
加入 20%甲醇	立即分层	1 天后分层	未分层
加入交联剂后现象	未交联	未交联	挑挂好

表 2　pH 值对加重醇基压裂液交联时间影响

样品基液的 pH 值	9.0	9.5	10.0	10.5	11.0	12.0	12.5
延迟交联的时间/s（在此时间后，冻胶可挑挂）	45	60	120	150	270	300	360

3.3.3 流变性测试实验

为了检验该加重醇基压裂液的流变性能，将合成样品按 0.55%的浓度、50%甲醇（体积比）、50%的水（体积比），在混调器中配好，在室温下溶胀 4h。然后，将合成的交联剂按

0.3%的浓度加入配好的压裂液中，用玻璃棒搅匀，用哈克150型黏度计，测其黏度随时间和剪切速度的变化关系，实验结果见表3。下表中的有关数据说明：在交联比为0.3%的条件下，该压裂液黏温、黏时性能好，在现场施工时，可以使压裂液具有较好的携砂性能和造缝能力，保证施工的成功率。为了保证压裂施工效果，可以根据不同的井身条件和泵注排量，进行现场调整加重醇基压裂液交联。

表3　在185℃、170 s⁻¹条件下20%甲醇压裂液黏度随时间的变化关系

剪切时间/min	10	20	30	40	50	60	70	80	90
黏度/mPa·s	952	698	445	171	149	133	125	119	113

注：交联剂比例为0.3%。

3.3.4　其它性能测试评价

1）破胶化水性能

在现场应用过程中，为了既保证施工过程中悬砂性能好、砂比高、造缝能力强，又要加快压裂液的破胶化水，减小压裂液对地层的伤害，选择了EB-1微胶囊破胶剂作破胶化水剂。实验证明：压裂液在90℃条件下4h之内即可完全破胶化水，破胶液黏度小于5mPa·s，实验数据见表4。

表4　破胶化水实验结果

样品/%	交联剂/%	EB-1/%	破胶化水的温度/℃	破胶时间/h	破胶液黏度/mPa·s
0.55	0.3	0.03	90	4	3

2）滤失性能

在室内用Baroid高温高压滤失仪，测试了加重醇基压裂液和常规压裂液的滤失系数，实验数据见表5。

表5　压裂液的滤失性能

名称	样品/%	交联剂/%	实验温度/℃	实验压力/MPa	恒温时间/h	滤失系数/(m/min^{1/2})
MAG-1	0.55	0.3	150	3	1	1.15×10^{-4}
HPG	0.55	0.3	150	3	1	4.26×10^{-4}

从该表中可以看出，该压裂液的滤失系数较小，与常规压裂液相当，因此在压裂过程中造缝能力强。

3）残渣含量测定

压裂液中含有的不溶物残渣可堵塞岩层孔隙，造成对储层渗透率的伤害，因此要求压裂液中的不溶物含量越低越好，由表6可知加重醇基压裂液的残渣含量较低。

表6　不同类型的压裂液残渣含量试验

压裂液类型	温度/℃	破胶时间/h	残渣含量/(mg/L)
胍胶	100	1	517
HPG	100	1	475
MAG-1	100	1	438

4）破胶液对油层的伤害率

按照岩心试验评价标准，对羟丙基胍胶压裂液和加重醇基压裂液对岩心伤害率进行评价，实验结果见表7。从表中可以看出，加重醇基压裂液具有较低的岩心伤害率，分析认为主要是加重醇基压裂液中的甲醇，起到了降低水的表面张力的作用，降低了水锁伤害。同时，加重醇基压裂液中的甲醇易汽化，可减少液体在储层中滞留引起伤害。

表7　岩心伤害试验结果

压裂液类型	岩心号	原始渗透率/×10⁻³μm²	伤害后渗透率/×10⁻³μm²	伤害率/%
		原始渗透率/$\times10^{-3}\mu m^2$	伤害后渗透率/$\times10^{-3}\mu m^2$	伤害率/%
HPG	1#	6.27	2.40	61.71
	2#	5.67	1.84	67.62
	3#	5.92	2.6	56.16
MAG-1	4#	13.47	4.35	27.71
	5#	0.23	0.17	26.09

4. 现场应用情况

加重醇基压裂液研制成功以后，在胜利油田纯116井和大港油田进行了8井次的现场应用，均取得成功，见表8。最大应用井深5060m，应用最高井温175℃，最大加砂规模达到42m³，现场应用表明，加重醇基压裂液具有返排快、耐温、携砂性能好等优点。

表8　加重醇基压裂液应用效果表

编号	井号	层段，井段/m~m 厚度/层数	加砂/m³	措施前/(m³/d)	措施后，液/油/(m³/d)	增产倍数
1	纯116井	2942.3~2949.3 7.0/1	38	5.07/4.76	14.1/8.34	2.8
2	田261井	3653.8~3668.5 10.3/2	26	1.52(综合)	10.38/6.44	6.8
3		4364.2~4386.5 11.3/3	24	1.65（折算）	32/0	19.4
4	歧深1井	4221.9~4233.9 14.6/2	28		6mm 35.4/5.01	
5		3906.7~3951.7 17.1/4	29	3.36（折算）	3mm 8.5/8.5	2.5
6	滨深22井	4493.5~4547.5 22.8/8	20	3.9/0	3mm 14.1/11.5 气 37600	13.3
7	滨深1井	S2，4389.0~4436.9	33	2.16/0	8mm 66.5/7.86 气 4126	32.6
8	歧深8井	S3，5011.0~5077.3	42	0/0	8mm 20/0 气 41260	

纯116井井例：纯116井是胜利油田首次应用加重醇基压裂液，位于济阳坳陷东营凹陷纯化-小营鼻状构造带处于两构造的结合部位，压裂目的层为沙四纯下亚段滩坝砂岩储层，岩性为灰色荧光粉砂岩和灰色油斑粉砂岩，目的层含油性较好，泥岩含量高，岩性致密，物性较差，非均质性强，自然产能较低，压前储层供液不足。

该井采用加重醇基压裂液改造，压裂液甲醇含量50%，注入加重醇基压裂液332.63m³，加入支撑剂38m³，平均砂比21.4%，加砂强度5.43m³/m。该井压后排液49m³即开始见油，初期3mm油嘴自喷，日产油8.34m³，日产水5.76m³，日产气621m³，取得较好的改造效果。分别如表9和图4所示。

表9　纯116井压裂层段测井解释成果

序号	解释井段/m	厚度/m	有效厚度/m	孔隙度/%	渗透率/×10⁻³μm²	含水饱和度/%	泥质含量/%	解释结果
26	2940.6~2941.4	0.8		7.97	2.35	98.53	24.6	差油层
27	2942.3~2949.3	7.0	4.5	13.03	18.11	75.9	13.64	油层
28	2953.3~2954.3	1.0		7.74	1.67	99.99	19.7	干层
合计		8.8	4.5					

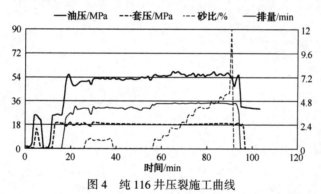

图4　纯116井压裂施工曲线

5. 结论与认识

（1）加重醇基压裂液具有降低水基压裂液的表面张力，解除地层的水锁，带出地层水，提高地层的有效渗透率，压后返排效果好等优点；

（2）优选甲醇作为加重醇基压裂液中的醇添加剂，室内研制开发出加重醇基胍胶，其溶于20%~50%的甲醇水溶液中，其黏度与常规稠化剂相近；研制出的耐高温交联剂，延迟交联时间控制在5min左右，交联好，挑挂性能强；

（3）研制开发的加重醇基压裂液在185℃，170s⁻¹剪切速率下剪切90min，黏度为113mPa·s；加入胶囊破胶剂后，在90℃条件下，4h可完全破胶化水；该压裂液的滤失系数为$1.15×10^{-4}$m/min$^{0.5}$，与常规水基压裂液相近；残渣含量为438mg/L，岩心伤害率低；

（4）加重醇基压裂液进行了8井次现场试验应用，成功率100%，最大加砂42m³，最大加砂强度5.43m³/m，应用最大井深5060m，最高温度175℃。现场应用表明，加重醇基压裂液携砂性能强，返排速度快，压裂增产效果明显，尤其适用于低压、低渗水敏性油藏和致密气藏、凝析气藏。

参 考 文 献

[1] 朱国华，徐建军，李琴．砂岩气藏水锁效应实验研究，天然气勘探与开发[J]．2003(3)：29-36.

[2] 周小平，孙雷，陈朝纲．低渗透凝析气藏反凝析水锁伤害解除方法现状，钻采工艺[J]．2005，28(5)：66-68.

[3] 王富华，低渗透致密砂岩气藏保护技术研究与应用，石油天然气工业[J]．2006，26(10)，89-91.

[4] 尚万宁等，气井储层水锁效应解除措施应用，石油天然气工业[J]．2008，28(5)，89-90.

[5] 冯虎等，凝析气藏压裂返排参数对气井产能的影响，石油勘探与开发[J]．2006，33(1)，83-85.

[6] 李学康等，醇基酸加重醇基压裂液在蜀南地区须家河组的应用前景，钻采工艺[J]．2006，29(4)，70-72.

元坝长兴组气藏水平井暂堵
转向酸压技术研究与应用

杨廷玉[1]　王兴文[2]　丁　咚[2]　黄禹忠[2]　钟　森[2]

(1. 中国石化天然气工程项目管理部；2. 中国石化西南油气分公司工程技术研究院)

摘要：针对 X 气田超深水平井水平段长、非均质性强、裸眼完井实施机械封隔风险大、笼统改造不能实现均匀酸化困难的问题，本文在暂堵转向酸化作用机理研究的基础上，通过暂堵剂的研制和暂堵工艺的优化，形成了多级暂堵转向酸化工艺。该工艺利用可降解暂堵剂对高渗储层进行暂堵，使酸液转向，从而实现整个长水平段的均匀布酸。X1H 等井的现场实施表明，暂堵和酸液转向作用明显，工艺成功率100%，有效率100%，增产效果显著。

关键词：超深水平井　裸眼完井　长水平段　可降解暂堵剂　多级暂堵转向酸化　均匀布酸

1. 概述

　　X 气田碳酸盐岩储层具有超深(垂深 6500~7000m)、高温(160℃)、高压、高含硫特征，同时采用水平井裸眼或者衬管完井，水平段长、储层非均质性强，发育有Ⅰ类、Ⅱ类、Ⅲ类储层，其中Ⅱ类、Ⅲ类储层占 83.7%~99.4%。由于储层的物性差异，酸液主要进入高渗储层，而占比例更大的低渗储层难以得到有效的改造，从而使得有效储层改造程度低，影响酸化效果。因此，能否实现酸液在整个水平段的均匀分布是影响该类长水平段水平井酸化改造效果的关键。

　　目前水平井酸化时，国内外主要的布酸工艺有以下几种：①全井段笼统酸化技术；②机械转向技术；③化学微粒暂堵分流酸化技术；④水力喷射酸化技术；⑤连续油管注酸技术；⑥滑套分流酸化技术；⑦转向酸分流酸化技术。

2. 暂堵转向酸化作用原理

　　根据达西定律，酸液线性流过产层小段时，符合下列关系：

$$Q = \frac{K\Delta PA}{\mu L}$$

式中　K——介质(产层岩心)渗透率；

　　　ΔP——压差；

    A——渗流面积;

    μ——液体黏度;

    L——造压差的距离。

要让酸液均匀进入井段各部位,达到均匀酸化的目的,就必须满足井段各部位单位面积上的注酸速度相同,即满足下式:

$$\frac{K_1 \Delta P_1}{\mu_1 L_1} = \frac{K_2 \Delta P_2}{\mu_2 L_2} = \cdots = \frac{K_i \Delta P_i}{\mu_i L_i} = \cdots = \frac{K_N \Delta P_N}{\mu_N L_N}$$

式中   下标 N 为总层数。

显然,由于各小层物性、泥浆污染程度、地层压力、天然缝洞发育情况等均可能不同,如不采取任何措施,上式则不能成立,因此应考虑采用暂堵转向技术。

暂堵转向酸化即利用酸液优先进入高渗储层,在暂堵液中加入适当的暂堵微粒,随着注液过程的进行,暂堵微粒进入高渗储层,并对高渗井段形成暂堵,从而逐步改变吸酸剖面,最后达到井段各部位均匀进酸的目的。这样让酸液充分进入渗透率较低或污染严重井段,获得更好的酸化效果。

3. 暂堵转向剂优选及评价

暂堵微粒是实现暂堵转向酸化工艺的关键,许多化学剂都可被用作暂堵微粒。目前,国内外所使用的酸化暂堵剂主要有固体颗粒状暂堵剂、有机冻胶类暂堵剂以及纤维暂堵剂等。在酸化时,该类暂堵剂能起到有效的暂堵作用,使酸化工作液发生转向;而在酸化后的排液过程中,可逐渐被流体溶解,使储层的渗透率得到恢复,从而达到改善长井段储层产气剖面渗流能力和提高整体酸化效果的目的。对此,本文开发研制了一种可降解的纤维暂堵剂,在气藏酸化中既能起到暂堵高渗层的作用,又可在地层温度条件下依靠返排液中的残酸溶解。

3.1 暂堵剂溶解性能

采用可降解纤维在不同温度条件和盐酸浓度下进行实验,分析其溶解情况。从表1中可以看出,纤维在低温、低酸浓度条件下,其溶解情况相对较差,但随着温度和盐酸浓度的提高,其溶解率大幅增加,在温度为60~70℃时,盐酸对纤维的溶解率最高可达到近99%。因此,酸化后依靠残酸可达到良好的解堵效果。

表 1 纤维降解率实验数据

温度/℃	盐酸浓度	溶解时间			最终降解率/%
		10min	20min	30min	
70	10%	50%溶解	70%溶解	完全溶解	98.2
	5%	30%溶解	40%溶解	基本完全溶解	95.3
60	10%	50%溶解	60%溶解	完全溶解	97.8
	5%	未溶解	20%溶解	部分溶解	88
50	10%	开始溶解	40%溶解	70%溶解	73.2
	5%	未溶解	未溶解	未溶解	13.1

3.2 暂堵剂封堵性能

暂堵转向酸化工艺的关键就在于使用的暂堵微粒能够形成一定的阻挡层，建立一定的压差，暂时阻止酸液进入高渗储层，逐步改变整个水平段的吸酸剖面，从而实现各段储层的均匀布酸。采用人工劈裂岩心进行驱替实验，从实验结果可以看出（表2），暂堵前人工裂缝的平均渗透率为 $631.91×10^{-3}\mu m^2$，采用暂堵液进行暂堵后，平均渗透率大幅下降至 $13.04×10^{-3}\mu m^2$，有效的起到了封堵作用，而继续采用10%盐酸解堵后平均渗透率又恢复至 $645.67×10^{-3}\mu m^2$。说明纤维有效的起到了暂堵的作用，同时又能充分降解，渗透率得到了恢复甚至提高。

表2　纤维暂堵实验数据

岩心长度/cm			3.304	岩心直径/cm	2.580	
实验过程		流体性质	压力/MPa	渗透率/ $×10^{-3}\mu m^2$	平均渗透率/ $×10^{-3}\mu m^2$	
1	暂堵前	蒸馏水	1	631.91	631.91	
			1	631.91		
2	暂堵后	压裂液破胶液+纤维	2.5	12.04	13.04	
			3	14.04		
3	解堵后	10%盐酸	2.5	640.12	645.67	
			1	651.22		

4. 暂堵转向工艺优化

4.1 暂堵位置优选

4.1.1 水平段物性及含气性

选择暂堵井段的主要依据是水平段储层的物性和含气性分布情况，从已完钻水平井储层条件可以看出，水平段衬管开孔处各类储层交错分布，且每口井储层类别和分布情况各不相同，从Ⅰ、Ⅱ类储层分布情况来看具有以下三种特征：①在水平段跟部和趾部都有发育；②主要发育在水平段中部和趾部；③主要发育在水平段跟部和中部。因此，需要对这些Ⅰ、Ⅱ类储层较为发育的位置进行暂堵。

4.1.2 水平段泥浆漏失情况

由于前期钻井过程中水平段某些位置存在不同程度的泥浆漏失情况，这说明该处裂缝和溶洞较为发育，为保证整个水平段的酸化效果，需对其进行暂堵作业。

综合考虑储层分布及漏浆情况，水平井暂堵位置的优化选择需满足以下要求：

① 暂堵段选择原则：选择应立足"首选Ⅰ、Ⅱ类储层，兼顾Ⅲ类储层"的原则，首先选择出物性、含气性相对更好的Ⅰ、Ⅱ类储层作为暂堵井段，再兼顾Ⅲ类储层，进行辅助改造。

② 泥浆漏失分析：选择水平段钻井过程中漏浆的位置作为暂堵段。

4.2 暂堵剂用量及注入方式

4.2.1 用量设计

根据室内暂堵模拟结果和国内其它油气田的现场实践经验，采用不同暂堵剂，浓度在

1%~10%条件下可实现有效暂堵转向。而对于可降解纤维，具体应用时应重点考虑以下三点：

① 根据不同井段位置渗透率差异和分布调整浓度；渗透率差异更大时，应适当加大浓度；高渗透储层段比例大，适当加大浓度。

② 根据需暂堵井段的长度设计暂堵液总量。

③ 考虑施工设备的能力并能保证现场施工的成功实施。

因此，设计暂堵纤维质量浓度为1%~2%。

4.2.2 注入方式

为有效达到封堵的作用，采用纤维和交联冻胶相配合的方式进行暂堵能更好的发挥其协同作用。为不压破地层保证暂堵效果，采用高黏压裂液作为暂堵液携带可降解纤维小排量注入，同时在暂堵液前后分别注入一段高黏压裂液，一方面降温；另一方面起到隔离酸液和纤维的作用，以避免纤维过早溶解。综合考虑到作业强度和水平段储层分布情况，一般进行2~3级的交替暂堵作业。

4.2.3 化工艺流程

①小排量挤酸；②采取小排量进行第一级暂堵作业，同时在纤维暂堵液前后分别注入高黏压裂液；③根据暂堵级数重复步骤1和步骤2；④大排量高挤酸液；⑤顶替作业，酸化施工结束；⑥测试、投产。

5. 现场应用

X1H井采用该工艺进行了酸化施工，该井共进行了两级暂堵作业，注入酸液940m³，暂堵液320m³，暂堵剂1500kg。图1为该井施工时可降解纤维对施工压力的影响情况，纤维入地后在稳定施工排量3.0m³/min情况下，施工压力在13min内由32.2MPa缓慢上升到41.3MPa，提高了近10MPa，后施工压力开始下降，说明水平段其它储层相继吸酸，导致施工压力降低。暂堵剂进入地层后有效地暂堵了高渗储层，使得酸化工作液分流转向，从而更充分有效的改造物性及含气性相对较差的储层。

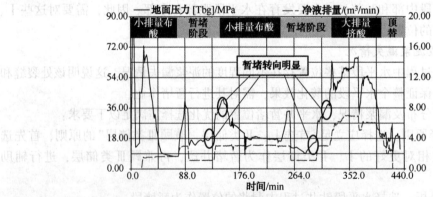

图1 X1H井暂堵转向酸压施工曲线及效果

该井酸化后，在稳定油压36MPa下获测试天然气产量82.5×10⁴m³/d，计算无阻流量310.5×10⁴m³/d，增产效果显著。

截止到 2014 年 5 月,多级暂堵转向酸化工艺在 X 气田共应用 9 井次,措施成功率 100%,增产倍比 1.7~6.1,酸化后最高测试无阻流量 $791.8×10^4 m^3/d$,该工艺取得了较好的应用效果。

6. 结论

(1) 研制的可降解纤维可形成暂堵阻隔层,可建立一定的压差,在非均质性严重的长井段水平井的酸化改造中,能有效地促进液体发生转向分流,改变整个水平段的吸酸剖面,改善低渗储层的改造效果。同时,在酸化后的温度条件下,纤维能在残酸的作用下完全溶解,使储层的导流能力逐步得到恢复。

(2) X1H 井等 9 口井的现场实施表明,针对 X 气田 P_2ch 储层地质特征和工程条件形成的多级暂堵转向酸化工艺,可有效地暂时屏蔽高渗储层,实现了对长井段水平井的充分有效改造,取得了显著的增产效果,该工艺具有较强的可行性和适应性。

参 考 文 献

[1] 李年银,刘平礼,赵立强. 水平井酸化过程中的布酸技术. 天然气工业[J],2008,28(2):104-106.

[2] 李长忠,王军锋等. 靖安油田非均质油藏 ZDJ-暂堵剂酸化工艺技术,石油天然气学报(江汉石油学院学报),2007,29(3).

[3] 李国锋,刘洪升,张国宝,等. ZD-10 暂堵剂性能研究及其在普光气田酸压中的应用[J]. 河南化工,2012,29(5):23-26.

[4] 许观利,林梅钦,李明远,等. 交联聚合物溶液封堵岩心性能研究[J]. 石油大学学报:自然科学版,2001,25(4):85-87.

[5] 齐天俊,韩春艳,罗鹏. 可降解纤维转向技术在川东大斜度井及水平井中的应用[J]. 天然气工业,2013,33(8):1-6.

[6] 赵立强,钟双飞等. 暂堵酸化试验研究. 西南石油报,1995,17(1).

大庆长垣特高含水期水驱精细
压裂挖潜技术的研究与应用

刘　鹏[1]　金显鹏[2]　范立华[3]　周新宇[4]

（大庆油田有限责任公司井下作业分公司）

摘要： 大庆长垣处于松辽盆地中央坳陷带中部，长垣内的萨、葡、高油层纵向迭加，单井有63~136个小层，储层最发育的萨尔图油田南部共有9个油层组，41个砂岩组，136个小层（这些小层最大厚度21m，最小厚度不足0.2m）。至十一五末，长垣老区采收率已达到51.2%，综合含水已经达到92%以上。为适应特高含水期水驱进一步精细挖潜，"十二五"以来，在压裂改造方面，针对水驱开发层系多、多数低渗透油层没有得到有效注水开发的问题，以"调整注采剖面、压裂控水、挖潜剩余油"为目标，从"纵向"和"横向"上攻关研究，改进工艺，突破了对未动用层的准确识别，解决了精确定位改造难题，压裂隔层厚度由1.8m降至0.4m，薄差小层压开率由44.2%提高到96.3%，缓解了油田开发矛盾，适应了大庆长垣水驱二次开发精细挖潜的需求。

关键词： 二次开发　水驱挖潜　水平裂缝　精细压裂

大庆长垣处于松辽盆地中央坳陷带中部，大型背斜构造带，主要储油层——萨尔图、葡萄花和高台子，属于盆地北部河流—三角洲沉积体系；以中高渗透砂岩为主，埋藏深度900~1200m，含油层段总厚度300~500m；长垣内的萨、葡、高油层纵向迭加，单井有63~136个小层，储层最发育的萨尔图油田南部共有9个油层组，41个砂岩组，136个小层（这些小层最大厚度21m，最小厚度不足0.2m）。储层具有严重的层内非均质、平面非均质和层间非均质特性；萨、葡油层的单层厚度≥4.0m的厚度，占油层总厚度的比例由北向南明显变小，由60%降到20%左右；与此相反，单层厚度0.2~0.4m的薄油层的总厚度占油层总厚度的比例自北向南明显增加，由5.7%增加至21.8%。

至十一五末，长垣老区采收率已达到51.2%，综合含水已经达到92%以上。为适应这一形势，"十二五"以来，在老区改造挖潜方面，针对水驱开发层系多、多数低渗透油层没有得到有效注水开发的问题，以"调整注采剖面、压裂控水、挖潜剩余油"为目标，从"纵向"和"横向"上攻关研究，改进工艺，扩大水驱精细挖潜改造效果：

纵向上，在完善"细分控制"和"保护隔层"等成熟压裂工艺的同时，攻关应用"长垣加密井薄差层二次改造"技术缓解"层间"矛盾，攻关"油水井定位水力喷射分层压裂"技术缓解"层内"矛盾。通过上述工艺技术的研究应用，突破了对未动用层的准确识别，解决了精确定位改造难题，压裂隔层厚度由1.8m降至0.4m（最小0.2m），薄差小层压开率由44.2%提高到96.3%，确保了大庆长垣水驱二次开发精细挖潜的需要。

横向上，研究应用"选择性支撑剂"技术，改善裂缝内油水的流度比，降低水相渗透率，抑制水的产出；研究应用大砂量坐压多层工艺，提高单层改造强度，缓解"平面"矛盾，实现储层平面有效改造。

1. "纵向"上实现多油层组的细分挖潜

为进一步缓解大庆油田特高含水期开发存在的层间和层内矛盾，针对不同开发层系、不同井网及不同完井方式，从"纵向"上开展技术攻关应用，实现薄差储层的"细分改造"。

1.1 三次加密"新井"多薄储层细分控制压裂技术

大庆油田三次加密井开发的表内薄差油层及表外储层，具有小层多（平均单井 23 个）、厚度小（0.2~0.4m 小层占 40%）、隔层薄（1.0m 以下隔层占 50% 以上）、纵向上分布零散、井段长（200m）等特点。应用常规限流压裂工艺不适应，表现在主产层含水高，小层压开率低，40%~60% 薄差层不产液，全井压裂成本增加大，压后部分井达不到设计产能。

为此，一是结合油藏精细地质研究成果，对难压储层、缝间干扰规律形成了定量认识，采取以下措施：①卡段细分，对难压层、缝间干扰层单卡改造；②优化布孔，依据裂缝干扰界限调整孔距；③优化单孔排量，最小单缝排量由 0.3m³/min 提高到 0.5m³/min 以上；④优选射开层位，舍弃不出液层、高含水层和部分难压层。

二是采用"舍层"集中压裂部分储层，减小生产过程的层间矛盾。即按照砂体类型、油层组、注采关系进行选层，保留部分储量后续开发。

三是完善形成了细分控制压裂设计标准。详见表1。

表 1 细分控制压裂设计标准

项目	常规限流	细分控制
砂量/m³	6/层段	2.5~3.0/小层
小层数/个	≥8	依据最小缝间距界限
单缝排量/(m³/min)	0.3	0.5~0.8
干扰层最高砂比/%	42	35
干扰层段单孔排量	0.3m³/min	≥0.6m³/min
层段布孔数/个	12~13	6~8
孔密/(孔/m)	2~2.5	沉积单元布孔
难压层	不处理	挤酸或深穿透射孔
干扰小层	不处理	分卡或优化施工参数
投产方式（压裂）	全部小层	部分小层
射孔弹	YD-73	YD-73、89、102

在萨北、杏北、杏南油田三次加密新井应用 1072 口井，薄差小层压开率由 44.2% 提高到 96.3%，平均采油指数提高 96.5%，投产各区块仅压裂部分小层就达到了开发产能指标（表2）。

表 2　三次加密新井应用效果

区块名称	应用井数/口	设计产能/(t/d)	实际产能/(t/d)
杏南	649	2.1	2.5
杏北	214	2.2	3.1
萨北	132	3.2	6.1
萨南	77	3.0	6.1

1.2　长垣加密井薄差层"二次改造"技术

限流法压裂完井技术累计应用近 8000 口井,是开发表内及表外薄差储层有效的完井技术。但随着改造的储层物性发生变化、小层数增多、隔层变薄等因素,暴露出不适应性。87 口井392 个小层环空测试表明:压后平均小层出液比例为 49.8%。主要原因:①储层岩性差异大,部分层破裂差异大于 25MPa,没压开;②单卡距内小层多、油层薄、隔层薄,多缝同时延伸,受缝间干扰影响,没有效改造;③单孔排量低(≤0.3m³/min);④单缝加砂量小于 1.5m³。

为此,一是研究了影响裂缝启裂的主要储层特征和工艺因素,建立了评价初次压裂没压开小层的分类、诊断方法,预测符合率达到 90.0% 以上。没压开小层分为 2 类:①难压储层,小层为致密的高含钙储层,岩石破裂需要克服孔、壁两次应力集中。破裂压力大于55MPa,超管柱限,初次压裂没被压开。采用单卡挤酸或高压憋(这类储层占 20.0% 左右)措施;②小层间破裂压力差值大,初次压裂施工参数设计不合理,单孔排量低,破裂压力相对较高的小层没被压开。为此,建立了层间破裂压力差值预测方法,优化单孔排量。

二是研究了影响裂缝延伸的主要储层特征和工艺因素,界定了目前施工规模条件下,不同裂缝条数的最小缝间距界限,确定了评价初次压裂未有效动用小层的分类、诊断方法,预测符合率达到 92.8% 以上。

三是利用地面模拟测试实际施工孔眼过砂量的方法,建立了不同单孔排量、不同过砂量条件下的单孔摩阻曲线图版,为限流法压裂井二次改造单孔施工排量优选和工艺确定提供技术依据。

四是研究建立了 7 种工艺控制方法,对于难压层、破裂压力差异大的层、缝间干扰严重的层,都采取单卡单压方式,使 50.4% 的潜力薄差层通过二次压裂改造,得到重新有效动用。

如 G175-161 井,该井生产第 32 个月时,进行了二次压裂改造,应用潜力层诊断及分层工艺控制方法,合理优化施工参数及施工规模,使初次压裂未动用的小层压开新缝。该井压后日产油 10.1t(含水 83.6%),比压前提高 7.8t,比初次压裂(投产)高 1.3t,证实二次改造压开新缝(图 1)。

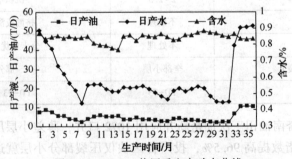

图 1　G175-161 井压后生产动态曲线

目前，这项技术在限流法压裂完井的老井上应用 355 口井，平均单井初期日增油 5.1t，增油强度较常规重复压裂工艺提高了 52.9%。

1.3 已常规射孔"老井"的保护薄隔层压裂技术

为提高长垣内部薄差层的动用程度，解决与高含水层相邻的薄差层，因隔层厚度小(≤1.8m)无法改造的难题，研究应用了保护薄隔层压裂技术。

工艺原理：利用平衡管柱在压裂施工过程中减小薄隔层上下的压差，从而达到改造薄差层而隔层不被击穿的目的。依据油层与隔层相对位置的不同，研制了 6 种薄隔层压裂管柱，可满足不同隔层位置改造的需要；通过工艺完善，可实现坐压 2 层保护上、中、下隔层和压裂 1 层同时保护上、下两个薄隔层。

技术水平：在固井质量合格的前提下，压裂隔层厚度下限由原来的 1.8m 下降到 0.4m，单井可多压裂 2~4 个薄差层，可解放一大批因隔层厚度限制而无法动用的储量。

"十二五"期间，现场应用 647 口井，平均保护隔层厚度 1.12m(最小 0.3m)，工艺成功率 100%，总解放油层厚度 2289m，压后平均单井日增油 6.3t，较常规工艺提高 1.3t/d。

1.4 "层内挖潜"的定位水力喷射分层压裂技术

针对隔层 0.4m 以下的薄差层，由于无法实现机械分隔，使得部分小层不能有效改造动用。为此，研究应用了油水井定位水力喷砂多段压裂技术。该技术集射孔、压裂与分隔于一体的一项新型增产措施，不需封隔器即可实现定位分层压裂，既可以对任意位置的油层实施压裂改造，提高薄差储层的动用程度，也可以对厚油层顶部实施定位压裂，进一步开采厚油层顶部剩余油。

工艺原理：通过喷嘴喷射出的高速高压流体中的固体颗粒高速切割套管、水泥环和地层，在地层中形成一定直径和深度的孔眼；关闭油套环空，保持环空压力略低于地层破裂压力，继续喷射，根据伯努利方程，在孔眼顶部的驻点压力将高于地层破裂压力，此时地层中的裂缝将仅在水力喷射形成的孔眼处破裂、扩展，但其它层位由于环空压裂液压力低于地层破裂压力而不再开裂。压裂完一层后，通过上提或者投球打滑套压裂下一层段。

例如 N1-10-P031 井主力厚油层，由于层内结构界面的存在，造成层内多个沉积单元，而每个沉积单元内又存在高、中、低含水部位。由于该层已常规射孔，封隔器无法分卡改造，为此采用定位水力喷射分层压裂技术，选择 3 个沉积单元的上部低含水部位分别改造，喷射点分别为 879.3m、886.0m、892.0m。该井压后日增油 15.1t，含水下降 5.9%，取得了较好的效果(表 3)。

表 3   N1-10-P031 井定位水力喷射分层压裂效果

压前日产量			压后初期产量		
产液/t	产油/t	含水/%	产液/t	产油/t	含水/%
43.4	7.5	82.8	98.2	22.6	76.9

截至目前，在厚油层层内实施定位压裂挖潜现场试验 47 口井，最小动用隔层厚度 0.2m，压后平均单井初期日增油 10.1t，同比常规工艺提高 3.5t/d，含水下降 4.69%。

2. "横向"上实现平面的合理改造

为缓解"平面矛盾"，从"横向"上开展试验研究，探索平面上"控水挖潜"剩余油的有效手段。

2.1 高含水层覆膜砂控水压裂挖潜技术

针对高含水井，利用选择性支撑剂技术改善平面矛盾，提高高含水层压裂效果。

覆膜砂支撑剂原理：采用新型树脂覆膜，表面性能由高能表面转变为低能表面，使得砂粒表面润湿性变为油湿表面，形成的毛管力方向与注水驱替压差方向相反，形成对水的阻力，而有利于油通过，达到选择性堵水的目的。

由表4表明：选择性支撑剂在加压情况下透油阻力明显小于透水阻力；在保持同样流速的情况下，透水阻力是透油阻力的三倍。

表4 覆膜砂加压试验

驱替液	流速/(mL/min)	驱替压力/MPa	备 注
水	5	0.033	/
	10	0.052	/
油水同驱	5	0.025	油水体积比 6 : 4
	10	0.048	油水体积比 5.8 : 4.2
油	5	0.011	/
	10	0.023	/

现场试验36口井，另选39口对比井(压裂层位、压裂工艺、压后预产均相近)，验证覆膜砂压裂工艺的措施效果。试验井措施后，压后初期平均单井日增油6.6t，含水下降了3.6%，同比邻井多增油3.51t/d，多降水1.53个百分点。

2.2 直井大砂量坐压5~10层工艺技术

目前老区采用的扩张式多层管柱喷砂器过砂量小($20m^3$)，不能满足限流法高排量、大规模压裂的需求；而应用外围管柱虽然能够解决过砂量的问题，但一次只能压一个层段，且起、下管柱过程中不防喷，容易造成井场环境污染。

为此，为满足大井距、多层限流以及重复压裂井的大规模改造需求，研究应用了长垣内部大砂量压裂管柱，实现了不动管柱压裂5~10层(防喷)、满足施工排量$5m^3$/min、单级喷砂器过砂量达到$70m^3$。同时，压裂前下入压裂管柱和压裂后起出压裂管柱时，压裂管柱内无液体喷出。

应用大砂量压裂5~10管柱措施井实施381口井，平均单井日增油6.8t。其中，萨中开发区的6口井(井间距、井排距均为250m)：单缝加砂$50m^3$，改造半径由24.0m增加到52.4m，压后初期均自喷，目前单井日增油13.1t，较常规工艺提高57.8%。

3. 注水井对应调整细分增注工艺

完善、高效的注采系统是改善水驱开发效果、提高采收率的必要条件。为此，在对油井改造的同时，针对"对应的"注水井，充分发挥压裂"调剖"作用，改善差油层和表外层的动用程度，大力应用多裂缝、选压、保护薄隔层等注水井细分增注配套技术，"十二五"期间应用1946口井，压后视吸水指数增加85.0%，改善了注入剖面，提高了水驱动用程度。各项工艺压后视吸水指数变化情况见图2。

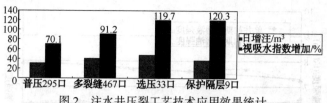

图 2 注水井压裂工艺技术应用效果统计

同时，针对油层埋藏深的注水井，应用防裂缝口闭合工艺技术。分析发现：油层深度超过 1050m 的措施井，裂缝端口处地层砂和支撑剂很容易向纵深发生运移，使裂缝端口闭合，影响了单井的后期注入。对此，设计中采用尾追树脂砂工艺，使裂缝端口处胶结形成一个整体的砂饼，抑制支撑剂的运移，防止裂缝口闭合，确保注水井措施持续有效。

图 3 以萨南油田为例，统计采取该工艺的 53 口注水井，压后平均单井注入压力下降 2.2MPa，日增注 36.6m³。与未采取该工艺的 38 口注水井对比，有效期达到 11 个月，日增注量降幅减缓 50%。

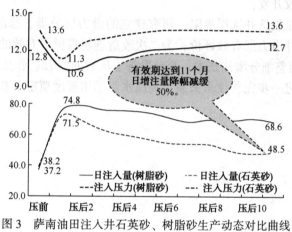

图 3 萨南油田注入井石英砂、树脂砂生产动态对比曲线

4. 总体应用效果

在长垣老区压前含水由 2008 年的 90% 上升到 2013 年的 92%，二三次加密压裂井和重复压裂比例分别增加到 45.2% 和 31% 的情况下，通过长垣水驱精细压裂挖潜配套技术的应用，压裂井增液强度明显提高，压后增油强度基本保持平稳。

"十一五"期间，大庆长垣萨喇杏油田共压裂油水井 6795 口（其中油井 4849 口、水井 1946 口），低效井比例一直控制在 7% 以下，压裂累计增油 358.9×10⁴t、累计增注 748.3×10⁴m³，年均弥补油田老区产量自然递减率 1.8 个百分点，减缓油田综合含水上升幅度 0.14 个百分点。如图 4 所示。

5. 结论与认识

（1）针对大庆萨喇杏油田非均质多油层的特点，形成的配套压裂挖潜技术，一次可完成 20~24 个小层的多级压裂改造，小层动用率达到 95% 以上，压裂隔层最小厚度达到 0.2m，

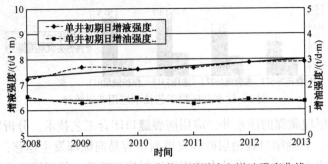

图 4 "十一五"期间水驱老井压裂增液和增油强度曲线

可实现对沉积单元的定点、定位改造;

(2) 在保证产能到位率、节约操作成本的前提下,既提高储层的动用程度,又为二次完井留有余地,减缓了区块产量递减,使大庆长垣老区不同区块的低渗透薄互层(新井)通过压裂改造均能投入有效开发;

(3) 不断突破了压裂选井选层界限,研究建立的潜力层分类、诊断方法,能实现对二、三次加密限流法压裂井潜力层有效评价,为二次改造选层提供了有效的技术方法和手段;

(4) 注水井对应调整细分增注技术,充分发挥了压裂的"调剖"作用,提高了差油层和表外层的动用程度,对进一步完善注采关系,提高水驱动用程度奠定了基础。

新型聚合物压裂液室内研究与现场应用

李玉印

（中国石油辽河油田公司）

摘要：本文报道了一种聚合物压裂液，该增稠剂是一种低分子量聚合物，溶解速度快，在水中完全时间小于20min；增黏效果好，0.5%浓度的聚合物基液黏度可达63mPa·s。在酸性条件(pH=5~6)下与酸性交联剂以100：0.5比例混合形成可挑挂冻胶，该冻胶呈透明状，携砂稳定。该压裂液耐温性好，破胶效果好，残渣含量小于100mg/L，防膨率达到80.36%，适合于压裂施工。在强1块两口井的压裂施工中，增产效果明显。

关键词：聚合物压裂液　酸性交联　低残渣　防膨率　低渗储层　辽河油田

压裂改造是开发低渗储层的一项重要措施，压裂液作为加砂压裂增产改造中携砂与造缝的重要介质，其性能的好坏直接影响加砂压裂的增产效果。所以对压裂液的增稠能力、悬砂性、滤失性、摩阻损失、稳定性、地层伤害等方面均有严格的要求。长期以来，改性胍胶压裂液一直被国内外油田压裂广泛采用。近年来，胍胶价格飞涨，且胍胶压裂液残渣较高，对储层及裂缝伤害较大，尤其对于低渗储层。

本文报道了一种由聚合物增稠剂 zcy-01 和交联剂 JL-01 为基础配制的压裂液，成胶条件为酸性(pH=5~6)，冻胶挑挂状态好，通过室内各项实验评价，性能指标接近于胍胶压裂液，可以作为胍胶压裂液替代品应用于地层压裂施工改造。

1. 聚合物压裂液室内研究

1.1 实验部分

药品：聚合物稠化剂 zcy-01，交联剂 JL-01，过硫酸铵 APS，低温破胶促进剂 DPC-01，5%盐酸，助排剂，黏土稳定剂，生产厂家均为盘锦汇明实业有限公司。

仪器：RV20 流变仪，K12 全自动表界面张力仪，电子天平，吴茵混调器，离心分离机，HAAKE 恒温干燥箱，高温高压岩心流动仪，双通道页岩膨胀仪。

基液配制：量取一定量的自来水倒入吴茵混调器中，称取计量好的稠化剂 zcy-01 缓慢倒入吴茵混调器中，搅拌形成不同浓度的基液。

1.2 结果与讨论

1.2.1 聚合物稠化剂的溶解性

量取 500mL 自来水倒入吴茵混调器中，称取 2.5g 聚合物稠化剂 zcy-01，开启搅拌，缓慢加入稠化剂，测定液体黏度随时间的变化，其数据如图1。

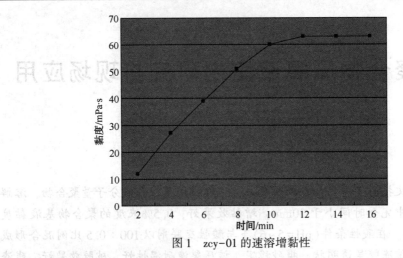

图1　zcy-01的速溶增黏性

由图1可以看出，0.5%浓度的聚合物增稠剂在16min内可以完全溶解，黏度可达到63mPa·s。而且，目测溶液为透明无色黏稠液体，无固相不溶物。易于现场配制，分散性和溶胀性好。

1.2.2　交联性能

配制0.5%浓度的基液，用盐酸调节pH值为5~6，加入0.5%的交联剂JL-01，搅拌20~30s形成可挑挂冻胶，冻胶呈透明状。根据不同的地层温度需要，调节增稠剂的浓度及配方中添加剂比例，以适应不同的地层条件。

1.2.3　耐温抗剪切性能

通过调节该聚合物压裂液的配方，增强了温度适应能力，使得该压裂液适用于温度为25~150℃的地层。同时，该压裂液增稠剂为线性高分子聚合物，含有刚性基团，极大地提高了增稠剂的抗剪切性能。图2为聚合物压裂液在110℃，剪切速率为170s^{-1}条件下的流变曲线。

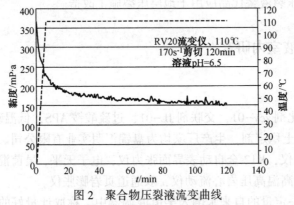

图2　聚合物压裂液流变曲线

从图2可以看出，压裂液初始黏度大于350mPa·s，具有较好的携砂造缝能力，在剪切2h后，压裂液黏度仍然在150mPa·s以上，具有较好的抗剪切性，保证了裂缝充填的均匀性。

1.2.4　携砂性能

采用增稠剂浓度为0.5%的聚合物压裂液基液，加入30g陶粒支撑剂，加入交联剂搅拌形成冻胶，装入 100mL 的量筒，通过测试支撑剂在量筒中不同沉降距离所消耗的时间，测试其静态悬砂性能，实验结果如表 1 所示。

表 1　静态携砂能力测试实验数据表

沉降时间	0.5h	2h	5h	10h
沉降距离/mm	6	13	18	23
沉降速度/mm·h^{-1}	12	6.5	3.6	2.3

由静态携砂能力测试数据可以看出，该聚合物压裂液携砂性能很好，有利于施工中支撑剂的均匀填充，形成有效支撑。

1.2.5　破胶性能及残渣含量

压裂液破胶不彻底及残渣含量大会严重阻塞流体通道，影响裂缝导流能力，并对地层造成永久性伤害。为了减小压裂液对地层的二次伤害，提高压裂效果，要使压裂液破胶彻底，并产生尽可能少的残渣。

聚合物压裂液破胶剂选用过硫酸盐及低温破胶助剂 DPC-01，通过调节配比，可以使得该聚合物压裂液适用于温度高于 25℃ 的地层，破胶彻底，残渣含量小于 100mg/L，大幅低于胍胶压裂液残渣含量，降低了地层二次伤害。

表 2　聚合物压裂液破胶实验数据

温度/℃	APS 加量/%	破胶时间/h	破胶液黏度/mPa·s	残渣含量/(mg/L)
25	0.1+0.2%DPC-01	3	3.3	33
75	0.06	2	2.1	58
130	0.03	2	1.5	63

由表 2 中的数据可以看出，破胶液黏度均小于 5 mPa·s，符合压裂液返排要求，且残渣含量低于 100mg/L。

1.2.6　破胶液表界面张力

实验测得该聚合物压裂液破胶液表面张力为 25.28mN/m，界面张力为 1.26mN/m，具有较低的表界面张力，有利于压后快速返排。

1.2.7　防膨性能

以聚合物压裂液破胶液与 0.5% 浓度液体防膨剂为实验对象，作防膨效果的对比。测试样品使用符合 SY/T 5490—1994 质量的 Na 质膨润土在 3MPa 压力下制作人工岩心，然后通过双通道页岩膨胀仪测试。

由于聚合物压裂液增稠剂的特殊结构具有一定的防膨性能，在该压裂液中加入液体防膨剂后效果更佳。

表 3　聚合物破胶液防膨性能对比数据

项　目	8h 膨胀值/mm	防膨率/%
蒸馏水	5.60	—
0.5%液体防膨剂	2.70	51.78
聚合物破胶液	1.10	80.36

由表3可以看出，该聚合物压裂液破胶液防膨率为80.36%，具有较好的防膨性能。

2. 现场应用情况

由于聚合物压裂液残渣含量低，剪切稳定性、携砂性好，适合于低渗透油藏的压裂改造。

张强凹陷是辽河外围盆地的一个中生代凹陷，呈近 NS 向条带状展布，长约 88km，宽 12~16km，面积近 1100km²，油藏埋深 1150~1800m，油层中部地层温度 62.51℃。强 1 块构造上处于彰武盆地张强凹陷七家子洼陷东北部，该块是辽河外围盆地中生代的一个重要区块。强 1 块油藏渗透率低、天然能量不足、地层压力系数低，常规投产很难获得工业油流，绝大多数生产井需要进行压裂投产。应用效果见表4。

表4 聚合物压裂液在强1块的应用

井号	压裂层段/m	层厚	渗透率/$10^{-3}\mu m^2$	岩性	液量/砂量	压前液产量	压前油产量	压后液产量	压后油产量	返排率/%
强 1-54-20	1639.2~1711.8	47.4m/16	0.1	粉砂岩	210/35	1.6	1.6	10.8	10.8	69
强 1-48-22	1478.7~1539.8	49.9m/15	0.4	砂岩	224/38	1.2	1.2	10.29	9.26	73

参 考 文 献

[1] Mathew S，Roger JC，Nelson EB，etal Polymer-free fluid for hydraulic fracturing［Z］. SPE38622，1997：553-559.

[2] Ahmad A，Rae P，AnayaL. Toward zero damage new fluid points the way［Z］. SPE69453，2001：1-8.

[3] 杨建军，叶仲斌，张绍斌，等. 新型低伤害压裂液性能评价及现场试验［J］. 天然气工业，2004，24(6)：61-63.

[4] 贺承祖，华明琪. 压裂液对储层的损害及其抑制方法［J］. 钻井液与完井液，2003，20(1)：49-53.

[5] 刘富. 低渗透油藏压裂液研究与应用［J］. 石油天然气学报，2006，28(4)：124-127.

TAP Lite 压裂工艺在高泥质含量储层改造中的应用

李　凝　余东合　车　航　刘国华

（中国石油华北油田公司采油工程研究院）

摘要： 针对二连盆地阿尔油田低孔、中低渗、高泥质含量储层特点，以提高水平井改造针对性和有效性为目的，引进使用了 TAP Lite 压裂工艺。详细叙述了 TAP Lite 多段压裂工艺的基本原理、管柱结构、施工步骤、关键技术和工艺特点。在阿尔 3 平 13 井进行了现场应用，压裂时排量最高 $6.0 \text{m}^3/\text{min}$，施工压力小于 20MPa。改造效果显著，投产初期日产液 20.98t，油 16.6t。TAP Lite 多段压裂工艺的试验成功对高泥质含量储层改造有一定的借鉴意义，应用前景广阔。

关键词： 储层改造　压裂工艺　TAP Lite　水平井压裂　阿尔油田

前言

阿尔油田是典型的低孔中低渗油藏，岩性为砂砾岩和含砾不等粒砂岩，胶结物主要成分为白云石、泥质杂基及方解石，含量平均为 6.5%。黏土矿物总量达到 18%，以伊/蒙间层、伊利石为主，绿泥石次之。

部分区域水平井压裂投产。改造初期，使用不动管柱水力喷射压裂工艺，但施工时油、套压力过高，超过施工限压和套管抗压强度，影响正常作业。为了保护套管和提高改造的针对性，使用双封拖动工艺，压裂取得了成功，但暴露出管柱下入过程中胶筒易损坏、施工周期长、效率低等问题。因此，为有效改造储层并且保证施工安全、快速，引进了 TAP Lite 压裂工艺。

1. TAP Lite 压裂工艺

1.1　工艺原理

TAP Lite 的英文全称是 Treating and production lite，简单的理解就是通过一种工具既可以进行油藏改造又可以通过它使油井生产。TAP Lite 压裂工艺是集固井、射孔、压裂作业一体化的增产措施。裸眼测井后，根据解释成果确定压裂井段和裂缝起裂点位置，将压裂工具 TAP 破裂阀和 TAP Lite 阀连接在生产套管上一同入井，每个阀体的下入深度与裂缝起裂点

基金项目：中国石油华北油田公司科技项目"水平井分段压裂工艺技术研究与推广应用"（2011-HB-Z306）

位置——对应，之后进行固井作业并候凝(图1)。其中TAP破裂阀(装有压差滑套)位于管柱最下端，其余的为TAP Lite阀(装有投球滑套)，每个TAP Lite阀上都装有球座，球座尺寸从井底到井口逐渐增大。压裂作业时套管作为施工管柱。

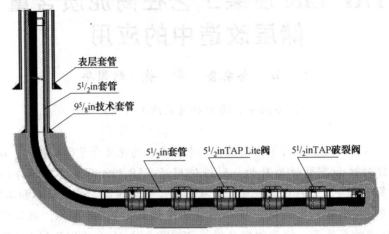

图1 压裂管柱图片示意图

压裂第1段前井筒呈"死胡同"状态，首先要打开TAP破裂阀与地层建立通道。压裂时井口打压，当井口泵压加上静液柱压力达到开启压力时，阀上的滑套被打开，阀体具有一定数量的裂缝，通过裂缝与地层建立通道，进行压裂施工(图2)。

图2 破裂阀示意图

第二段施工前，要打开第一级TAP Lite阀滑套。此时，从井口投入相应尺寸的球，等球自由下落到水平段后，小排量泵注液体送球入座，当在施工曲线观察到排量稳定但压力出现突增突降现象时，证明滑套打开，井筒与地层通道建立，而球落在滑套上隔离下部已压裂的层位，开始第二段压裂施工。从下到上，依次投球实现多层压裂，最后通过放喷排液，返出球。

1.2 工具参数

阿尔油田一般选用8½in钻头完井，5½in套管固井，以压裂5段为例，表1中的数据为5½in套管压裂所用工具的参数。

表1 TAP爆破阀和TAP Lite阀工具参数

序号	名称	长度/m	外径/mm	内径/mm	球外径/mm	开启压力/MPa	耐温/℃	承受压差/MPa
1	爆破阀	1.09	193.8	116.84	/	69~70.4		
2	TAP Lite 阀#1	0.98	168.4	71.37	76.2	15		
3	TAP Lite 阀#2	0.98	168.4	77.72	82.55	11.2	162.7	68.95
4	TAP Lite 阀#3	0.98	168.4	84.074	88.9	15		
5	TAP Lite 阀#4	0.98	168.4	90.424	95.25	11.2		

根据表1，工具耐温162.7℃，承压受差68.95MPa，能满足高温高压作业。TAP 爆破阀的开启压力较高，为69~70.4MPa，而 TAP Lite 阀开启压力为11.2~15.0MPa，开启压力低。

1.3 施工步骤

（1）确定 TAP 破裂阀和 TAP Lite 阀位置。裸眼测井后，根据测井解释结果，确定改造目的层段和压裂工具位置。

（2）固井。将 TAP 破裂阀和 TAP Lite 阀连接在生产套管上并一同下入井中，然后进行固井作业。

（3）替泥浆，安装压裂井口，连接地面管线。

（4）压裂第一段。套管内打压，开启 TAP 破裂阀，压裂第一层。

（5）压裂第二段。第一段施工结束后，投球，打开第1级 TAP Lite 阀，开始第二段主压裂施工。

（6）重复步骤（5）至全部井段压裂完成。

TAP Lite 压裂工艺操作程序简单，只需开启滑套即可进作业。对于水力喷射工艺，需喷砂射孔，而且施工时必须进行环空补液保证排量；应用双封拖动工艺，需连接平衡车打平衡保护封隔器，当压裂下一段时要放喷和动管柱，程序复杂，效率低。

1.4 关键技术

1.4.1 固井

完井管柱上的每个 TAP Lite 阀内通径都小于套管内径，而且不尽相同，固井时需使用特殊的固井胶塞，以防止 TAP Lite 阀在注水泥作业时被打开。

顶体量计算需更为精确。当达到设计顶替量时，没有出现碰压，应继续顶替，但顶替量不能超过浮箍到浮鞋的内容积与浮鞋到破裂盘阀环空容积之和。

1.4.2 TAP 破裂阀的开启

压裂前井筒呈"死胡同"状态，第1级压裂前首先需打开破裂阀与地层建立通道，但如果在压裂曲线上无明显打开迹象，应逐步提高压力，尝试打开破裂阀。如果破裂阀无法开启，后续施工不能进行。

1.5 工艺优点

阿尔油田水平井改造过程中，应用过不动管柱水力喷射工艺和双封拖动工艺，通过对比，TAP Lite 压裂工艺具有明显优势：

（1）压裂工具与完井套管一同入井，与套管固井一体化。

（2）改造时，无需下入其他工具，通过打压或投球开启滑套直接压裂作业。

（3）光套管施工，摩阻低，可满足大排量作业需求。而应用水力喷射工艺或双封拖动工艺都是通过油管压裂施工，摩阻高，改造风险大。

（4）TAP 破裂阀和 TAP Lite 阀既可以是压裂工具，又是油井生产过程中地层与井筒的通道。

（5）如果后期地层出水，可以下入开关工具关闭滑套，以进行堵水作业。

（6）如果后期油井出砂导致球座堵死，通过磨铣球座达到井筒全通径（球和球座均为易钻材质），为后期作业下入工具提供必要条件。

2. 现场应用

选取阿尔3平13井进行试验。该井水平段长400m，根据测井解释结果，确定了压裂工具位置，完井管柱如图所示(图3)。

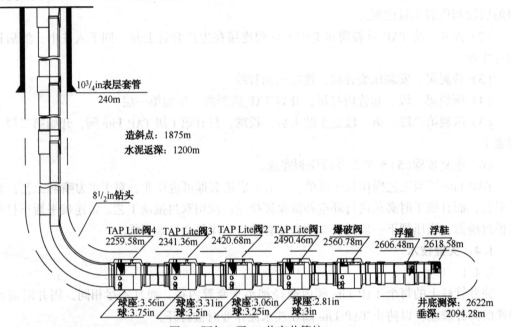

图3　阿尔3平13井完井管柱

该井连续5段压裂作业，施工周期仅4d。从图4第一段施工曲线可以看出，施工排量为5.5m³/min时，施工压力仅17MPa。

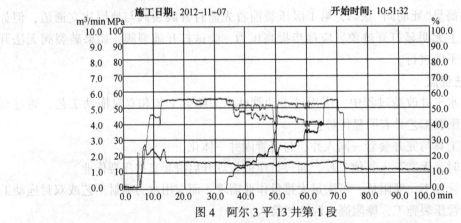

图4　阿尔3平13井第1段

而在同一井区，邻井平12井选用的是双封拖动工艺，施工时排量3.5m³/min，但压力最高达到62MPa，邻井平11井应用了水力喷射工艺，施工时排量3.5m³/min，油压最高65MPa，施工风险大(图5)。

通过对比，发现TAP Lite工艺在高排量作业时，井口压力低，施工风险小。阿尔3平13井其余4段的施工曲线如图6所示。

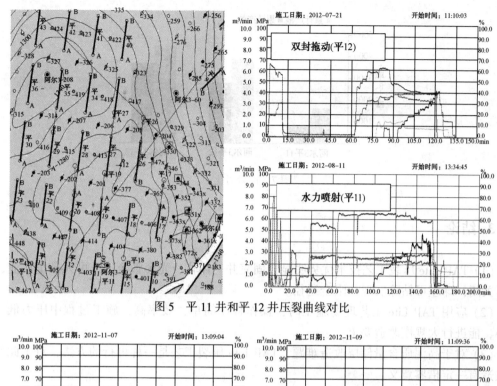

图5　平11井和平12井压裂曲线对比

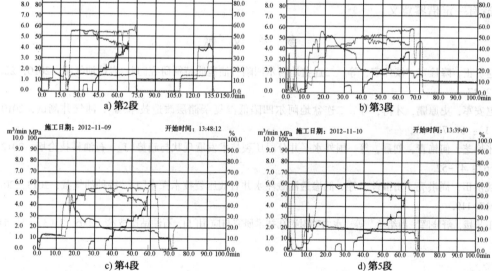

图6　阿尔3平13井第2至第5段

在第3段和第4段施工时，前置液阶段压力较高，但在携砂液阶段时，压力降低到20MPa内。通过测井曲线发现，这两个井段的物性变差，泵注前置液时表现出高压力，随着裂缝的不断延伸，地层物性又逐渐变好，压力不断降低。

整个压裂作业最高排量达到6.0m³/min，施工压力低于20MPa，总加砂量178m³。

投产初期阿尔3平13井日产液20.98t，产油16.6t，目前日产液14.9t，产油11.0t。与邻井平11井(水力喷射)和平12井(双封拖动)对比效果，以投产200d数据为基础，根据图7，使用TAP Lite压裂工艺的平13井效果最好(图7)。

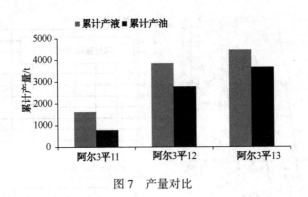

图 7　产量对比

3. 结论

（1）TAP Lite 压裂工艺技术优势明显，固完井一体化，光套管施工，可大排量作业，滑套可关闭，球座可钻除实现井眼全通径。

（2）应用 TAP Lite 工艺现场施工时，操作程序简单，效率高，施工过程中压力低，风险小，能进行大规模改造要求。

（3）对于高泥质含量储层改造难题，TAP Lite 压裂工艺是一种可行的方法，对于此类储层改造有一定借鉴意义。

参 考 文 献

［1］赵贤正，降栓奇，淡伟宁，等. 二连盆地阿尔凹陷石油地质特征研究［J］. 岩性油气藏，2010，22（1）：12-17.

［2］赵安军，史原鹏，才博，等. 二连盆地阿尔凹陷低渗复杂储层改造技术［J］. 油气井测试，2010，19（1）：69-71.

［3］张焕芝，何艳青，刘嘉，等. 国外水平井分段压裂技术发展现状与趋势［J］. 石油科技论坛，2012，37（6）：47-52.

［4］姚洪田，周洪亮，窦淑萍，等. 低渗透油藏注水井有效压裂技术探索［J］. 特种油气藏，2013，20（6）：117-119.

［5］王步娥，舒晓晖，尚绪兰，等. 水力喷射射孔技术研究与应用［J］. 石油钻探技术，2005，33（3）：51-54.

低渗透油藏老井混合水压裂技术

卜向前[1]　达引朋[1]　庞　鹏[1]　岑学文[2]　雷九龙[2]

（1. 长庆油田公司油气工艺研究院
2. 长庆油田公司油气工艺技术管理部　陕西西安　710021）

摘要：鄂尔多斯盆地规模开发的长 X、长 Z 储层是典型的"三低"油藏，经过长期注水开发，大量剩余油分布于注水压力驱替不到同时常规重复压裂裂缝又难以企及的人工裂缝两侧区域，致使最终采收率降低。为了提高油井单井产量和最终采收率，利用储层脆性较强、天然微裂缝较发育的特点，结合长期注水条件下平面两向应力差值变小、主应力方位变化的规律，开展了低渗透油藏老井混合水体积压裂技术研究与试验，在储层内形成多条裂缝，显著增加裂缝与储层的接触体积，以达到大幅度提高产量和最终采收率的目的。通过研究与试验，得出了影响老井混合水体积压裂措施效果的主要因素，提出了混合水体积压裂的选井选层标准，根据不同储层地质和开发特征刻画了 5 种储层改造模式，配套形成了 4 种工艺技术及配套工具，形成了 3 种压裂液体系。目前共试验 265 口井，平均日增油较常规重复压裂提高了一倍，实现了"提液增油"的目的，并取得了重要认识。

关键词：长庆油田　重复压裂　混合水　体积压裂　提高采收率

长庆油田属于典型的"低渗、低压、低丰度"油田，普遍采用注水开发和压裂投产。随着生产时间的延长，安塞、靖安、西峰等油田部分井有效导流能力与开发井网、储层渗流能力适配性变差。近年来，为了恢复或提高低产井产量，通过加大以重复压裂为代表的老井措施力度，降低老油田自然递减，夯实老油田稳产基础。但限于重复压裂改造工艺限制，措施后平均单井日增油仅 1.0t/d 左右，且部分井后期递减快，有效期短，造成投入产出比低。为了进一步提高重复改造工艺技术，通过对长庆油田长 X、长 Z 等典型储层特征和开发特征研究分析，按照"体积压裂"理念，提出了老井混合水压裂的技术思路，并通过现场试验表明，取得了较好的增产效果，为长庆低渗透油藏老井重复改造探索了新的技术途径。

1. 低渗透老油田剩余油分布特征

受储层最大主应力和压裂裂缝的影响，主向油井见效程度高，侧向油井见效程度低或长期不见效，剩余油富集。根据对开发较早的 A 区块油藏模拟(图1)表明，沿主裂缝水窜水淹特征明显，剩余油主要分布在裂缝水线两侧，呈连续或不连续条带分布；加密井取心结果显示，水线侧向 100~130m 的条带范围为剩余油富集区。储层纵向水驱动用状况受物性控制，物性相对较好的层段为主要水洗层段，物性较差的层段弱水洗或未水洗(表1)。

图 1   A 区块剩余油模拟图

表 1   A 区块同一井组 3 口检查井水淹及生产动态数据

井号	与裂缝线垂直距离/m	水淹状况	措施后动态		累计增油/t
		水淹厚度比例/%	日产油/t	含水/%	
检 1	0	76.4	0.1	95.7	165
检 2	62	20.3	0.23	79.6	164
检 3	97	41.5	2.16	41.2	845

2. 老井混合水压裂技术思路的提出

综合分析剩余油的分布规律就是为剩余油挖潜提供明确的目标,从而将残留在地下的原油开采出来以达到提高单井产量及提高采收率的目的。

2.1 常规重复改造工艺技术分析

目前常规的重复改造工艺技术主要有常规加砂压裂、前置酸压裂、酸化解堵等措施,其作用主要是恢复老裂缝的导流能力或进一步延伸裂缝长度来实现提高单井产量的作用。目前重复改造措施后平均单井日增油仅 1.0t/d 左右,增产幅度小。分析其主要原因是随着老裂缝周围采出程度不断加大,常规重复改造对裂缝侧向剩余油动用程度低。因此如何挖潜裂缝侧向剩余油是提高重复改造效果的关键。

2.2 老井混合水压裂技术思路

近年来,国内外在致密油气资源开发方面进展迅速,这主要得益于"体积压裂"技术的发展。国外致密油开发较为成功的典型特例为北美的巴肯油藏。国内各大油田也在致密砂岩等难动用储层方面开展了体积压裂技术攻关,初步取得了较好的增产。以长庆油田为例,在陇东致密储层定向井通过开展体积压裂试验,投产初期产量为常规压裂的 2 倍,取得了明显的增产效果。井下微地震监测表明,混合水压裂裂缝带宽由常规压裂的 40~60m 提高至 40~120m,有效的提高了储层的改造体积。因此给老油田重复改造带来启示:通过造新缝或提高裂缝带宽来提高老井裂缝侧向剩余油的动用。

2.3 老井混合水压裂实施的地质条件

通过老油田储层脆性特征、天然微裂缝特征、长期注水条件下平面两向应力差值、主应力方位变化等方面研究分析,按照"体积压裂"的理念,认为长 X、长 Z 等主要储层具备通过混合水压裂形成多条裂缝的条件。

（1）岩石脆性指数高。研究表明，裂缝形态与岩石脆性相关，随着岩石脆性特征的增大，裂缝形态向复杂缝网发展(图2)。通过岩矿、直接/间接岩石力学等脆性表征方法计算，长 X、长 Z 储层层脆性指数28.9%~42.7%，平均40%，具备形成多缝的条件。

（2）天然微裂缝较发育。理论计算表明，在天然裂缝发育的储层，当缝内净压力大于两向应力差，即可以实现天然裂缝开启，从而产生以主裂缝为主，具有一定带宽的裂缝系统。岩石力学测试结果计算表明，盆地长 X、长 Z 储层天然微裂缝发育，且天然裂缝与人工裂缝夹角小，当缝内净压力大于2.5MPa就能实现天然裂缝开启，但形成裂缝带宽增加有限(图3)。

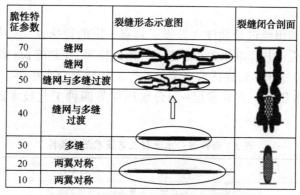

图2　裂缝形态与岩石脆性相关图

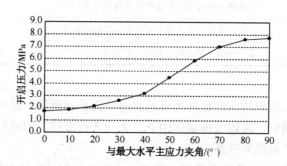

图3　开启压力与天然裂缝–最大主应力夹角关系图

（3）储层两向应力差值小。如果要使裂缝在岩石本体破裂，那么裂缝内的净压力在数值上应至少大于储层水平主应力差值与抗张强度之和。按照盆地长 X-长 Z 平面两向应力差2.5~6.5MPa，砂岩抗张强度3MPa进行计算，当缝内净压力大于5.5MPa时，主裂缝发生转向，产生新的裂缝(表2)。

表2　典型区块储层两向应力差测试结果

区块	层位	两向应力差 /MPa	备 注
A	长 X	3.4~5.2	加密井测试
B	长 Z	2.5~6.5	原始岩心测试
C	长 X	3.2~5.7	原始岩心测试
D	长 Y	4.0~5.0	原始岩心测试

（4）地应力场发生改变。盆地长 X-长 Z 储层原始地应力方向 NE67.0°~NE75°，加密井

水力压裂裂缝测试结果表明，目前水平最大主应力方位随采出程度的提高和累计注水量的增加发生改变，有利于重复压裂裂缝转向。

（5）地层能量充足。北美 Bakken 盆地致密页岩气体积压裂改造的成功得益于两个条件：一是压力因数较高，即地层能量充足；二是天然裂缝发育，且具多方向性。老油田经过多年注水，地层压力保持程度高，如安塞油田长 X 油藏平均压力保持水平 101%，具备大面积试验的能量基础。

3. 老井混合水压裂工艺技术研究

和新井相比，老油田经过长期注水开发，具有一定的特殊性，如井网固定、采出程度高、水驱前缘不断靠近油井，油水关系复杂等，因此按照"控制缝长+多缝+提高剩余油动用程度"的技术思路，通过开展关键技术攻关，进行了常规混合水压裂、裂缝暂堵+混合水压裂、定向射孔+混合水压裂、直井多层+混合水压裂等四种工艺技术试验。其适应条件见表3。

表 3　老井混合水压裂工艺技术适应条件

工艺技术	适应条件
混合水压裂	原裂缝周围剩余油富集或不具备转向条件的油井
裂缝暂堵+混合水压裂	侧向剩余油富集、具备转向条件的油井
定向射孔+混合水压裂	有补孔条件、侧向剩余油富集的厚油层油井
直井多层+混合水压裂	多层开采、纵向剩余油富集的油井

3.1　增产机理

研究表明，混合水压裂的增产机理主要是裂缝壁面剪切滑移、错断，从而形成有一定导流能力的液体通道。同时，在较大排量作用下，张开天然裂缝，形成网状缝，使泄流体积大大增加，从而使油井产量得到提高。

利用 Eclipse 数值模拟软件建立模型，模拟开采 4 年、累计产油 2000t 的菱形反九点井网的边井重复压裂，通过设计不同的网格参数来对比裂缝形态对产量的影响。如图 4、图 5 所示。

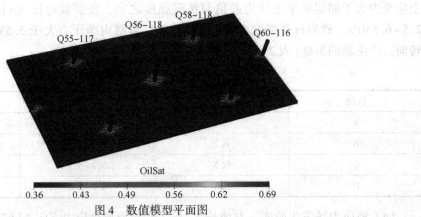

图 4　数值模型平面图

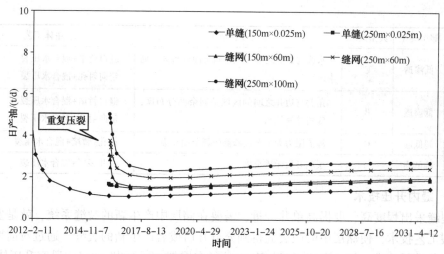

图 5　不同裂缝形态与产量关系模拟对比图

模拟条件：菱形反九点井网，井排距 $= 480m \times 160m$，$K_x = 0.3md$，$K_y = 0.1md$，$K_z = 0.03md$，$H = 20m$，$BWP = 6MPa$，$WBHP = 30MPa$，$W_f = 0.025m$，$K_f = 10um^2$。

不同模型计算结果表明，裂缝网络长度和宽度越大，重复压裂的产油量越高。因此，针对油井投产采用常规压裂、开采时间相对较短，原裂缝侧向剩余油富集的特征，通过开展裂缝暂堵、定向射孔、直井多层与混合水压裂复合技术试验，在储层中形成多条裂缝，同时优化施工参数，控制裂缝长度，实现扩大储层改造体积、控水增油的目的。

3.2　压裂参数优化

通过研究，初步建立了"大液量、高排量、低黏压裂液"为主要特征的混合水压裂设计模式。采用油藏及压裂数值模拟手段(全三维软件 DFN-裂缝网络模拟)，以最优改造体积为目标，对混合压裂的工艺参数进行了优化研究。建立了 4 种储层缝网延伸模型(图 6)，模拟计算在固定井网条件小，缝内压力分布和优化缝网改造体积。模型的主要参数为天然裂缝走向为近东西向，裂缝密度为 0.5 条/m、1.0 条/m、1.5 条/m 和 2.0 条/m、2.5 条/m，储隔层的应力差为 6~7MPa，层内各段应力差：2~3MPa。开展混合水压裂不同改造参数(排量、液量、导流能力)对比试验，得出了 5 种典型类型储层的改造模式(表 4)。

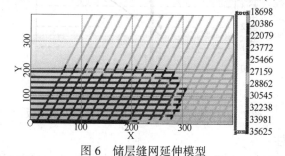

图 6　储层缝网延伸模型

表 4　5 种典型储层改造模式

井网类型	储层类型	典型区块	开发特征	主体工艺
矩形井网	低渗透	A	水线与裂缝之间区域是剩余油分布区，由于排距较小，有含水快速上升的风险	缝内暂堵+混合水压裂

续表

井网类型	储层类型	典型区块	开发特征	主体工艺
排状井网	低渗透	E	水线与裂缝之间区域是剩余油分布区,见水风险低	缝口暂堵+混合水压裂 定向射孔+混合水压裂
菱形反九点	低渗透	B	角井与边井之间的区域是剩余油分布区,一般角井易见水	缝口暂堵+混合水压裂 定向射孔+混合水压裂
	超低渗	C	渗流阻力大、老裂缝侧向剩余油富集	补孔+暂堵+混合水压裂
多层开发	特低渗	D	层间开发矛盾突出	直井多层+混合水压裂

3.3 缝内升压技术

老裂缝采出程度高,要提高单井产量,需要在储层中产生新的裂缝系统,就是要通过特殊的压裂工艺技术,使储层中的微裂缝得到充分开启或者产生新的裂缝。通过对前期缝内暂堵压裂工艺进行改进,初步形成了"砂塞+大粒径支撑剂+暂堵剂"的缝内段塞升压技术。

研究表明,升压幅度与增油量有较好的相关性。通过对现场实施的 58 口井进行统计表明,缝内升压幅度>2.5MPa 的井有 42 口井,暂堵剂升压成功率 72.4%。

3.4 定向射孔技术

利用自主研发的新型的定向射孔工艺——"定位器定位+陀螺仪定向+电缆传输"射孔工艺,进行电缆传输定向射孔,实现裂缝"硬转向"。

3.5 分压条件优化

针对老井长期生产储层地应力发生改变、压力工艺的不同造成净压力大幅升高的特征,以 W 区块为例,根据井下微地震、井下压力计结果,调整了长期注采井储层分压条件,即隔层厚度由新井的 5.0m 调整为大于 8.0m;施工排量由 6.0~7.0m³/min 调整至 4.0~6.0m³/min,通过分压条件的调整优化,井下压力计监测表明,D-1 井两层施工分压特征明显,措施后初期日增油 6.6t/d(图7、图8)。

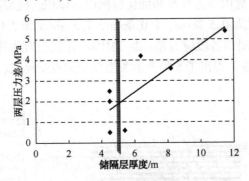

图7　D区块隔层厚度-施工压力差的关系图版

3.6 配套压裂管柱

为了满足小排量造新缝、大排量混合水压裂的技术要求,室内配套研究了 K344-98 小直径封隔器和滑套节流器等工具,根据工艺特点,配套形成了 3 种压裂管柱结构,满足现场施工要求。

(1)3½in 大排量压裂管柱:井深<1500m、套管老化严重的油井。

(2)2⅞in 油套同注管柱:井深>1500m、套管质量完好的油井。

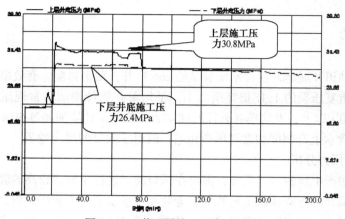

图 8　D-1 井两层施工压力对比图

（3）3½in 大排量多层压裂管柱：针对直井多层+混合水压裂工艺。

3.7　压裂液及支撑剂优化

由于混合水压裂入地液量大，如何高效地实现压裂液返排，降低储层伤害，对压裂液提出了新的要求。室内压裂液的优化借鉴国外改造经验，形成了以"滑溜水+基液+交联液"的主体压裂液体系，室内评价性能良好。同时，为了进一步降低液体成本和管柱摩阻，分别研了多糖（PPQ）压裂液和低摩阻高效返排压裂液，与常规胍胶压裂液相比，液体成本 50%，降阻率比胍胶滑溜水高 42.5%。支撑剂的优化考虑混合水压裂形成的多缝系统，主要采用多种支撑剂支撑的模式，即小粒径的支撑剂支撑天然微裂缝及小裂缝，较大粒径的支撑剂支撑主裂缝。室内试验评价，根据储层闭合应力大小，优选 40~70 目与 20~40 目的石英砂和低密度陶粒。

4. 选井选层标准

混合水压裂较常规压裂有其特殊性，因此选井选层条件是决定老井混合水压裂工艺试验成果和增产效果高低的先决条件。充分考虑老油田、新油田混合水压裂"储层条件和工艺思路"差异性，结合"储层物性、井网特征、压力水平、油水关系和剩余油分布"，与常规重复压裂相比，形成了"三高三低"的老井混合水压裂选井选层标准（图9），并采用辅助指标进行风险控制。

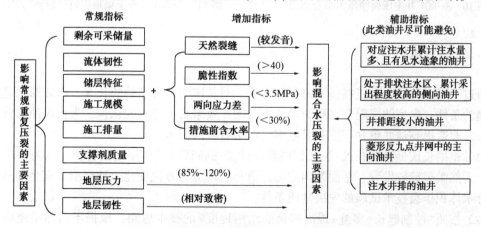

图 9　老井混合水压裂选井选层标准示意图

5. 现场试验

近两年长庆油田开展老井混合水压裂试验265口井，截至目前，有效率97.3%，单井平均日增油由常规重复压裂的1.1t提高至2.1t，平均单井累计增油为常规压裂的1.9倍，实现累计增油13×10⁴t以上，平均单井累计增油472t，单井累计增油超过500t的油井占已实施井75.3%，同时含水上升幅度和常规压裂相当，取得了明显的增产效果。

5.1 施工净压力分析

为了在储层中产生新的裂缝系统，需要在压裂施工过程中形成较高的缝内净压力，因此可以通过净压力拟合的方法认识工艺效果。老井混合水压裂施工曲线分析，在加入裂缝暂堵剂和提高施工排量后，施工压力得到了明显提升。通过净压力拟合表明，在调整多裂缝因子的前提下，才能较好的实现压力拟合。

5.2 井下微地震测试结果分析

为认识低渗透油藏老井混合水压裂的裂缝扩展形态，开展了井下微地震压裂裂缝监测（图10、图11）。测试结果对比分析，通过采用裂缝暂堵、定向射孔、直井分层等与混合水压裂复合工艺技术，较常规压裂裂缝带宽增加21m，储层改造体积增加148%，在一定程度上实现了挖潜裂缝侧向剩余油的目的。和新井相比，与新井相比，老油田储层裂缝复杂指数相对提高0.15，裂缝复杂程度进一步增加。同时，发现部分井压后裂缝发生偏转甚至沿垂直于主应力方向延伸，也进一步证实了老油田地应力场发生了改变。

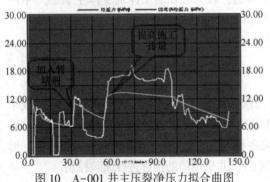

图10　A-001井主压裂净压力拟合曲图

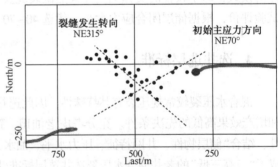

图11　C-001井井下微地震裂缝监测结果图

6. 结论与认识

通过开展老井混合水压裂技术研究与试验，对长庆油田典型的的长X、长Z储层老井形成多缝的条件、典型储层混合水压裂模式以及增产效果有了基本的认识，为长庆油田低渗透储层重复改造提高油井单井产能和采收率进行了有益的探索。

（1）根据长庆低渗透长X-长Z储层剩余油分布特征以及储层地质特征，认为储层脆性较强、天然微裂缝较发育、平面两向应力差值小、地应力方位变化、地层能量充足是开展老井混合水体积压裂技术试验的先决地质条件；

（2）按照"控制缝长+多缝+提高剩余油动用程度"的技术思路，根据不同储层地质和开发特征，刻画了老井混合水压裂的5种储层改造模式，配套形成了4种工艺技术及配套工具，形成了 3 种压裂液体系，满足不同类型油井重复改造需要；

（3）通过室内研究和现场试验分析，初步形成了低渗透长 X、长 Z 储层"三高三低"的老井混合水压裂选井选层标准，并采用辅助指标进行风险控制；

（4）现场试验 265 口井，措施有效率 97.3%，平均日增油较常规重复压裂提高了一倍，实现了"提液增油"的目的。压后分析和监测表明，通过采用以裂缝暂堵+混合水压裂为主的老井体积压裂改造方式，裂缝复杂指数较新井提高 0.15，储层改造体积增加 148%，能够实现动用剩余油的目的；

（5）低渗透储层经过长期注水开发，油水关系复杂，形成不同类型油藏老井混合水压裂改造模式是个极具挑战性的课题。目前开展的试验取得一些有益的认识，但同时也存在一下问题，如部分井措施后递减快、含水上升幅度大等，因此下步需要开展油藏工程、缝网匹配关系等方面的研究，进一步油井增产效果和油藏采收率。

参 考 文 献

[1] 李宪文，张矿生等．鄂尔多斯盆地低压致密油层体积压裂探索研究及试验［J］．石油天然气学报，2013，35(3)：142-147.

[2] 雷群，胥云，蒋廷学等．用于提高低-特低渗透油气藏改造效果的缝网压裂技术[J]．石油学报，2009，30(2)：237-241.

[3] 刘立峰，张士诚．通过改变近井地应力场实现页岩储层缝网压裂[J]．石油钻采工艺，2011.33(4)：70-73.

[4] 张琪．采油工程原理与设计［M］．石油大学出版社，2006 年 12 月．

[5] 王鸿勋，张士诚．水力压裂设计数值计算方法［M］．石油工业出版社，1998 年 6 月．

[6] 王鸿勋．水力压裂原理．石油工业出版社［M］．1987 年 3 月．

[7] 丁云宏，胥云等．低渗透油气田压裂优化设计新方法[J]．天然气工业，2009，29(9)：78-80.

水平井双封单卡重复压裂管柱优化与现场试验

齐银 常笃 庞鹏 达引朋 白晓虎

（中国石油长庆油田分公司油气工艺研究院）

摘要：水平井双封单卡压裂工艺是实现低产水平井选择性重复压裂的有效手段，而常规双封单卡压裂工具在高压、高冲蚀作业条件下，封隔器、导压喷砂器等关键工具冲蚀损坏严重，无法实现一趟钻具大砂量多段施工，因此，开展了水平井双封单卡重复压裂管柱优化研究，通过改变防冲蚀层结构、增加导压液流槽缓冲扩散空间和缩小工具外径，研发了高强度导压喷砂器，同时优化封隔器胶筒内骨架层结构和胶筒长度，设计了 K344-108 钢叠片封隔器，并从提高工具安全性的角度出发调整了钻具组配方案，形成了 K344 型高强度软锚定水平井双封单卡压裂钻具。现场试验表明，高强度导压喷砂器耐冲蚀性能良好，钢叠片封隔器坐封可靠，单趟钻具可连续施工 3 段，最高施工压力超过 60MPa，单段加砂量达到 45m³，优化后的水平井双封单卡重复压裂管柱具有良好的推广应用前景。

关键词：水平井 双封单卡 重复压裂 管柱优化 现场试验

目前长庆油田水平井改造以水力喷砂分段压裂工艺为主，部分水平井受储层发育情况、套管限压、工具节流等因素限制，导致压不开而放弃改造，严重影响水平井单井产能。优选水平井双封单卡重复压裂工艺对前期改造不充分层段进行选择性重复压裂，而常规双封单卡压裂工具在高压、高冲蚀作业条件下难以满足工艺需求，因此，开展水平井双封单卡重复压裂管柱优化研究，形成了高强度软锚定双封单卡重复压裂工具。

1. 常规水平井双封单卡重复压裂管柱适应性分析

1.1 工具选配及主要性能参数

直井、定向井双封单卡压裂钻具是选择性压裂常规钻具结构，由于井型不同，直井双封单卡钻具不能直接应用于水平井，需要对管柱结构和工具进行重新优化设计。

5½in 套管条件下，直井双封选压钻具组配结构和主要工具性能参数：

组配结构（自下至上）：球座（带钢球）+K344-115 封隔器+KPS-115 导压喷砂器+油管调整短节+K344-115 封隔器+KFZ117-48 水力锚+油管至井口。

表 1 直井双封单卡钻具主要工具性能参数表

工具型号	K344-115 封隔器	KPS-115 导压喷砂器	KFZ117-48 水力锚
最大外径/mm	115	115	117
内通径/mm	55	30mm 内可调换	48

续表

工具型号	K344-115 封隔器	KPS-115 导压喷砂器	KFZ117-48 水力锚
总长/mm	925	660	470
工作压力/MPa	50	70	50
工作温度/℃	90/120	120	120
适用排量/(m³/min)	≤3	≤2.4	≤3
启动压力/MPa	0.8	/	0.6

从表1可以看出，直井双封单卡工具外径较大(≥115mm)，在水平井中使用存在较高的卡钻风险。扩张式封隔器在施工后，如果胶筒不能恢复原状，将不利于起钻作业；KFZ117-48型扶正式水力锚由于其较大的外径和弹性扶正块原因，不便在水平井中使用。通过选配封隔工具与水力锚，同时考虑施工安全性，对直井双封单卡管柱进行了优化，形成了水平井双封单卡重复压裂工艺管柱。

常规水平井双封单卡钻具组配结构和主要工具性能参数分别如图1和表1所示。

导向丝堵+K344-108 封隔器+KPS-115 导压喷砂器+调整油管+ K344-108 封隔器+FZ-116 钢性扶正器+KDB114 防砂水力锚+水力式安全接头+油管至井口。

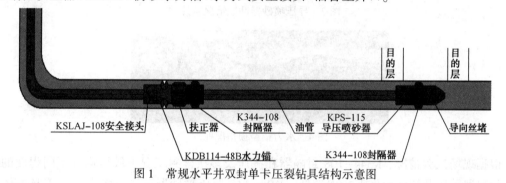

图1 常规水平井双封单卡压裂钻具结构示意图

表2 常规水平井双封单卡钻具主要工具性能参数表

工具型号	KSLAJ-108 安全接头	K344-108 封隔器	KPS-115 导压喷砂器	KDB114-48B 防砂水力锚
最大外径/mm	108	108	115	114
内通径/mm	48	48	30mm 内可调换	48
总长/mm	700	835	660	424
工作压力/MPa	70	60	70	60
工作温度/℃	120	120	120	120
适用排量/(m³/min)	≤3	≤3	≤2.4	≤3
启动压力/MPa	8~12(丢手)	1.2	/	0.6

水平井双封单卡压裂工具利用导向丝堵替换球座，解决了水平井下钻导向和管柱下端可靠密封的问题，管柱最上端增加安全接头设计，为处理卡钻预留手段，增加扶正器设置，防止水力锚和封隔器水平状态下偏心锚定和坐封；同时选配小直径封隔器和导压喷砂器，在工作压力相当的情况下减少了卡钻风险。

1.2 现场应用情况分析

在 ZP-1 井开展试验, 采用定向射孔+双封单卡压裂工艺改造 4 段, 使用钻具 3 套。在高压、高冲蚀条件下, 起钻遇阻, 起出后上、下封隔器损坏严重(图2), 3 套钻具胶皮均有不同程度的脱落和磨损; 导压喷砂器冲蚀严重(图3), 2 套出现刺穿, 水力锚锚爪磨损严重(图4)。

图 2　封隔器损坏情况照片

图 3　导压喷砂器冲蚀情况照片

图 4　水力锚磨损情况照片

根据现场试验情况, K344-108 封隔器在高压及多次坐封工况下胶筒均有不同程度的破损, 封隔器承压及抗蠕动伤害能力较低; KPS-115 导压喷砂器过砂量较大时, 工具本体冲蚀损伤较为严重; KDB114-48B 水力锚不能在 P110 套管内可靠锚定, 锚爪牙磨损严重。

2. 高强度水平井双封单卡重复压裂管柱优化研究

2.1 研究思路

针对常规双封单卡压裂钻具现场试验存在的问题, 形成了以下改进思路:

(1) 优化封隔器结构及材质, 提高承压及抗蠕动伤害能力;

(2) 增强导压喷砂器抗冲蚀能力, 减弱冲蚀效应;

(3) 为防止水力锚锚爪高压作业后不能收回, 优化管柱组配结构。

2.2 封隔器优化设计

K344-108 封隔器胶筒内骨架层采用钢丝竖网结构, 胶筒外径小, 坐封时膨胀率要求大, 胶筒较短, 坐封时胶筒"肩部"突出量大, 因其结构原理特点, 坐封后上、下肩部受力最为复杂, 容易损坏。对封隔器胶筒进行受力分析(图5): P_2 是从外部对胶筒上沿产生向下作用力, P_3 是从外部对胶筒下沿产生向上作用力, P_1 是从内部对胶筒上沿产生向上作用力,对胶筒下沿产生向下作用力，各种作用力有效作用面积设定为 A，因此，胶筒上、下沿的受力情况如下：

$$F_{上沿} = (P_1 - P_2) \times A \tag{1}$$
$$F_{下沿} = (P_1 - P_3) \times A \tag{2}$$

封隔器胶筒上下沿在施工过程中各种压力的作用下呈现肩部突出形变，肩部损伤几率随突出变形量的增大而增加。

膨胀式胶筒肩部抗疲劳损伤性能除了与胶料有关，主要取决于内骨架强度。为了提高封隔工具的使用寿命，设计钢叠片骨架结构的膨胀式封隔器胶筒，替换钢丝骨架胶筒。钢叠片封隔器胶筒分内、外胶囊及钢叠片骨架三部分，不锈钢片骨架圆周方向渐开线方式排列，内、外胶囊均为纯橡胶制品，耐温耐压性能高，承压能力由 60MPa 提高到 70MPa；增加胶筒肩部保护机构，改变胶筒两端固定方式，采用一端固定另一端浮动密封，降低启动坐封压力，减小胶筒扩张后的应力；将封隔器长度由 835mm 增加到 1120mm，有效提高胶筒长度，提高分压有效性。如图6、图7所示。

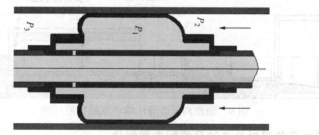

图5　封隔器坐封原理示意图

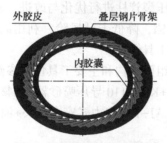

图6　钢叠片胶筒断面结构

图7　钢叠片封隔器照片

2.3　导压喷砂器优化设计

导压喷砂器在施工中起着节流喷砂的作用，它在施工中的冲蚀损坏会直接影响封隔器的坐封效果。

常规导压喷砂器(图8)导压液流槽表面抗冲蚀防护采用的是铺焊镍基合金材质的方式，这种防护方式对于铺焊加工工艺的要求较高，铺焊工艺控制差异会造成较大的铺焊质量差异。另外，常规导压喷砂器导压液流槽宽度只有 30mm，长度 150mm，当携砂液从导喷节流嘴喷出之后，允许高速流体缓冲扩散的空间比较小，携砂液对保护层的冲蚀作用比较强烈。

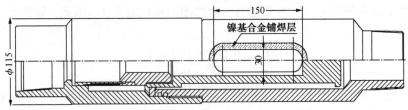

图 8　常规 KPS-115 导压喷砂器结构原理图

从缩小外径增加通过性、改变防冲蚀层方式和增加导压液流槽缓冲扩散空间思路出发，优化设计了高强度导压喷砂器。

新型高强度导压喷砂器最大外径为110mm(图9)，降低了大直径工具入井风险，导喷导压液流槽抗冲蚀层采用镶嵌整块"U"型高强度工具钢的方式，解决了常规铺焊镍基合金层的工艺控制难度。另外，导压液流槽的长宽由原来的150mm、30mm 增加为240mm、40mm，增加了高速液流的缓冲扩散空间，减弱了携砂液流对防护层的冲蚀效应。

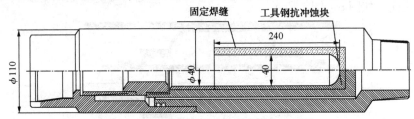

图 9　新型高强度导压喷砂器结构原理图

2.4　高强度水平井双封单卡钻具组配方案优化

对常规水平井双封单卡重复压裂管柱进行优化与改进，采用长胶筒钢叠片封隔器和小直径高强度导压喷砂器，去掉水力锚，降低卡钻风险，利用高性能的长胶筒封隔器实现软锚定，形成高强度水平井双封单卡工具管柱。

高强度水平井双封单卡钻具组配结构和主要工具性能参数，分别如图10和表3所示。

导向丝堵+K344-112 封隔器+KPS-110 导压喷砂器+调整油管+ K344-108 长胶筒钢叠片封隔器+FZ-116 钢性扶正器+KSLAJ-108 水力式安全接头+油管至井口。

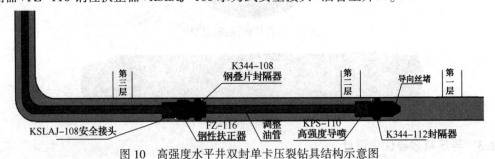

图 10　高强度水平井双封单卡压裂钻具结构示意图

表 3　高强度水平井双封单卡钻具主要工具性能参数表

工具型号	KSLAJ-108 安全接头	KPS-110 高强度导压喷砂器	K344-108 钢叠片封隔器
最大外径/mm	108	110	108
内通径/mm	48	40mm 内可调换	48
总长/mm	700	727	1120

工具型号	KSLAJ-108 安全接头	KPS-110 高强度导压喷砂器	K344-108 钢叠片封隔器
工作压力/MPa	70	70	70
工作温度/℃	120	120	120
适用排量/(m³/min)	≤3	≤3	≤3
启动压力/MPa	8~12(丢手)	/	1.2

3. 现场试验

利用优化后的高强度水平井双封单卡钻具在华庆油田 QP-2 等 2 口井开展水平井重复压裂试验，现场试验表明，单套钻具可改造 3 段，单段加砂 30~40m³，最高施工压力超过 60MPa（图 11），起下钻施工顺利，试验井措施后单井产量提高 2.8 倍，试验达到了预期效果，优化后的水平井双封单卡重复压裂管柱具有良好的推广应用前景。

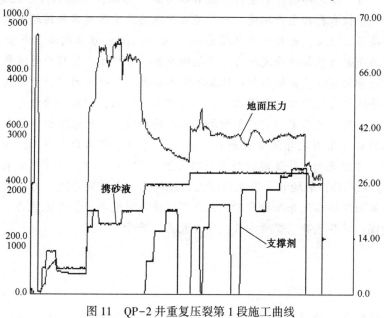

图 11　QP-2 井重复压裂第 1 段施工曲线

4. 结论

（1）常规水平井双封单卡压裂工具在高压、高冲蚀作业条件下难以满足工艺需求，封隔器、导压喷砂器等关键工具冲蚀损坏严重，无法实现一趟钻具大砂量多段施工。

（2）通过优化封隔器结构及材质，改进导压喷砂器抗冲蚀防护方式和导压液流槽缓冲扩散空间，优化管柱组配结构，形成了高强度软锚定新型水平井双封单卡压裂工具。

（3）现场试验情况表明，高强度水平井双封单卡压裂工具承压能力、过砂量和改造段数大幅提高，具有良好的推广应用价值。

煤层气井压裂裂缝导流能力对产能的影响研究

段玉超[1]　计勇　于继飞　陈欢

(中国海油研究总院)

摘要：煤层气井排采初期，由于地层压力还没达到临界解析压力，所以在此阶段内气井无气体产出，处于排水阶段。随着排采进行，地层压力达到临界解析压力时，有煤层气产出，并随着排水的增加，压力的释放，解析出的气体增多，水力压裂增产措施能够提供较大的渗流通道，近井地带由于地层压力系统没有造成破坏，能够维持一个较好的压力系统，造成近井地带的相对气体富集区，能维持一个较短时期内高产量产出。再随排采进行，随着压力波的传播，地层压力系统遭受破坏，不能维持一个较有利的生产环境，此外还由于地层排采区域离井筒越来越远，不能形成一个高渗流通道，此时日产气量递减。基于 Eclipse 建立的煤层气模型，模拟计算了煤层气井压裂裂缝导流能力与产能的关系，分析生产过程中导流能力变化规律及其对产量的影响。分析得到：地层渗透率越大，气井无因次产量越高；随着裂缝无因次导流能力的增加，无因次产量也是逐渐增加的，但每条曲线存在一个增幅的拐点，大于改点之后无因次产量增加的幅度逐渐减小；地层渗透率越大，曲线拐点所对应的裂缝无因次导流能力越小；地层渗透率分别为 0.3md、0.75md、1md、1.75md 时，裂缝无因次导流能力拐点分别为 20、10、6、4.8。计算结果表明：裂缝半长越长产能越高；裂缝的导流能力越大产能越高，当裂缝导流能力超过 20D·cm 后，对于不同的煤层气井在投产时，应合理优选压裂缝半长和导流能力。

关键词：煤层气井　裂缝半长　导流能力　产量

引言

煤层是天然气重要的源岩，这一点正是开采煤层所具有的经济优势。煤层又是一种储集岩，但是只有在煤层甲烷气开发过程中，这一点才被经济地加以利用。煤层作为一种源岩虽然仅仅储藏生成的气体中的极小的一部分，但是煤层作为储集岩时单位体积煤层中储集的气体是常规气藏岩石储集量的 2~7 倍。这是因为煤层有 $20×10^4 m^2/kg$ 的吸附面积，被吸附的甲烷浓度接近液体密度。

煤层的一个显著特点是裂缝特别发育。这些在煤化作用过程中生成的割理和构造应力作用下生成的裂隙是煤层气的主要流通通道。煤层一般需要进行水力压裂处理，才能获得经济产能。对煤层气井而言，水力压裂的作用体现在 4 个方面：

(1) 穿透近井筒地层伤害层。因为钻井完井过程中，近井筒区域的煤层自然割理系统受到钻井液、固井水泥浆等侵入和堵塞，故必须穿越此伤害层才能为煤层气产出提供良好通道。

(2) 加速煤层脱水和降压。因为煤层气主要是以吸附状态储存于煤层申，煤层气产出一般为排水—降压—解吸过程。为产出煤层气首先必须把煤层压力降低到煤层气临界解吸压力之下。这种压力降低只有扩展到煤层深处才能扩大解吸范围和加速解吸过程。

（3）分散压差，减少煤粉产出。这一点是通过降低井筒附近区域的压力降来实现的。

（4）有效地将井筒与整个储层连通起来。由于煤层中存在陡变的垂向不连续性，仅靠射孔不能有效地实现与煤层内所有割理网络系统的沟通。

根据净压力拟合获取的导流能力和生产数据，建立导流能力与产量的关系，分析生产过程中导流能力变化规律及其对产量的影响，可以得到不同地层渗透率下的最优裂缝半长和最优裂缝导流能力来指导煤层气井的压裂，提高产能。

1. 煤层气的开发特征

煤层甲烷气产出大致要经历三个阶段：

（1）单相流动阶段：随着井筒附近压力下降，首先只有水产出，因为这时压力下降比较小，井附近只有单相流动。如图1中阶段1首先在井筒附近发生。

（2）非饱和单相流阶段：随着煤层压力进一步下降，井筒附近开始进入第二阶段。这时，有一定数量的甲烷从煤的表面解吸，开始形成气泡，阻碍水的流动，水的相对渗透率下降，但气不能流动，无论在基质孔隙中还是割理中，气泡都是孤立的，没有相互连接。虽然出现气、水两相，但是只有水相是可动的。如图1阶段2在井筒附近发生，离井筒远一些的地方出现阶段1。

（3）两相流阶段：煤层压力进一步下降，有更多的气解吸出来。水中含气已达到饱和，气泡互相连接形成连续流线，气相相对渗透率大于零。随着压力下降和水饱和度降低，在水的相对渗透率不断下降的条件下，气相相对渗透率逐渐上升，气产量逐渐增加。如图1阶段3。

这三个阶段是连续的过程，随着时间的延长，由井孔沿径向逐渐向周围的煤层中推进。这是一个递进过程。脱水降压的时间越长，受影响的面积也越来越大，甲烷解吸和排放的面积也越来越大。

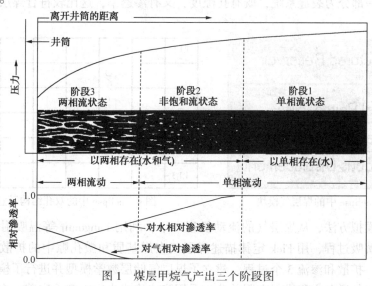

图1　煤层甲烷气产出三个阶段图

煤层气井的生产也分三个阶段：

（1）脱水降压阶段：主要产水，随着压力降到临界解吸压力以下，气体饱和度增加，气相渗透率提高，井口开始产气并逐渐上升。气、水产量主要取决于气、水相对渗透率的变化及甲烷解吸压力与煤层压力之间关系的改变。生产时间可能几天或数月。如图2阶段Ⅰ。

（2）稳定生产阶段：产气量相对稳定，产水量逐渐下降，一般为高峰产气阶段。如图2阶段Ⅱ。

（3）气产量下降阶段：随着压力下降，产气量下降，并产出少量或微量的水。生产时间一般在10年以上。如图2阶段Ⅲ。

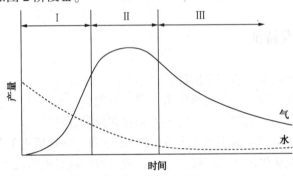

图2　煤层气井三个生产阶段图

2. 煤层气数值模型

2.1　模型的建立

ECLIPSE是斯伦贝谢公司开发的商业数值模拟软件，其中包含煤层气模块（如图3和图4所示），可以用于煤层气产能、排采方式以及分层合采的计算。煤层气采用双孔单渗模型，将整个网格系统分为基质和裂缝两个部分，上面一部分为基质系统，只有孔隙度，没有渗透率，下面一部分为裂缝系统，既有孔隙度，又有渗透率，这比较符合煤层气的实际结构特征。

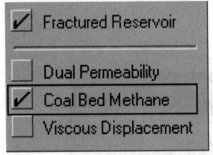

图3　eclipse中的煤层气模块

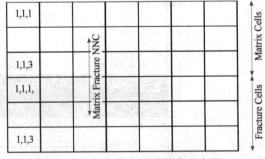

图4　eclipse中的双孔结构示意图

采用数值模拟方法，从煤层气的流动机理入手，利用Langmuir等温吸附方程描述煤层气从煤表面的解吸过程，用Fick定律描述煤层气在煤基质和微孔隙中的扩散，综合考虑了煤层气的解吸、扩散和渗流3个过程，建立了煤层气储层数学模型并进行了模拟计算。

对割理系统的微分方程进行有限差分，采用隐式格式进行求解。完善一个气、水两相双重介质数值模拟器源代码，对煤层气井产能进行评价。对压裂缝所在网格，在保证裂缝内流量不变的前提下，适当放大缝宽而相应地调整渗透率。缝宽放大是以不影响地层内部的网格划分和实际计算为原则的。

2.2 模型参数选取

模型所选取的基本数据如下：

煤层深度 650m 左右；原始地层压力 5.24MPa；气藏温度为 30~40℃；临界解吸压力 4.40MPa；煤岩密度 $1.47×10^3 kg/m^3$；割理渗透率 $0.3×10^{-3}μm^2$；含气量 $19.23×10^{-3}m^3/kg$；气体扩散系数 $0.00186m^2/d$；含气饱和度 93%。等温吸附数据见表1，高压物性数据见表2，气水相渗数据见表3。井网类型为正方形井网，单井控制半径 500m，井底流压取 1MPa。

表1 煤层气等温吸附数据表

序号	压力/MPa	含气量/（m^3/t）
1	0	0.00
2	0.52	5.43
3	1.56	12.80
4	3.62	20.87
5	6.85	26.92
6	10.73	30.51
7	14.15	32.36

表2 煤层气高压物性数据表

压力/MPa	气体体积系数/（m^3/m^3）	黏度/cP
0.6	0.085	0.0116
1.2	0.058	0.0118
2	0.029	0.0122
2.95	0.024	0.0124
4	0.019	0.0127
7.25	0.014	0.0134
8.05	0.011	0.0141
9.75	0.010	0.0159

表3 相渗数据表

S_g	K_{rw}	K_{rg}
0	1	0
0.7	0.4	0.1
0.75	0.35	0.15
0.8	0.28	0.2
0.9	0.15	0.35
0.95	0.08	0.45
1	0	0.7

2.3 生产井历史拟合

在建立气藏地质模型过程中，不可避免地对某些参数作了简化、插值、平均等处理，或者由于某些参数本来就不准确或不确定等，使得建立起来的气藏地质模型与实际气藏之间可能有较大的差异，这种差异有多大，需要用历史拟合加以验证。所以，历史拟合的目的就是用已有的实际生产动态数据与模型运行产生的动态对比，对模型各类参数加以修改和调整，使模型运算产生的动态数据与实际动态数据相一致。在这种情况下，可以利用对一定未知范围内适用的最佳数据，研究可变的开采方案。

根据净压力拟合结果，所选煤层气井的裂缝参数、地层渗透率以及产能分析数据如表4所示。通过对投产后气井产能的定性统计认为，这些井目前所处的生产阶段主要有三类：产能上升期、平稳生产期和产能下降期。举例煤层气井的生产历史拟合结果如图5~图6所示。从图中可以看出，拟合得到的日产气量和日产水量均与实际生产数据较为接近，因此认为所建立的压裂井模型是可信的。

表4 压力拟合结果分析

井号	平均缝宽/cm	导流能力/D·cm	支撑半缝长/m	支撑逢高/m	层段/m	地层渗透率/mD	产能定性统计
A	3.48	70.5	80.6	23.7	493~499	1.5	高产井，高峰稳产期5000
B	5.3	51.6	86.8	26.1	496~502	0.3	高峰稳产期600
C	4.84	28.3	71.8	29.8	499~505	0.8	高峰期3000
D	4.08	61.2	70.5	20.6	550~555	0.6	高产期2300
E	3.11	53.3	76	35.8	510~515	0.5	上升型，500~1000方
F	2.87	36.1	86.2	26.1	516~522	0.2	低产井，小于300
G	5.26	63.2	71.2	25.2	519~525	0.25	高峰稳产期500
H	1.71	68.9	74	18.3	548~555	0.75	高峰期2000~2800

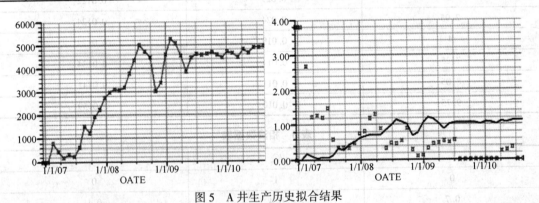

图5 A井生产历史拟合结果

2.4 基于不同导流能力的压裂井产能预测

在以上历史拟合的基础上，对压裂井进行不同导流能力条件下的产能预测，并根据导流能力对压裂井产量的影响优选出最佳倒流能力。计算结果表明：裂缝的导流能力越大产能越高，但随着导流能力的增加其对产能的影响越来越小，因此存在一个合理的导流能力范围。根据目前煤层气井所处的不同生产阶段，各井产能预测结果如下：

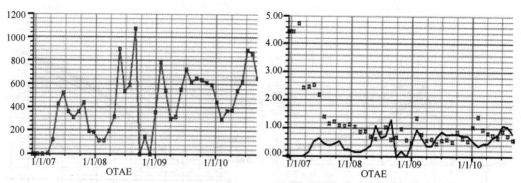

图 6　B 井生产历史拟合结果

2.4.1　目前处于产能上升期的井

对于 A 井，当裂缝导流能力小于 30D·cm 时，随着裂缝导流能力的增加，产能增加的比较明显。但当裂缝导流能力超过 30D·cm 时，裂缝导流能力对产能增加的幅度趋于稳定。因此最佳裂缝导流能力为 30D·cm。

1）A 井（最佳裂缝导流能力 30D·cm）（图 7）

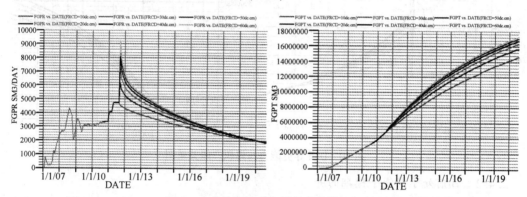

图 7　A 井导流能力与累积产能关系图

2）B 井（最佳裂缝导流能力 40D·cm）（图 8）

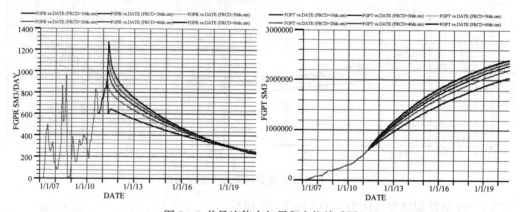

图 8　B 井导流能力与累积产能关系图

3）C 井（最佳裂缝导流能力 30D·cm）（图 9）

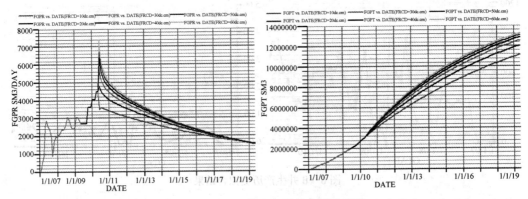

图9　C井导流能力与累积产能关系图

4) D井(最佳裂缝导流能力 30D·cm) (图10)

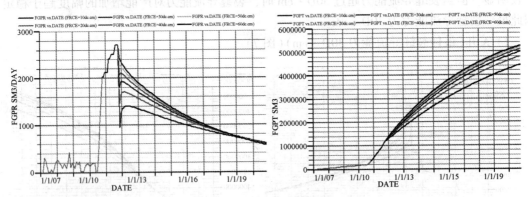

图10　D井导流能力与累积产能关系图

2.4.2　目前处于产能平稳期的井

1) E井(最佳裂缝导流能力 40D·cm) (图11)

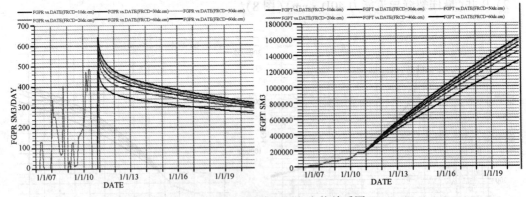

图11　E井导流能力与累积产能关系图

2) F井(最佳裂缝导流能力 40D·cm) (图12)

2.4.3　目前处于产能下降期的井

1) G井(最佳裂缝导流能力 50D·cm) (图13)

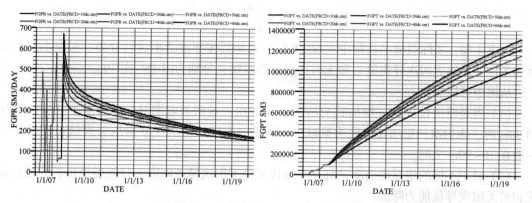

图 12　F 井导流能力与累积产能关系图

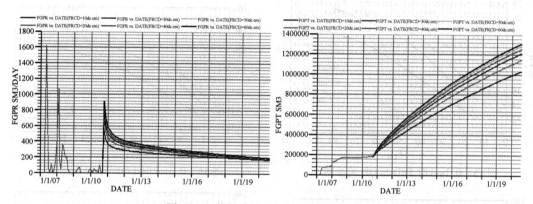

图 13　G 井导流能力与累积产能关系图

2）H 井（最佳裂缝导流能力 40D·cm）（图 14）

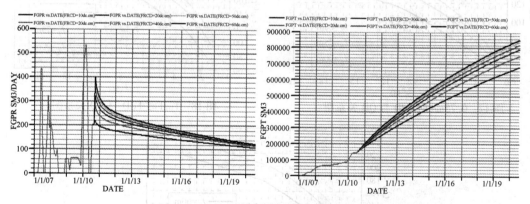

图 14　H 井导流能力与累积产能关系图

2.5　无因次导流能力与无因次产量图版

气体无因次产量的表达式为：

$$\frac{1}{q_D} = \frac{1371.76kh\left[\Delta(p^2)\right]}{q\mu ZT}$$

裂缝无因次导流能力为：

$$F_{\text{CD}} = \frac{k_f w_f}{k L_f}$$

由表 4 知，实际裂缝半长集中在 60~90m。对地层按照渗透率进行分类，做出不同裂缝半长条件下裂缝无因次导流能力和无因次产量的图版，分别为图 15~图 19。

从图中可以看出：

（1）当裂缝半长从 60m 增加到 75m 时，无因次产量增幅较明显；当裂缝半长继续增加到 90m 时，无因次产量增加程度明显减小。可见，本区块煤层气井对压裂裂缝长度的要求一般在 75~90m 之间。

（2）对于不同的地层渗透率，都存在最优裂缝无因次导流能力。且随裂缝半长的增加最优裂缝无因次导流能力降低。

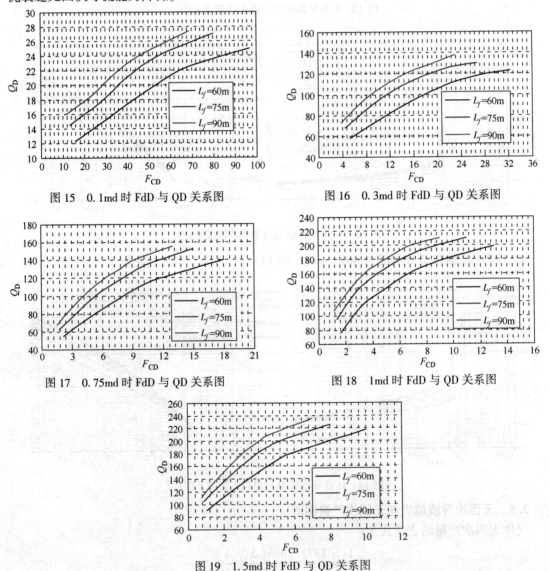

图 15　0.1md 时 FdD 与 QD 关系图　　　　图 16　0.3md 时 FdD 与 QD 关系图

图 17　0.75md 时 FdD 与 QD 关系图　　　　图 18　1md 时 FdD 与 QD 关系图

图 19　1.5md 时 FdD 与 QD 关系图

为了研究地层渗透率对无因次产量的影响，以裂缝半长为 75m 为例，做出不同地层渗透率条件下裂缝无因次导流能力和无因次产量的关系图，如图 20 所示。可以看出：地层渗透率越大，气井无因次产量越高。随着裂缝无因次导流能力的增加，无因次产量也是逐渐增加的，但每条曲线存在一个增幅的拐点，大于改点之后无因次产量增加的幅度逐渐减小。从图中可以看出，地层渗透率越大，曲线拐点所对应的裂缝无因次导流能力越小。地层渗透率分别为 0.3md、0.75md、1md、1.75md 时，裂缝无因次导流能力拐点分别为 20、10、6、4.8。

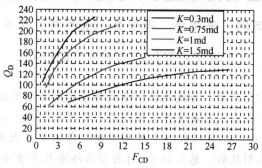

图 20　裂缝半长为 75m 时 FdD 与 QD 关系图

3. 结论

（1）对煤层气井进行了生产历史拟合，使得所建立模型尽可能真实地反映实际地层和气井生产情况。在此基础上进行了裂缝导流能力对产能的影响分析，得到了该区块的最优裂缝导流能力范围为 30~50D·cm。

（2）对地层按照渗透率进行分类，做出不同裂缝半长条件下裂缝无因次导流能力和无因次产量的图版，可以得出：当裂缝半长从 60m 增加到 75m 时，无因次产量增幅较明显；当裂缝半长继续增加到 90m 时，无因次产量增加程度明显减小。本区块煤层气井对压裂裂缝长度的要求一般在 75~90m 之间。对于不同的地层渗透率，都存在最优裂缝无因次导流能力。且随裂缝半长的增加最优裂缝无因次导流能力降低。

（3）以裂缝半长为 75m 为例，做出不同地层渗透率条件下裂缝无因次导流能力和无因次产量的关系图。以研究地层渗透率对无因次产量的影响：地层渗透率越大，气井无因次产量越高。随着裂缝无因次导流能力的增加，无因次产量也是逐渐增加的，但每条曲线存在一个增幅的拐点，大于改点之后无因次产量增加的幅度逐渐减小。地层渗透率越大，曲线拐点所对应的裂缝无因次导流能力越小。地层渗透率分别为 0.3md、0.75md、1md、1.75md 时，裂缝无因次导流能力拐点分别为 20、10、6、4.8。

参 考 文 献

［1］温庆志，王 强．影响支撑剂长期导流能力的因素分析与探讨［J］．内蒙古石油化，2003.

［2］温庆志等．支撑剂嵌入对裂缝长期导流能力的影响研究［J］．天然气工业，2005.

［3］曲桂英．利用 FRACPRO 软件进行人工压裂裂缝分析方法探讨．内蒙古石油化，2008.

［4］梁兵，郭建春等．水力压裂过程中近井摩阻分析．河南石油，2006.

［5］郝艳丽，王河清等．煤层气井压裂施工压力与裂缝形态简析．煤田地质与勘探.

［6］SPE 3009 R. P. Nordgren ："Propagation of a Vertical Hydraulic Fracture", 1972.

［7］SPE 22911 G. S. Penny & M. W. Conway ："Coordinated Laboratory Studies in Support of Hydraulic Fracturing of Coalbed Methane", 1991.

页岩气井压裂参数对
产量递减典型曲线参数影响分析

白玉湖　陈桂华　冯汝勇　徐兵祥　丁芊芊

（中国海油研究总院新能源研究中心）

摘要：为明晰初始产量、递减指数、递减率等典型曲线参数和压裂参数之间的关系，本文针对某一页岩气区块生产时间超过一年页岩气井，分析了重要的完井压裂参数(如水平段长度、压裂级数、支撑剂用量、每级支撑剂用量、压裂液用量、每级压裂液用量、总射孔数、总簇数等)对典型曲线中几个重要参数，如初始产气量、递减指数、递减率等影响。结果表明：初始产气量随着水平段长度、压裂级数、压裂液用量、支撑剂用量、总射孔数的增加而增加，但增加幅度逐渐减小；每簇初始产气量、每英尺初始产气量、每级初始产气量等参数随着簇数、水平段长度、每级支撑剂用量和每级压裂液用量的增加而降低。递减指数随着水平段长度、压裂级数、总簇数、总射孔数、总支撑剂和压裂液用量、每级支撑剂和压裂液的增加变大。递减率随着水平段长度、压裂级数、总簇数、总射孔数、总压裂液和每级压裂液用量的增加先快速降低而后缓慢降低。本文的研究结果对于国内页岩气的压裂有着一定的参考和借鉴作用。

关键词：页岩气　多级压裂　压裂参数　产量　典型曲线

1. 前言

页岩气的成功开发得益于长水平井多级压裂技术的广泛应用，该技术是页岩气得以有效开发的关键技术之一。但正是由于这种工艺技术对储层的强烈改造，使得产量递减预测非常困难，而页岩气产量的准确预测对开发方案而言是至关重要的。前人已经开展了大量的预测页岩气产量的探索工作，包括理论分析方法、数值模拟方法以及典型曲线方法。三种方法对比而言，基于生产动态数据的典型曲线方法是预测页岩气产量递减规律最为广泛的一种方法。前人已经开展了大量的预测页岩油气典型曲线的研究工作，包括采用不同的典型曲线函数，典型曲线关键参数的确定方法，典型曲线的应用分析等。但关于页岩油气典型曲线几个关键参数，如初始产量、递减指数、递减率等与地质参数与压裂参数之间的关系，至今未见相应的报道。本文基于某一页岩油气区块，以生产动态数据为基础，分析了典型曲线关键参数和压裂参数之间的关系，以期明晰页岩油气产能和压裂参数之间的关系。

2. 区块内典型曲线影响因素

页岩油气由于存储在以纳米尺度为主的复杂孔隙空间中，存储方式除自由气之外还具备一定的吸附气含量。页岩油气的成功开发需要对页岩储层进行大规模的长水井多级压裂，尽最大可能使得页岩油气暴露、沟通，增大泄油泄气面积。页岩油气在纳米尺度孔隙中微观流动机理目前尚不清楚，加之大型压裂导致的储层破裂使得页岩储层非均质性非常严重，存在着大规模的跨尺度流动，这些都使得精确计算页岩油气的产能变得非常困难。因此，基于生产动态数据的典型曲线方法是目前估算页岩油气产能的重要手段之一，也是应用最为广泛的方法和手段。

目前，描述页岩油气产量递减的典型曲线主要是扩展的双曲递减曲线：

$$q = q_i (1 + D \cdot n \cdot t)^{-1/n}$$

其中，q_i 为初始产量，m^3/d；n 为递减指数，无量纲；D 为递减率，d^{-1}；t 为时间，d。

本文选取了某一个页岩气区块作为分析对象，由于该区块地质情况比较简单，地质参数差别不大，因此，可以排除地质因素对产量的影响，把生产井之间产量变化归结为压裂参数的不同。选取该区块内生产历史超过一年的页岩气井 27 口，对每一口井进行典型曲线预测，获取每口井的典型曲线参数，然后分析重要的完井压裂参数，如水平段长度、压裂级数、支撑剂用量、每级支撑剂用量、压裂液用量、每级压裂液用量、总射孔数、总簇数等对典型曲线中几个重要参数，如初始产气量、递减指数、递减率影响。

3. 初始产量和压裂参数的关系

初始产量是表征页岩油气产能的重要参数，一般而言，初始产量越高，页岩油气井的产能也就越大。针对本研究区块，图 1 给出了初始产量和压裂参数之间的关系，其中图 a 到 f 分别给出了初始产气量和水平段长度、压裂级数、总射孔数、总簇数、支撑剂和压裂液用量等之间的关系，从图 a 可以看出，随着水平段长度的增加，初始产气量增加，但当水平段增加到 2300m 时，初始产气量随着水平段的增加出现降低趋势，因此，针对该研究区块，最优的水平段长度应该为 2300m，究其原因，本区块的页岩气中凝析油含量较高，随着水平井段的增加，井筒摩阻损失增加而导致初始产量降低。从图 b 可见，在压裂级数低于 20 级时，初始产量随压裂级数增加而增加，而当压裂级数高于 20 级时，初始产量增加缓慢。因此，本区块最优的压裂级数为 20 级。从图 c、d、e 和 f 可见，初始产量随着总射孔数、总簇数、总支撑剂和总压裂液的增加而增加，但增加幅度有所降低。图 g 给出了每簇的初始产气量和总簇数之间的关系，可见，两者之间呈现较好的线性关系，随着簇数的增加，每簇对初始产量的贡献逐渐降低。图 h 给出了每米初始产量和水平段之间的关系，可见两者之间具有较好的线性关系，随着水平段的增加每米的贡献量逐渐降低。图 i 给出了每级产气量和每级支撑剂用量关系，可见，随着每级支撑剂的增加，其对初始产量的贡献率是降低的。图 j 给出了每级压裂液用量和每级产气量之间的关系，可见，随着每级支撑剂的增加，其对初始产量的贡献率是增加的。因此，从图 1 中可以得出：针对本区块，在地质特征参数差别不大的前提下，水平段长度、压裂级数、射孔数、簇数、支撑剂和压裂液用量等都有一个最优值，当然，水平段长度、压裂级数、射孔数、簇数这几个参数是密切相关，根据现有工艺条件，水平段长度确定之后，即可大致确定压裂级数，而每个级数之内的簇数和每个簇数内的射孔数则可在一定范围内进行优化，这些参数的优化，可以结合每级、每簇、单位支撑剂和压裂液对初始产量的贡献来确定。

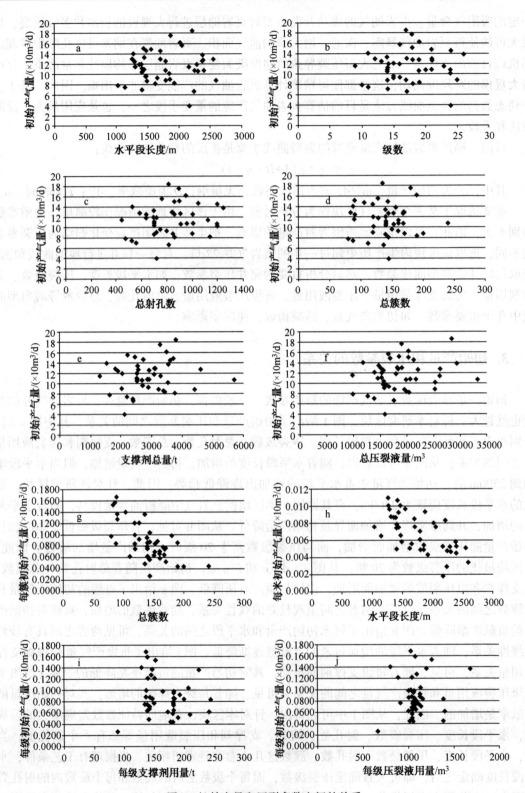

图1 初始产量和压裂参数之间的关系

4. 递减指数和压裂参数的关系

递减指数表示页岩油气在经历快速递减之后，在保持较慢的稳定递减程度时所对应的产量高低，递减指数越大，稳定递减阶段的产量就相应越高。为了分析影响递减指数的主要因素，图 2 给出了递减指数和水平段长度、压裂级数、总射孔数、总簇数、总支撑剂用量、总压裂液用量、每级支撑剂用量和每级压裂液用量之间的关系。可见，递减指数随着这些参数的增加均呈现出增加的趋势，这是因为随着水平段的增加，压裂级数也相应增加，则页岩储层被改造的范围也就越大，在一定程度上增加了泄油泄气面积，保证了页岩油气流动的物质基础。总簇数和总射孔数的增加，意味着产生裂缝的几率就会增加，在地层中会产生更多的裂缝，孔隙及微裂缝之间的连通性增加，油气流动能力增强。总支撑剂、总压裂液以及每级支撑剂、压裂液用量的增加，意味着压裂时在页岩中的造缝能力增加，并且在生产过程中保持裂缝有效开启的能力也增加，这就意味着有效泄油泄气面积的增加。泄油泄气面积的增加，改造程度的增加以及保持裂缝有效能力的增强都会增加油气的供给能力，保持较稳定的生产能力，从而使递减指数增大。

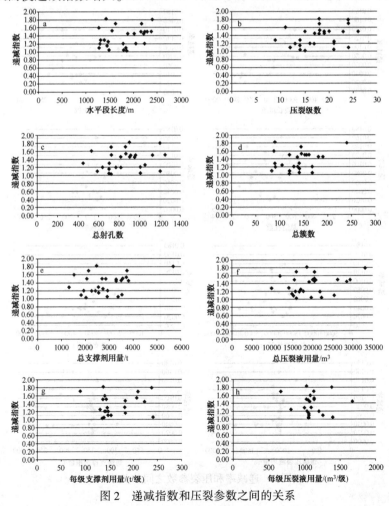

图 2　递减指数和压裂参数之间的关系

5. 递减率和压裂参数的关系

递减率是表示在初始生产时刻页岩油气产量的递减快慢，递减率越大，表示初始时刻产量递减越快。为了分析影响递减率的主要因素，图3给出了递减率和水平段长度、压裂级数、总射孔数、总簇数、总支撑剂用量、总压裂液用量、每级支撑剂用量和每级压裂液用量之间的关系。可见，随着水平段的增加，递减率基本上呈现先快速降低，然后降低程度减慢，甚至基本不再降低。随着压裂级数的增加递减率快速降低，但数据点相对比较分散，这是因为水平段长度增加，压裂级数随之增加，泄油泄气体积增大，从而可有效地延缓递减。随着总射孔数和总簇数的增加，递减率呈现下降的趋势，但随着总簇数的增加，递减率的下降幅度要更大，由此说明，相比于总射孔数而言，总簇数是影响递减率更大的参数，这是因为在增加簇数能有效地促进裂缝的形成和沟通，有效降低递减率。随着总压裂液和每级压裂液的增加，递减率呈现先快速下降，然后下降趋势减缓并趋于相对稳定的数值。递减率随着总支撑剂用量和每级支撑剂用量的增加呈现递减趋势，但数据点分布比较分散，这是因为压裂液和支撑剂的增加能够增加有效裂缝的范围，并增加裂缝的导流能力，有效降低递减率。

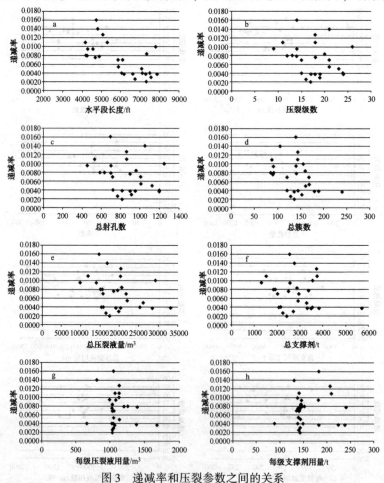

图3　递减率和压裂参数之间的关系

6. 结论

统计分析了某一页岩气区块水平段长度、压裂级数、总簇数、总射孔数、总压裂液和支撑剂用量、每级压裂液和支撑剂用量对典型曲线关键参数，如初始产量、递减指数、递减率等影响。得到如下结论：

（1）从初始产量角度而言，随着水平段的增加，每米初始产量贡献量逐渐降低；随着簇数的增加，每簇对初始产量的贡献逐渐降低；随着每级支撑剂的增加，其对初始产量的贡献率逐渐降低；随着每级压裂液用量增加，其对初始产量的贡献率逐渐增加。因此，这些参数的优化可以结合每级、每簇、单位支撑剂和压裂液对初始产量的贡献来综合确定。

（2）递减指数随着水平段长度、压裂级数、总簇数、总射孔数、总支撑剂和压裂液用量、每级支撑剂和压裂液的增加而变大。

（3）递减率随着水平段长度、压裂级数、总簇数、总射孔数、总压裂液用量、每级压裂液用量的增加先快速降低而后降低缓慢，趋于一个较稳定的低值。递减率随着总支撑剂用量和每级支撑剂用量的增加呈现递减趋势，但数据点分布比较分散。

参 考 文 献

[1] 刘德华，肖佳林，关富佳. 页岩气开发技术现状及研究方向[J]. 石油天然气学报（江汉石油学院学报），2011，33（1）：119-124.

[2] Moghadams S, Mattat L, Pooladi - darvish. Dual porosity typecurves for shale reservoir [C]. CSUG/SPE 137535, 2010.

[3] Seshardri J, Mattar L. Comparison of Power law and modified hyperbolic decline methods [C]. CSUG/SPE 137320, 2010.

[4] Thompson J M, Nobakht M, Anderson D M. Modeling well performance data from overpressure shale gas reservoirs [C]. CSUG/SPE 137755, 2010.

[5] Fan L, Thompson J W, Robinson J R. Understanding gas production mechanism and effectiveness of well stimulation in the Haynesville shale through reservoir simulation [C]. CSUG/SPE 136696, 2010.

[6] Robertson S. Generalized hyperbolic equation [C]. SPE 18731, 1988.

[7] Ilk D. Exponential vs hyperbolic decline in tight gas sands—understanding the origin and implication for reserve estimates using arps decline curves [C]. SPE 116731 presented at SPE annual technical technical conference and exhibition, Denver, Colorada, 21-24, September, 2008.

[8] Seshadri J Mattar L. Comparison of power law and modified hyperbolic decline methods [C]. CSUG/SPE 137320, 2010, 1-17.

[9] Bello R O, Wattenbarger R A. Multi—stage hydraulically fractured shale gas rate transient analysis [C]. SPE 126754, presented at the SPE North Africa Technical Conference and Exhibition. Cairo, Egypt, 2010, 14-17 February.

[10] Fetkovich M J, Vienot M E, Bradley M D, et al. Decline—curve Analysis using type curves – case histories [C]. SPE 13169 presented at the SPE Annual TechnicalConference and Exhibition, Houston, Sept 16-19, 1987.

[11] Johnson N L. A simple methodology for direct estimation of gas-in place and reserves using rate-time data [C]. SPE 123298 presented at SPE Rocky mountain petroleum technology conference, Denver, Colorada, 14-16,

April, 2009.

[12] 白玉湖, 杨皓, 陈桂华, 冯汝勇, 丁芊芊. 页岩气产量递减典型曲线应用分析[J]. 可再生能源, 2013, 31(5): 115-119.

[13] 白玉湖 杨皓, 陈桂华, 冯汝勇. 页岩气产量递减典型曲线中关键参数的确定方法[J]. 特种油气藏, 2013, 20(2): 65-68.

[14] Anderson D M, Nobakht M, Moghadam S et al. Analysis of production data from fractured shale gas wells[C]. SPE 131787, 2010.